DR.-ING. FRIEDRICH POPP

# Grundriß der Chemie

### 2. Teil

### Anorganische Chemie

mit 44 Textabbildungen und
4 ganzseitigen Bildtafeln

2. Auflage

VERLAG VON R. OLDENBOURG
MÜNCHEN 1950

# VORWORT

Der II. Teil, anorganische Chemie, erhebt keinen Anspruch auf Voll-
ständigkeit, sondern bringt nur soviel, als für die Vorbereitung auf das
Chemiestudium oder für Chemieprüfungen im Nebenfach erforderlich
erscheint. Die schon im I. Teil gewählte Methode, an einfachen Übungen
die stofflichen Gesetzmäßigkeiten zu erklären, bringt es mit sich, daß
gewohnte Zusammenhänge scheinbar zerrissen werden. Z. B. wird die
oxydierende Wirkung von Mangan- und Chromverbindungen, die man
vielleicht vermissen wird, bei ihrer Anwendung im Teil III (organische
Chemie) gebracht.

Meistens wird in Chemiebüchern das Verständnis durch zahlreiche
Abbildungen von Vorlesungsversuchen erleichtert. An ihre Stelle sollen
leicht ausführbare Übungen treten, da das direkte Bekanntwerden mit
dem Stoff das stoffliche Geschehen am besten verständlich macht. Chemie ist eben die stoffliche „Wissenschaft", welche nicht aus bedrucktem
Papier allein erlernt werden kann.

Für die Benützung als Wiederholungsbuch kann man im Sachverzeichnis nach den Stichworten die einzelnen Angaben zusammensuchen.
Die individuell sehr verschiedenen Ansprüche, die an ein nicht unmittelbar für den Schulunterricht bestimmtes, einführendes Buch gestellt werden, können nur durch ausgiebige Benützung des alphabeti-
schen Sachverzeichnisses auf einen Nenner gebracht werden.

Nachdem die Neuauflagen der Teile I und III bereits im Buchhandel
sind, schließt der vorliegende Teilband die Neubearbeitung des „Grundrisses" ab. Da der gesamte Satz neu hergestellt werden mußte, ist sie
leider nicht fehlerfrei (Berichtigungen s. S. 163!).

Der Teil II sowie die organische Chemie im Teil III haben das eng-
begrenzte Ziel, die das Verständnis aufschließenden, grundlegenden
Dinge zu erörtern, von denen aus die Ausfüllung mit Einzelheiten und
das Eindringen in die Tiefen der Theorie und auch in ihre mathema-
tische Ableitung keine besonderen Schwierigkeiten mehr macht. Der
Grundriß will also nicht mit den bewährten großen Lehrbüchern der
Chemie in Wettbewerb treten, sondern nur eine Vorstufe für sie sein.

Fr. Popp

## Abkürzungen

**A.G.** = Atomgewicht; **B.** = Beispiel; **evt.** = eventuell bzw. gegebenenfalls; **F.** = Schmelzpunkt; **gew.** = gewöhnlich; **gr.** = griechisch; **kcal.** = Cal. = 1000 Grammkalorien; **K.-L.** = Kernladung; **Kp.** = Siedepunkt; **konz.** = konzentriert; **lat.** = lateinisch; **Lsg.** = Lösung; **M.-G.** = Molekulargewicht; **Rgl.** = Reagierglas; **s** = spezifisches Gewicht; **sog.** = sogenannt; **Übg.** = Übung; **verd.** = verdünnt; **2 n** = zweifach normal; **III, 107** bedeutet „im Teil III" (organische Chemie) „auf Seite 107"; **D.Add.** „durch Addition der Gleichungen erhält man".

## Herkunft der Abbildungen

Für Bild 42 ist die Quelle an Ort und Stelle angegeben. Die Bilder 32 und 33 stammen aus K. A. Hofmann, Lehrbuch der anorg. Chemie, Verlag Vieweg, Braunschweig; Bild 6 und 20 aus Arendt-Dörmer, Grundzüge der Chemie, Verlag A. Barth, Leipzig; Bild 28 und 43 aus Scheid-Flörcke, Lehrbuch der Chemie, Verlag Quelle und Meyer, Leipzig; Bild 9 aus einer Werbeschrift der Kohinoor-Bleistiftfabriken L. & C. Hardtmuth; Bild 41 aus dem Archiv des Deutschen Museums in München. Die übrigen Bilder sind entweder vom Verfasser veranlaßte Umzeichnungen oder stammen aus dem Verlagsarchiv.

## Ganzseitige Bildtafeln

# Inhaltsverzeichnis

# Periodisches System der Elemente

Symbole s. I, 135! Fett gedruckt: Ordnungszahl = K.-L., normal: A.-G. Isotope sind nur bei 93—96 angegeben; vgl. S. 144 und 151!

Elektronenanordnung in den mit eingeklammerten großen Buchstaben bezeichneten „Schalen". Auf den weißen Feldern wird mit zunehmender K.-L. an der Außenschale aufgebaut, auf den stark umrahmten Feldern an inneren Schalen.

| 1,2 | : | (K) | bis auf | 2 |
|---|---|---|---|---|
| 3—10 | : | (L) | „ „ | 8 |
| 11—18 | : | (M) | „ „ | 8 |
| 19,20 | : | (N) | „ „ | 2 |
| 21—30 | : | (M) | „ „ | 18 |
| 31—36 | : | (N) | „ „ | 8 |
| 37,38 | : | (O) | „ „ | 2 |
| 39—45 | : | (N) | „ „ | 15 |
| 46(O) | : 0, | (N) | „ „ | 18 |
| 47—54 | : | (O) | „ „ | 8 |
| 55,56 | : | (P) | „ „ | 2 |
| 57 | : | (O) | „ „ | 9 |
| 58—71 | : | (N) | „ „ | 32 |
| 72—78 | : | (O) | „ „ | 16 |
| 79(P) | : 1, | (O) | „ „ | 18 |
| 80—86 | : | (P) | „ „ | 8 |
| 87,88 | : | (Q) | „ „ | 2 |
| 89—96 | : weitere Ausfüllung innerer Schalen ähnlich wie bei 57—71. | | | |

**0 n 1,009** · **1 H 1,0080**

| 0 | I | II | III | IV | V | VI | VII | VIII | | |
|---|---|---|---|---|---|---|---|---|---|---|
| $E$ | $E_2O$ | $EO$ | $E_2O_3$ | $EO_2$ | $E_2O_5$ | $EO_3$ | $E_2O_7$ | $EO_4$ | | |
| — | — | — | — | $EH_4$ | $EH_3$ | $EH_2$ | $EH$ | — | | |
| 2 He 4,003 | 3 Li 6,940 | 4 Be 9,02 | 5 B 10,82 | 6 C 12,010 | 7 N 14,008 | 8 O 16,000 | 9 F 19,00 | | | |
| 10 Ne 20,183 | 11 Na 22,997 | 12 Mg 24,32 | 13 Al 26,97 | 14 Si 28,06 | 15 P 30,98 | 16 S 32,06 | 17 Cl 35,457 | | | |
| 18 Ar! 39,944 | 19 K! 39,096 | 20 Ca 40,08 | 21 Sc 45,10 | 22 Ti 47,90 | 23 V 50,95 | 24 Cr 52,01 | 25 Mn 54,93 | 26 Fe 55,85 | 27 Co! 58,94 | 28 Ni! 58,69 |
| | 29 Cu 63,57 | 30 Zn 65,38 | 31 Ga 69,72 | 32 Ge 72,60 | 33 As 74,91 | 34 Se 78,96 | 35 Br 79,916 | | | |
| 36 Kr 83,7 | 37 Rb 85,48 | 38 Sr 87,63 | 39 Y 88,92 | 40 Zr 91,22 | 41 Nb 92,91 | 42 Mo 95,95 | 43 Tc 99 | 44 Ru 101,7 | 45 Rh 102,91 | 46 Pd 106,7 |
| | 47 Ag 107,880 | 48 Cd 112,41 | 49 In 114,76 | 50 Sn 118,70 | 51 Sb 121,76 | 52 Te! 127,61 | 53 J! 126,92 | | | |
| 54 X 131,3 | 55 Cs 132,91 | 56 Ba 137,36 | 57—71 ¹) | 72 Hf 178,6 | 73 Ta 180,88 | 74 W 183,92 | 75 Re 186,31 | 76 Os 190,2 | 77 Ir 193,1 | 78 Pt 195,23 |
| | 79 Au 197,2 | 80 Hg 200,61 | 81 Tl 204,39 | 82 Pb 207,21 | 83 Bi 209,00 | 84 Po 210,00 | 85 At 211 | | | |
| 86 Rn 222 | 87 Fr 223 | 88 Ra 226,05 | 89 Ac (227) | 90 Th 232,12 | 91 Pa (231) | 92 U 238,07 | 93 Np 237/38,39 | 94 Pu 238/39,41 | 95 Am 241/42 | 96 Cm 240/42 |

Ac (Aktinium) · Pa (Protaktinium) · Fr (Francium)

Den Gruppen zugeordnet, bilden die 4 Nebenreihen der stark umrahmten Felder 8 Nebengruppen. Bedeutung der Pfeile wie I, 134; (!) kennzeichnet Nichtübereinstimmung des A.-G.-Anstiegs mit der K.-L.

¹) **Seltene Erden**, A.-G. von 138,92 bis 175,0: 57 La, 58 Ce, 59 Pr, 60 Nd, 61 (radioaktiv aus dem U-Pile), 62 Sm, 63 Eu, 64 Gd, 65 Tb, 66 Dy, 67 Ho, 68 Er, 69 Tm, 70 Yb, 71 Cp (Lu).

# 1. Sauerstoff

V o r k o m m e n : Der Anteil des Sauerstoffs an den der chemischen Untersuchung zugänglichen Gebieten unserer Erde (Gesteinshülle bis zu 16 km Tiefe, Meer, Atmosphäre) wird auf 50% geschätzt (S. 161 u. I, 129). Sauerstoff kommt im e l e m e n t a r e n Z u s t a n d , abgesehen von der Lufthülle, auch gelöst in allen Gewässern vor, c h e m i s c h g e b u n d e n im Wasser, in allen Tier- und Pflanzenstoffen, in sehr vielen Mineralien und fast allen Gesteinen. Ständige Sauerstoffproduzenten sind die grünen Pflanzen durch den Assimilationsvorgang, welcher den Sauerstoffgehalt der Luft konstant hält (I, 112).

E i g e n s c h a f t e n : Farbloses, geschmackloses und geruchloses Gas; Kp. — 183°; F. — 218° (hellblaue, harte Masse). D a r s t e l l u n g : 1. Aus der Luft durch Abtrennung der übrigen Bestandteile bei der „Fraktionierung" der flüssigen Luft (I, 102 und 43), 2. aus dem Wasser durch Elektrolyse (I, 57), 3. aus sauerstofffreien Verbindungen, z. B. $H_2O_2$ (S. 12) $KClO_3$ (I, 44), $KNO_3$ (S. 59) und anderen Salzen. Auch Edelmetalloxyde spalten Sauerstoff beim Erhitzen ab, z. B. HgO (I, 28). Eine noch leichter als die Edelmetalloxyde spaltbare, l o k k e r e B i n d u n g liegt im S a u e r s t o f f h ä m o g l o b i n vor. Das Blut darf kein freies Gas enthalten, da die Zusammenziehungen des Herzens auf den Flüssigkeitswiderstand eingerichtet sind. Eine Gasblase in der Herzkammer würde so-

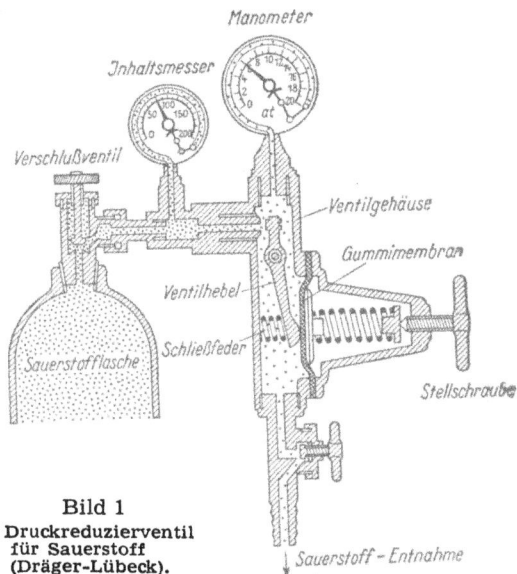

Bild 1
Druckreduzierventil
für Sauerstoff
(Dräger-Lübeck).

Bei Öffnung des Verschlußventils strömt das Gas in die durch den oberen Teil des Ventilhebels zunächst verschlossene, waagrecht verlaufende Röhre. Der Inhaltsmesser, auch Finimeter genannt, zeigt den Gasdruck der Stahlflasche an. Durch Eindrehen der Stellschraube wird die Gummimembran allmählich vorgewölbt und drückt den vor ihr liegenden Arm des Ventilhebels nach links unter Überwindung des Widerstandes der Schließfeder. Dadurch wird der obere Arm des Ventilhebels nach rechts bewegt und gibt die Ausströmungsöffnung für Sauerstoff frei: Ventilhebelstellung im Bilde. Der in das Ventilgehäuse übertretende Sauerstoff drückt seinerseits die Gummimembran etwas zurück, so daß der Gasdruck im Ventilgehäuse durch langsames Eindrehen der Stellschraube allmählich auf den benötigten, reduzierten Druck eingestellt werden kann, welcher der durch das Eindrehen erzeugten Spannung der Stahlfedern entspricht. Der „Arbeitsdruck" wird im Manometer angezeigt (im Bilde 6 at), während in der Stahlflasche 80 at Druck herrscht. Beim Zurückdrehen der unteren Stellschraube gelangt der Sauerstoff in die Arbeitsleitung.

fortigen Stillstand des Herzens zur Folge haben. Die für die Gewebsatmung benötigten, beträchtlichen Gasmengen werden deshalb im „verfestigten" Zustand im Blute in Form von $O_2$-Hämoglobin transportiert·

Abgesehen von der V e r w e n d u n g zum „Schweißen" (I, 64) und in anderen Zweigen der Technik werden beim Höhenflug, bei der Bekämpfung von Bränden und im Rettungsdienst (Schlagwetter) Sauerstoffgeräte benötigt. Der Träger eines „Kreislaufgerätes" ist von der Beschaffenheit der Außenluft unabhängig.

Ein kräftiger Mann braucht r u h e n d 6—9 $l$ Luft in einer Minute bei 17 f l a c h e n Atemzügen. Der Sauerstoffverbrauch in der gleichen Zeit ist aber nur $1/3$ $l$. Die Differenz kommt daher, daß die ausgeatmete Luft noch etwa 15—17% $O_2$ enthält. Es sind also etwa 4% $O_2$ vom Blute gebunden und dafür ist der $CO_2$-Gehalt der ausgeatmeten Luft etwa 4% gestiegen. Durch den Anhäufungsgrad von $CO_2$ im Körper wird sogar die Atemtätigkeit reguliert. Wir können wohl den Atem längere Zeit anhalten, brauchen aber keine Sorge zu haben, daß wir das Atmen etwa „vergessen". Denn das Steigen des $CO_2$-Gehaltes im Blute beschleunigt und

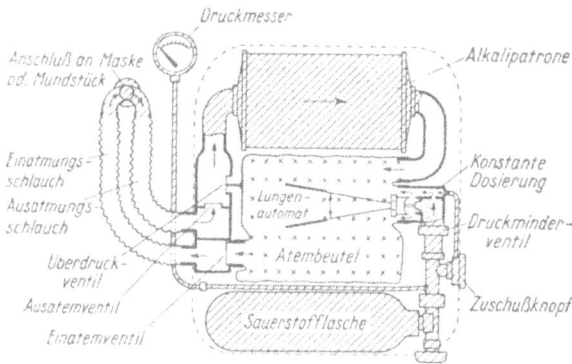

Bild 2
**Degea-Audos MR 2 (Atemluft-Kreislauf)-Gerät.**

vertieft die Atmung o h n e u n s e r e n W i l l e n auch beim nicht arbeitenden Menschen.

Da $CO_2$ Bestandteil von Getränken ist, kann es kein Gift im eigentlichen Sinne des Wortes sein. Aber seine Anhäufung in höheren Konzentrationen erstickt nicht nur Flammen sondern auch die lebensnotwendigen Oxydationsvorgänge in unserem Körper, wirkt also unter Umständen tödlich. Dies ist besonders zu beachten beim Einsteigen in Lüftungsschächte von Laboratorien, Brauereien und Klärgruben. Deshalb wird im $O_2$-Gerät die ausgeatmete Luft nicht direkt in den „Atembeutel" geführt, sondern durch die „Alkalipatrone", welche das $CO_2$ nach der Gleichung 2 NaOH + $CO_2$ = $H_2O$ + $Na_2CO_3$ bindet. Das Ätznatron (I, 68) ist auf Sieben ausgebreitet und gekörnt; das Ausfließen der durch das Reaktionswasser und durch den ausgeatmeten Wasserdampf gebildeten Natronlauge, bzw. Sodalösung wird durch eine schalenförmige Konstruktion der Patrone verhindert. Der von $CO_2$ in dieser Weise befreiten Restluft wird im Atembeutel aus der Vorratsflasche frischer Sauerstoff zugemischt und damit der Teildruck (= Partialdruck) der Gase wieder auf normale Größe gebracht, da von ihm der G a s a u s t a u s c h bei der Atmung abhängig ist. Die Entfernung des $CO_2$ wird im „Kreislauf" durchgeführt, da beim Hinausblasen der ausgeatmeten Luft aus dem Atemgerät etwa $4/5$ des Sauerstoffs jeweils u n a u s g e n ü t z t mit entweichen würden (Bild 2).

Beim arbeitenden Menschen steigt der Sauerstoffverbrauch auf über 2,5 $l$ für je eine Minute an. Deshalb ist ein „Lungenautomat" eingebaut, ein

Steuerventil, welches durch den infolge der E n t l e e r u n g zusammenfallenden Atembeutel betätigt wird, die Sauerstoffzufuhr freigibt und den ohne den Lungenautomaten gleichbleibenden Sauerstoffstrom von etwa 1,5 l für je eine Minute entsprechend erhöht. Durch den „Zuschußknopf" kann noch darüber hinaus Sauerstoff zugeführt werden. Ein Überdruckablaßventil bewirkt, bei Ü b e r f ü l l u n g des Atembeutels, Ausströmung von Luft aus der Ausatemluftleitung. Bei manchen $O_2$-Geräten ist noch eine Warnung eingebaut, die Hupensignale ertönen läßt, wenn kein Sauerstoff aus der Flasche ausströmt, z. B. wenn das Flaschenventil versehentlich nicht geöffnet wurde.

**Ozon.** I, 37 wurde erwähnt, daß S a u e r s t o f f noch in einer zweiten oder, wie wir nach I, 91 sagen können, a l l o t r o p e n F o r m vorkommt, nämlich als $O_3$ = Ozon. Der Name ist von dem starken Geruch abgeleitet (ozein [gr.] = riechen). Wenn man an die Formel und den starken Geruch von Schwefeldioxyd denkt, ist man versucht, dem Ozon den entsprechenden Feinbau $O=O=O$ mit IV-wertigem Sauerstoff zuzuschreiben. Da auch bei manchen organischen Verbindungen Sauerstoff im Verdacht der Vierwertigkeit steht, ist diese Formel möglich. Sie erklärt den explosiven Zerfall, den Ozon mit anderen Überoxyden teilt: $2 O_3 = 3 O_2 + 67,8$ kcal. Ozon ist somit die e n e r g i e r e i c h e r e A b ä n d e r u n g des Sauerstoffs. Im Zusammenhang damit steht die oxydierende, bleichende und desinfizierende Wirkung, weshalb es zur Trinkwasserreinigung angewandt wird (z. B. in Chemnitz und Paderborn); ferner zur „Ozonlüftung"; Kp. —119⁰.

In überfüllten Räumen empfinden wir neben dem Ansteigen des Wasserdampfgehaltes und der Luftwärme besonders die Körperausdünstungen als „drückend". Diese werden durch Ozon oxydativ zu geruchlosen Verbindungen zerstört.

Ozon wird durch sog. dunkle elektrische Entladungen in der Ozonröhre (Bild 3) dargestellt. Der innere und äußere Stanniolbelag wird mit einem Funkeninduktor verbunden und Sauerstoff durchgeleitet. An der Ableitungsröhre wird ein frischer Gummischlauch angebracht. In wenigen Augenblicken wird dieser brüchig, ein Jodkalistärkepapier (s. S. 25) wird gebläut. Es tritt ein Geruch auf ähnlich wie am entfernt stehenden Induktor, aber doch deutlich verschieden, da der „elektrische" Geruch zum Teil von Ozon, zum anderen Teil von $NO_2$ (s. S. 64!) herrührt. Befeuchtetes Lackmuspapier wird gebleicht.

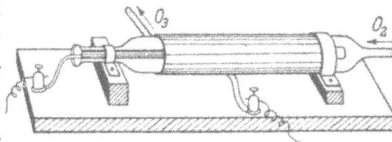

Bild 3
Ozonröhre.

Die Einwirkung auf Gummi ist deshalb von Bedeutung, weil durch Ozoneinwirkung auf Kautschuk die Aufklärung der Baubestandteile der Kautschukmolekel durchgeführt (1900—1908) und damit die Grundlage für die Kautschuksynthese gewonnen wurde. Ozon entsteht auch bei anderen chemischen und elektrochemischen Vorgängen; merkwürdigerweise auch bei der langsamen Oxydation von feuchtem weißen Phosphor. Der Phosphorgeruch ist also hauptsächlich Ozongeruch (Prüfung mit Jodstärkepapier). Ferner werden ähnlich wie Ozon riechende Peroxyde beim Verdunsten von Terpentinöl gebildet, wovon man zur Bekämpfung von Katarrhen durch Verstäuben von reinem Terpentinöl oder durch Auslegen mit Terpentinöl und Eukalyptusöl angefeuchteter Tücher Gebrauch macht. — Darstellung und Anwendung von $O_3$: nur in weitgehender Verdünnung mit Luft. In neuester Zeit wird es für „Hochpolymere" gebraucht, III, 138.

## 2. Wasserstoff

V o r k o m m e n : Im Weltall ist Wasserstoff das am häufigsten vorkommende Element, wie die Astrophysik durch spektrale Untersuchung der Gestirne und kosmischen Nebel lehrt. Die niedere Gewichtsprozentzahl (I, 129) darf uns nicht dazu verleiten, das Vorkommen in der uns zugänglichen Erdhülle gering zu schätzen. Errechnet man unter Berücksichtigung des niederen Atomgewichts die relative Häufigkeit seiner A t o m e, so steht Wasserstoff an 2. Stelle nach dem Sauerstoff, und erst an 3. Stelle folgt das Silizium.

Merkwürdig ist, daß in der Atmosphäre sehr geringe Mengen von e l e - m e n t a r e m Wasserstoff enthalten sind, nämlich 0,01%, welche durch Gärungsvorgänge aus Zellulose erzeugt werden oder aus Vulkanen [1] und den Gasquellen der Petroleumgebiete in die Luft gelangen. Auch den Karnallitklüften der Staßfurter Bergwerke entströmt reiner Wasserstoff (s. S. 143).
Über der Stickstoffhülle, aus welcher das Nordlicht zu uns kommt, wird als äußerste Schicht der Erdatmosphäre in über 100 km Höhe nahezu reiner Wasserstoff angenommen, vgl. I, 49, Bildtafel II!

Das Wasser als Wasserstoffverbindung wurde schon I, 54 besprochen. Besonders hervorzuheben ist, daß alle tierischen und pflanzlichen Stoffe Wasserstoff als wesentlichen Bestandteil enthalten, welcher in dieser Hinsicht dem C, O, N, S und P ebenbürtig ist. Der Ablauf des chemischen Geschehens ist vielfach an Wirkungen des Wasserstoffs und seiner Verbindungen geknüpft (I, 54—72).

In der Wasserstoffmolekel sind die beiden Atome ziemlich fest miteinander verbunden. Bei Lockerung des Molekelverbandes durch Erwärmen oder Anwendung der eben entstandenen Atome v o r der Vereinigung zur Molekel (s t a t u s n a s c e n d i = E n t s t e h u n g s z u - s t a n d) erweist sich der Wasserstoff als sehr reaktionsfähig.

D a r s t e l l u n g des Wasserstoffs s. I, 58, 60 und 67 und in diesem Teil, S. 75! Kp.—252⁰; F.—258⁰.

E i g e n s c h a f t e n an den angegebenen Stellen und besonders I, 63.

In einen kleinen Erlenmeyerkolben mit doppelt durchbohrtem Stopfen wird reines Zink gebracht. Durch die eine Bohrung wird ein bis auf den Boden des Gefäßes reichender, langrohriger Trichter gesteckt, durch die an-

---

[1] Über die stofflichen Vorgänge im Erdinnern und in der Nähe von vulkanischen Herden können wir nur Vermutungen anstellen.

dere Bohrung das Gasableitungsrohr, an welches eine
mit etwas Watte und ge-
körntem Chlorkalzium be-
schickte Trockenröhre und
ein enges Rohr aus schwer
schmelzbarem Glas mit auf-
gebogener Düse angeschlos-
sen ist. Zunächst wird verdünnte (arsenfreie) Salz-
säure mit ein paar Tropfen
$CuSO_4$-Lösung (I, 58) zugegeben und wie I, 61 auf
Knallgas geprüft. Wenn der
Wasserstoff ruhig abbrennt,
darf angezündet werden.
Daß durch das Erhitzen des
Wasserstoffs in der schwer

Bild 4
Darstellung und Wärmezerfall von $AsH_3$.

schmelzbaren l e e r e n Glasröhre keinerlei Veränderung eintritt, wissen wir
von I, 62. Wenn wir nunmehr durch das Trichterrohr einige ccm einer Lösung von $As_2O_3$ in Salzsäure zugeben, bemerken wir eine f a h l e  F l a m -
m e n f ä r b u n g, aus der Flamme aufsteigenden w e i ß e n  R a u c h und an
einer in die Flamme gehaltenen kalten Porzellanschale einen s c h w a r z e n
F l e c k. Durch Erhitzen der Glasröhre bekommt man in deren Innerem einen breiten A r s e n s p i e g e l (Bild 4).

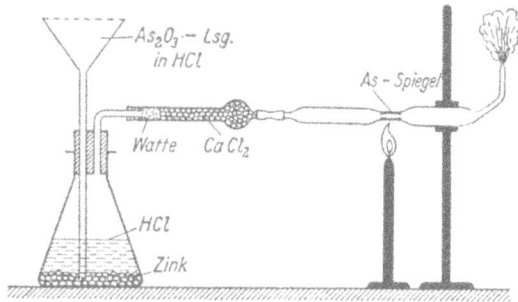

$$As_2O_3 \text{ (als Oxyd formuliert)} + 6\,H \to 2\,As + 3\,H_2O \text{ (Reduktion)}$$
$$As + 3\,H \to AsH_3 \uparrow \text{ (Hydrierung).}$$

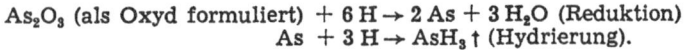

In der Gleichung ist absichtlich der Wasserstoff als Atom formuliert,
um den Entstehungszustand [1]) zu kennzeichnen. $AsH_3$ ist der ä u ß e r s t
g i f t i g e  A r s e n w a s s e r s t o f f, der in der Industrie schon zu schweren
Vergiftungsunfällen geführt hat. Deshalb ist der Versuch nur mit **größter
Vorsicht in einem Abzuge** auszuführen.

Der gasförmige Arsenwasserstoff zerfällt beim Erhitzen nach der Gleichung:
$2\,AsH_3 \to 2\,As + 3\,H_2$ und verbrennt an der Luft zu Wasser und $As_2O_3$, welches in der Industrie den Namen „ H ü t t e n r a u c h " führt (I, 81). Durch
Wärmespaltung im Innern der Flamme entstandenes, noch nicht verbranntes
As scheidet sich an der Porzellanschale aus (I, 80). Die Reaktion ermöglicht
den Arsennachweis auch in Spuren und ist für die Gerichtschemie von Bedeutung. In ähnlicher Weise sind auch von anderen Elementen Wasserstoffverbindungen zugänglich, z. B. $SbH_3$. Trotzdem Antimon ein sehr hohes
Atomgewicht (121) besitzt, ist seine Wasserstoffverbindung a u c h  g a s f ö r -
m i g (s. auch S. 91 und die Übersichtstafel S. 6!).

In besonderer Weise wird der Wasserstoff durch die Metalle Pd, Pt,
Ni und Fe für H y d r i e r u n g e n aktiviert (I, 64 und 101). Läßt man
Wasserstoff gegen einen feinen Pt-Draht oder gegen fein verteiltes Pt
(„Platinschwamm") ausströmen, so wird der Sauerstoff der umgeben-
den Luft mit so starker Erwärmung hydriert [2]), daß am erglühenden
Platin sich der Wasserstoff entzündet.

---

[1]) Vgl. S. 66; ferner I, 79!
[2]) In dieser Bezeichnung des Vorgangs kommt zum Ausdruck, daß die
Reaktion vom Wasserstoff ausgeht.

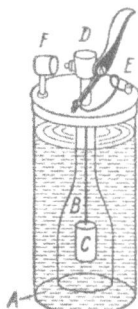

Bild 5

**Döbereiners Feuerzeug.**
Der Hebel mit der Feder (E) verschließt die Gasausströmungsöffnung. Im Ruhezustand ist die Salzsäurefüllung (A) aus der Glocke (B) vom Zinkblock (C) abgedrängt. Beim Niederdrücken des Hebels fließt Säure in die Glocke (B) und Wasserstoff strömt von (D) zu den in (F) befestigten dünnen Platindrähten und kommt zur Entzündung.

Dieser erste Fall einer **Katalyse** wurde von D ö b e r e i n e r , einem Zeitgenossen Goethes, entdeckt (Döbereiners Feuerzeug). Wenn man im Sinne der damaligen Anschauungen über das Wesen der chemischen „Affinität" dem Gas Wasserstoff eine nahe Verwandtschaft mit den Metallen zuschreibt, so erscheint dies sehr widerspruchsvoll. Und doch steht Wasserstoff, wie wir später hören werden, in der elektrischen Spannungsreihe zwischen Blei und Kupfer, bildet mit Palladium eine „Legierung" und besitzt ein 6-mal höheres Leitvermögen für die Wärme als die übrigen Gase. Das sind lauter „metallische" Eigenschaften. Vgl. auch S. 139, Fn. 2!

Die hohe Wärmeleitfähigkeit des Wasserstoffs war in den letzten Jahren ein ausschlaggebendes Konstruktionselement für die **Ultrazentrifuge** mit 145 000 Umdrehungen in der Minute. Normale Zentrifuge 5000—8000 Umdrehungen je Minute.

Seit der Entdeckung der **Katalyse** haben sich die Erfahrungen auf diesem Gebiete zunächst langsam, in den letzten Jahren stürmisch entwickelt. Trotzdem haftet den katalytischen Vorgängen eine gewisse Unberechenbarkeit an. Einerseits kann ein und derselbe Katalysator bei verschiedenen Stoffen und sehr verschiedenen Vorgängen wirksam sein. Andererseits gibt es in der organischen Chemie den Katalysen entsprechende „enzymatische" Vorgänge, die streng „spezifisch" sind, d. h. nur auf eine Reaktion ansprechen. Schon im Teil I sind uns zahlreiche Katalysen bekannt geworden (s. das Sachverzeichnis!). Auch in diesem Teil werden wir noch oft darauf zurückkommen. Eine einfache und einheitliche, über die Bemerkungen im Teil I, S. 45 hinausgehende Zusammenfassung ist jedoch wegen der eben erwähnten Umstände nicht angängig. Vgl. auch S. 78!

## Wasserstoffsuperoxyd

**Übg. 1:** Dünne Scheiben von Natriummetall werden in einem Porzellantiegel mit freier Flamme angewärmt, bis das schmelzende Natrium sich entzündet (Abzug, wegen des stark reizenden Nebels; Flammenfärbung I, 70). Das hellgelbe Verbrennungsprodukt wird nach dem Erkalten, mit der für evtl. unverändertes Na gebotenen Vorsicht, in eiskalte verdünnte Schwefelsäure eingetragen und mit Chromsäure (S. 14!) oder Kaliumjodid (S. 25!) Wasserstoffsuperoxyd nachgewiesen.

E r g e b n i s : Natrium hat eine so große „Verwandtschaft" zu Sauer-stoff, daß es sich übermäßig verbindet zu Natriumperoxyd: Na-O-O-Na, das als Salz des Wasserstoffsuperoxyds aufgefaßt werden kann und mit kalter Schwefelsäure nach der Verdrängungsreaktion $H_2O_2$ liefert. In ähnlicher Weise nimmt BaO bei Rotglut noch Sauerstoff auf zu $BaO_2$, das mit kalter Schwefelsäure unlösliches $BaSO_4$ (s. S. 38!) und ebenfalls $H_2O_2$ liefert.

**Übg. 2:** Käufliches Wasserstoffsuperoxyd ist eine farblose und ge-ruchlose 3-proz. Lösung von eigenartig bitter-fauligem Geschmack. In etwa 5 ccm wird (eine Messerspitze voll) Braunsteinpulver eingeworfen und geschüttelt. Ein bereitgehaltenes Thermometer läßt eine Tempe-ratursteigerung von mehr als 12 $^0$ erkennen. Das unter Aufschäumen entwickelte Gas wird an der Entflammung eines glimmenden Spans als Sauerstoff erkannt. Der Braunstein bleibt unverändert.

E r g e b n i s : $2 H_2O_2 \rightarrow 2 H_2O + O_2 \uparrow$ + große Wärmemengen (46,9 kcal.). $H_2O_2$ ist demnach ein innerlich gespannter Stoff, dessen Zerset-zung wie die Entspannung einer Feder Arbeit (Wärme) liefert. Dabei gibt es die Wärmemenge ab, die es bei der Bildung in sich aufgenom-men hat. Man könnte sie ebenso als latente (verborgene) Wärme be-zeichnen wie die „latente" Schmelz- und Verdampfungswärme des Wassers, vgl. S. 70! Katalytische Zerlegung durch Speichel I, 63.

O h n e   d e n   K a t a l y s a t o r Braunstein unterliegen die $H_2O_2$-Molekeln schon bei gewöhnlicher Temperatur einer l a n g s a m e n (thermischen) Zersetzung. Selbst wenn das den Vorgang beschleunigende Licht durch braune Flaschen abgehalten wird, werden die Korkstöpsel häufig heraus-geschleudert. Die B l e i c h u n g und Erweichung des Korkes kommt von der Benetzung mit der $H_2O_2$-Lösung her. Um die Zersetzung bei gew. Tem-peratur möglichst gering zu halten, werden h e m m e n d e Stoffe zugesetzt, „**negative Katalysatoren**", die sich auch für konz. Lösungen bis zu 30⁰/₀ als wirksam erwiesen haben, z. B. Azetanilid, Barbitursäure (III, 97), Phosphor-säure (Perhydrol-Tropenpackung). Konz. $H_2O_2$-Lsg. ätzt sehr stark.

**Übg. 3:** Beim Erwärmen von käuflichem 3-proz. Wasserstoffsuper-oxyd ohne Zusätze auf etwa 80⁰ beobachtet man träge verlaufende, aber deutliche Zersetzung. Auf Zugabe einiger Tropfen Natronlauge setzt starke Sauerstoffentwicklung ein: Die alkalische Reaktion schal-tet die Wirkung der hemmenden Stoffe aus und wirkt wie Braunstein, aber schwächer a l s   p o s i t i v e r   K a t a l y s a t o r .

Noch etwas kann man bei dem Versuch erkennen, nämlich daß $H_2O_2$ auf eine bestimmte Temperatur gebracht werden muß, um die Wärme liefernde Zersetzung einzuleiten, ähnlich wie man bei der unter Wärmeentwicklung verlaufenden Vereinigung $Fe + S \rightarrow FeS + 23,2$ kcal. eine bestimmte Tem-peratur zur Einleitung der Reaktion anwandte (I, 27). Dann aber laufen die Vorgänge „von selbst" weiter.

**Übg. 4:** Wasserstoffsuperoxyd etwa in der Verdünnung, in der man es gegen Halsentzündung verwendet, wird im Rgl. mit Äther überschichtet und sodann mit $H_2SO_4$ angesäuerte gelbrote Kaliumdichromatlösung zugegeben: trübe, schmutzigblaue Färbung, verursacht durch die Entstehung von Überchromsäure, die in den Äther beim Schütteln mit tiefblauer Farbe übergeht[1]). Die Farbreaktion ist zwar empfindlich, aber rasch vergänglich unter Sauerstoffentwicklung.

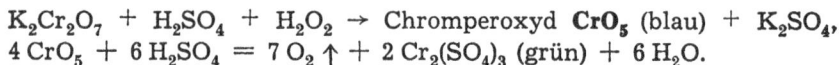

$$K_2Cr_2O_7 + H_2SO_4 + H_2O_2 \rightarrow \text{Chromperoxyd } CrO_5 \text{ (blau)} + K_2SO_4,$$
$$4\,CrO_5 + 6\,H_2SO_4 = 7\,O_2 \uparrow + 2\,Cr_2(SO_4)_3 \text{ (grün)} + 6\,H_2O.$$

Noch empfindlicher ist die Reaktion mit farblosem Titandioxyd in schwefelsaurer Lösung durch Bildung von orangerotem (in Spuren gelbem) Titanperoxyd.

Übg. 3 ist wichtig für die p r a k t i s c h e  V e r w e n d u n g von Wasserstoffsuperoxyd und Peroxyden bei der W ä s c h e r e i n i g u n g. Weil man es dabei nicht auf Sauerstoffdarstellung abgesehen h a t sondern Bleichwirkung erzielen will, ist es zwecklos, hohe Temperaturen beim „bleichenden" Einweichen in Soda- oder Seifenlösung anzuwenden. Die beigegebenen Gebrauchsanweisungen müssen deshalb durch genaue Einhaltung der Temperaturen befolgt werden. Weil bei der Zersetzung von Wasserstoffsuperoxyd nur W a s s e r und Sauerstoff entstehen, ist es ein m i l d e s  B l e i c h m i t t e l, aber nur in niedrigen, der Gebrauchsanweisung entsprechenden Konzentrationen. Auch die Luftbleiche und Rasenbleiche beruhen darauf, daß beim Verdunsten von Wasser spurenweise Ozon und Wasserstoffsuperoxyd gebildet werden. Sie schonen die Gewebe noch besser, weil man dabei überhaupt nichts falsch machen kann und die chemische Einwirkung sehr langsam und spurenweise eintritt. Aber ein chemischer Vorgang, eine Oxydation, ist auch die natürliche Bleiche, und schließlich „verwittert" nicht nur der graue „Schmutz" der Wäsche, sondern auch das Gewebe selbst. Schmutz ist überhaupt kein Stoff im chemischen Sinne, sondern ein Gemenge, das sich an Orten befindet, wo es nicht hingehört.

T e c h n i s c h e  D a r s t e l l u n g des Wasserstoffsuperoxyds: Früher aus $BaO_2$ und Schwefelsäure, gegenwärtig durch Elektrolyse (S. 49 und S. 52). Verwendung zum Bleichen von Seide, Federn, Elfenbein und in der Pelzfärberei. — P e r s i l enthält $10^0/_0$ Perborat ($NaBO_3$, $4\,H_2O$) neben Wasserglas, Seife und Soda.

Durch Hydrierung der Atemsauerstoffmolekel entsteht wahrscheinlich $H_2O_2$ als **Zwischenstoff bei der Gewebsatmung.** Damit hängt die Anwesenheit der Wasserstoffsuperoxyd angreifenden „Katalasen" (III, 103, Fußnote) im Blut und im Speichel zusammen.

---

[1]) Vorsicht wegen des Ätherdampfdruckes und der Feuergefährlichkeit! III, 47.

## 3. Chlor

V o r k o m m e n  u n d  D a r s t e l l u n g : Chlor kommt auf der Erde reichlich vor, aber nur im  g e b u n d e n e n  Z u s t a n d . Kochsalz s. I, 69! Große Mengen stehen auch im Magnesiumchlorid zur Verfügung (Staßfurt). Die historische Darstellung (nach Scheele) aus Salzsäure und Braunstein kann im Kleinversuch durch Erwärmen von etwa 4 ccm 20-proz. Salzsäure mit einer Messerspitze voll Braunstein nachgemacht werden.

Das Metallsuperoxyd Braunstein ist uns als Katalysator bekannt. Es kommt als Mineral vor und findet seit alten Zeiten Verwendung zur Herstellung von Glasuren an Töpferwaren und zur Entfärbung von Glasflüssen (daher sein mineralogischer Name Pyrolusit = Feuerwäscher). (Vgl. I, 119 und II, 136, Fn. 1!)

Während $MnO_2$ bei katalytischen Vorgängen (s. S. 12 und I, 45!) in der  G l e i c h u n g  n i c h t  auftritt, sondern über dem Reaktionspfeil angegeben wird, ist es hier ein Teilnehmer der in 2 Stufen verlaufenden Umsetzung:

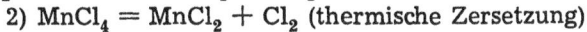

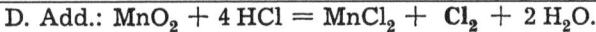

$$1) \; MnO_2 + 4\,HCl = MnCl_4 + 2\,H_2O \; \text{(Salzbildung)}$$
$$2) \; MnCl_4 = MnCl_2 + Cl_2 \; \text{(thermische Zersetzung)}$$

D. Add.: $MnO_2 + 4\,HCl = MnCl_2 + \mathbf{Cl_2} + 2\,H_2O.$

Ein leicht regulierbarer Chlorstrom wird durch Zutropfen 15-proz. Salzsäure (der rohen Salzsäure des Handels) zu Kaliumpermanganatpulver erzeugt. Die mit konz. $H_2SO_4$ beschickte Waschflasche überwacht die Lebhaftigkeit des Chlorstroms und bindet mitgerissene Flüssigkeitströpfchen (Bild 6). Mit 10 g $KMnO_4$ werden dabei ungefähr 3 $l$ Chlor erhalten. Der chemische Vorgang beruht darauf, daß $KMnO_4$ den Säurewasserstoff zu Wasser oxydiert; die Reduktionsprodukte des $KMnO_4$ interessieren hier nicht. Berechnung des Litergewichts nach S. 39!

E i g e n s c h a f t e n : Chlor ist ein gelbgrünes Gas von erstickendem, zu Husten reizendem Geruch (s. S. 23 und I, 58). Kp.—34⁰, F.—102⁰.

V e r s u c h e : **1. Direkte Vereinigung mit Metallen zu Salzen.** Unechtes Blattgold (Cu-Zn-Legierung) verbindet sich mit Chlor unter Feuererscheinung: $Cu + Cl_2 \rightarrow CuCl_2$ (grün); $Zn + Cl_2 \rightarrow ZnCl_2$ (weiß). Antimonpulver gibt, in Chlor eingestreut, einen „Feuerregen": $2\,Sb + 3\,Cl_2 \rightarrow$

Bild 6
**Darstellung von Chlor.**

$2\,SbCl_3$. Eine angeglühte Stahlfeder erglüht lebhafter unter Ausstoßung eines braunen Rauches: $2\,Fe + 3\,Cl_2 \rightarrow 2\,FeCl_3$. Nach dem Herausnehmen und Abspülen kann man die zerstörten Stellen der Stahlfeder deutlich sehen.

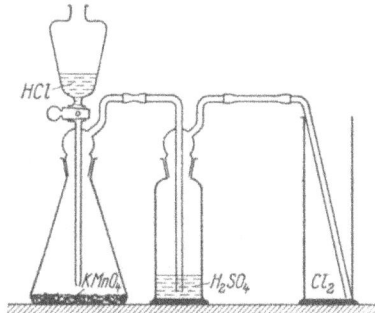

**2. Umsetzung mit Wasserstoffverbindungen.** Eine angezündete P a -
r a f f i n k e r z e wird in Chlorgas eingesenkt. Sie „brennt" mit fahlem
Lichte unter Ausstoßung einer schwarzen Rauchsäule weiter. In den
Rauch gehaltenes feuchtes, blaues Lackmuspapier wird n u r gerötet.
Nach I, 64 und III, 16 ist **Paraffin** ein fester **Kohlenwasserstoff.** Dem-
zufolge gibt Kohlenwasserstoff + Chlor in der Hitze Chlorwasserstoff
+ Kohlenstoff. Der Rauch ist also durch Ruß gefärbter Salzsäurenebel.
Gleichzeitig erkennt man an dem Verlauf der Einwirkung, daß Kohlen-
stoff gegen Chlor sehr widerstandsfähig ist.

Leitet man Chlor in W a s s e r, so bekommt man eine L ö s u n g, die
in 1 $l$ etwa $2^1/_2$ $l$ Chlor enthält, nach Chlor riecht und als C h l o r -
wasser bezeichnet wird. Zur Erklärung der bleichenden Wirkung
nimmt man für diese Lösung eine sich anbahnende, aber sehr bald ste-
henbleibende chemische Umsetzung mit dem Wasser an: Cl—Cl +
H—OH → HCl + **HOCl** (unterchlorige Säure) (1). Mehr wie Spuren
der rechtsstehenden Stoffe können sich nicht bilden, da die entgegengesetzte Reaktion: $HOCl + HCl → Cl_2 + H_2O$ (2) nahezu vollständig
verläuft, d. h. der Sauerstoff der HOCl-Molekel den HCl-Wasserstoff
zu Wasser oxydiert (vgl. die Regel I, 63!). Wenn aber dieser Sauerstoff
für einen anderen Zweck verbraucht wird, so kann sich wieder von
neuem nach Gleichung (1) HOCl bilden. Von dem zu bleichenden Gewebe wird nun tatsächlich Sauerstoff verbraucht, um die färbenden
Verunreinigungen durch Oxydation zu zerstören. Die **Spaltung der**
**Wassermolekel durch Chlor** kann nun von neuem beginnen und bis zur
vollständigen Bleichung verlaufen. Aus den gebleichten Geweben müssen dann überschüssiges Chlor und die großen Men-
gen von Salzsäure sehr sorgfältig entfernt werden
(s. S. 38!).

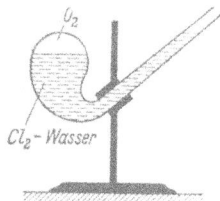

Setzt man in einer umgedrehten Retorte befind-
liches frisches Chlorwasser dem Sonnenlicht aus,
so sammeln sich verhältnismäßig rasch beträchtliche
Mengen von Sauerstoff an. Das Licht vermag offenbar aus HOCl Sauerstoff abzuspalten, der in diesem Falle zur Molekelbildung verwendet wird und
als Sauerstoffgas entweicht (Bild 7):

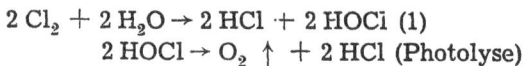

Bild 7
Sauerstoffentwick-
lung aus Chlorwasser.

$$2\,Cl_2 + 2\,H_2O → 2\,HCl + 2\,HOCl \quad (1)$$
$$2\,HOCl → O_2 ↑ + 2\,HCl \quad \text{(Photolyse)}$$
$$\text{D. Add.:}\ 2\,Cl_2 + 2\,H_2O → \mathbf{O_2} ↑ + 4\,HCl.$$

Wenn wir uns an die chemische Wasserzersetzung [1] durch Natrium I, 67
erinnern, welche Wasserstoff liefert, können wir jetzt von einer chemi-

---

[1] Auch mit P kann dies bewerkstelligt werden: Überhitzter Wasserdampf
dampf wird zu Wasserstoff reduziert $2\,P + 8\,H_2O → 2\,H_3PO_4 + 5\,H_2.$

schen Wasserzersetzung durch Chlor sprechen, welche den a n d e r e n
B e s t a n d t e i l des Wassers, nämlich Sauerstoff liefert. Den Antrieb
zur Reaktion bildet die große Neigung des Chlors, sich mit dem Wasserstoff zu verbinden und die B e l i c h t u n g. Dies gibt sich auch darin kund, daß ein Gemenge von Chlor und Wasserstoff unter Explosion
HCl liefert und daß dieses **Chlorknallgas** nur vor Licht geschützt ein
Gemenge bleibt, während durch Belichtung die Explosion ausgelöst
werden kann (Photosynthese).

Man muß demnach annehmen, daß die Atome der Chlormolekel unter
Aufnahme von Lichtenergie (L i c h t „ q u a n t e n “) in einen besonders reaktionsbereiten Zustand übergehen. Das Chlor bietet noch mehr Beispiele dafür, daß chemische Reaktionen nicht nur durch Erwärmen, sondern auch
durch Belichtung in Gang gesetzt werden können. Im Sonnenlicht vereinigt
sich Kohlenmonoxyd mit Chlor zu **Phosgen** ($COCl_2$). Die Verwendung von
Verbindungen des Chlors und anderer dem Chlor nahestehender Elemente
in der **Photographie** siehe S. 23, Fn. 1 und 121!

V e r w e n d u n g : Außer der Chlorbleiche zur Desinfektion [1]) bei
der Trinkwasserbereitung, zur Darstellung von Chlorkalk, Brom und
Jod, von vielen organischen Chlorverbindungen, z. B. Chloressigsäure
(für Indigosynthese), $CHCl_3$ (für Narkose), $CCl_4$ Tetrachlorkohlenstoff
(als nicht feuergefährlicher Benzinersatz zur Fleckenreinigung). $COCl_2$
ist ein gefährliches Atemgift und hat bei seiner Verwendung in der
organischen Synthese schon schwere Unfälle verursacht (III, 23).

## 4. Chlorwasserstoff, Salzsäure

I. 70 wurde Kochsalz nur zum Teil untersucht. Bei der Prüfung unbekannter Stoffe beginnt man zwar immer mit dem Erhitzen einer kleinen
Probe. Es kann Schmelzen, Sieden (Temperaturbeobachtung), Zersetzung,
Abgabe von Kristallwasser, Farbänderung, Verkohlung oder ein kennzeich-
nender Geruch auftreten, für die Beurteilung ʹder Substanz wichtige Beobachtungen [2]). Dann muß aber die Untersuchung im gelösten Zustande folgen. Da der menschliche Körper einen 60% Wasser enthaltenden Reaktionsraum darstellt, ist das V e r h a l t e n z u W a s s e r das nächstliegende. L ö s -
l i c h e Stoffe greifen in die chemischen Körpervorgänge ein. Ändern sie
diese zu unserem Schaden, so nennen wir sie **giftig**, namentlich wenn schon
geringe Mengen dies in lebensbedrohender Weise tun. Stoffe, die in Wasser
und in den übrigen Gewebebestandteilen (Nerven-, Fettgewebe) unlöslich
sind, wirken auf den Körper nicht ein, sind also ungiftig. Lösliche Bariumsalze, z. B. $BaCl_2$, sind sehr giftig; das unlösliche $BaSO_4$ ist ungiftig. Im Rgl.
unlösliche Stoffe können giftig wirken, wenn sie im Körper in lösliche Verbindungen übergeführt werden.
Diese Ausführungen zeigen, daß eine so einfache Maßnahme wie die U n -
t e r s u c h u n g   d e r   W a s s e r l ö s l i c h k e i t   n i c h t   b e l a n g l o s ist.

[1]) Alle Lebewesen enthalten außer sehr viel Wasser, l e b e n s w i c h -
t i g e   W a s s e r s t o f f v e r b i n d u n g e n, aus denen das Chlor den Wasserstoff als HCl herausreißt, wobei die entstandene Salzsäure noch weiterhin
zerstörend wirkt.
[2]) Eigentlich müßte man damit beginnen, zu untersuchen, ob ein Rein-
stoff oder ein Gemisch vorliegt (I, 13).

Geschmacksprüfung wird im Gegensatz zu früheren Zeiten selten vorgenommen, vielmehr das Verhalten zu Lackmus und den gebräuchlichen Reagenzien geprüft, zu NaOH, HCl, $BaCl_2$ (Bariumchlorid), $AgNO_3$ (Silbernitrat), $(NH_4)_2CO_3$ (Ammoniumkarbonat). Abgeschlossen wird die Untersuchung durch Einwirkung von wasserfreien Flüssigkeiten (konz. $H_2SO_4$ und gegebenenfalls organischen Lösungsmitteln).

**Übg. 5:** K o c h s a l z wird in Wasser gelöst (vgl. a. I, 22!). Unter Benützung eines Glasstabes wird durch Tüpfelprobe auf rotem und blauem Lackmuspapier neutrale Reaktion festgestellt. Mit verdünnten Säuren bemerkt man nichts, mit Natronlauge tritt geringfügige Trübung auf. Grund: Im Speisesalz sind häufig Spuren von Magnesiumverbindungen enthalten; S. 96, Übg. 33. Mit $BaCl_2$ und Ammoniumkarbonat tritt keine Veränderung ein, dagegen mit $AgNO_3$ ein sich proportional der Zugabe vermehrender w e i ß e r N i e d e r s c h l a g, der sich beim Schütteln wie geronnene Milch zusammenballt und beim Stehen im S o n n e n l i c h t sich rasch d u n k e l färbt, S. 125. Der Niederschlag ist u n l ö s l i c h in v e r d. S a l p e t e r s ä u r e und leicht löslich in Ammoniak (s. S. 122!).

E r g e b n i s : Die Silberfällung ist eine wesentliche Eigenschaft der Kochsalzlösung. Nach der Gleichung $NaCl + AgNO_3 = AgCl \downarrow + NaNO_3$ zeigt sie den Chlorgehalt an.

Untersucht man zur Gegenprobe $BaCl_2$-, $NH_4Cl$-Lösung und verdünnte Salzsäure, so erhält man den gleichen Niederschlag: $BaCl_2 + 2 AgNO_3 = 2 AgCl \downarrow + Ba(NO_3)_2$; $NH_4Cl + AgNO_3 = AgCl \downarrow + NH_4NO_3$; $HCl + AgNO_3 = AgCl \downarrow + HNO_3$.

**Übg. 6:** Eine Messerspitze voll Kochsalz wird mit etwa 2 ccm konz. $H_2SO_4$ unter Beachtung der Warnungen I, 77 übergossen. Unter Aufschäumen entwickelt sich ein stechend sauer riechendes Gas. Innerhalb des Rgl. ist es farblos, an der Luft raucht es und sinkt über die Ränder des Rgl. zu Boden (schwerer als Luft). Bei einem 2. Versuch leitet man es durch ein gebogenes Glasrohr in der Weise, daß das Zuleitungsrohr n i c h t in das destillierte Wasser am Boden des Rgl. eintaucht. Man beobachtet Eindringen des Gases in das Wasser in Gestalt von farblosen Schlieren und erhält so mehr oder weniger verdünnte Salzsäure. Die starke Rötung von blauem Lackmuspapier beim Hineinhalten in das G a s rührt davon her, daß Papier immer hygroskopisch gebundenes Wasser enthält und so auch hier Salzsäure entsteht. Ein an einem Glasstab hängender Silbernitratlösungstropfen trübt sich (s. Übg. 5!).

E r g e b n i s : Die konzentrierte Schwefelsäure wirkt verdrängend oder salzumbildend ein (vgl. I, 79 und 84!):

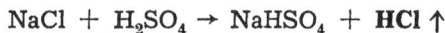

$$NaCl + H_2SO_4 \rightarrow NaHSO_4 + HCl \uparrow$$

Erklärung des Rauchens wie bei $HNO_3$ (I, 85). Beim Darüberblasen von Ammoniak verdichtet sich der Nebel zu einem blauen Rauch; s. den nächsten Versuch!

Um **Chlorwasserstoffgas** in größeren Mengen mit einem leicht regulierbaren Gasstrom zu erzeugen, tropft man in der Anordnung des Gerätes Bild 6 zu K o c h s a l z , das mit r o h e r S a l z s ä u r e d u r c h - t r ä n k t ist, konz. Schwefelsäure aus einem „Tropftrichter", unter Anbringung einer mit konz. Schwefelsäure beschickten Gaswaschflasche. 3 hintereinandergeschaltete Gefäße, von denen das 1. eine starkwandige Flasche ist, werden durch Luftverdrängung mit HCl-Gas gefüllt. In der letzten zeigt man durch Einsenken einer brennenden Kerze, daß HCl nicht brennbar ist und auch die Verbrennung nicht unterhält. Dies ist an sich nicht selbstverständlich, da die Wasserstoffverbindungen $H_2S$ und $H_3As$ brennbar sind. Über das vorletzte Gefäß setzt man ein gleich großes, mit gasförmigem $NH_3$ gefülltes Gefäß, zieht die abschließenden Glasplatten weg und dreht um: U n t e r E r w ä r m u n g e n t - s t e h t d i c k e r , z i e m l i c h l a n g h a l t b a r e r S a l m i a k n e b e l . $NH_3 + HCl \rightarrow NH_4Cl$. An der ersten starkwandigen Flasche wird die Einleitungsvorrichtung möglichst rasch durch einen bereitgehaltenen, einfach durchbohrten Stopfen mit einer ausgezogenen Glasröhre ersetzt, deren Düse bis zu $^2/_3$ in das Innere des Gefäßes reicht. Die Röhre verschließt man durch Andrücken des Zeigefingerballens, taucht unter Was- ser, nimmt den Finger weg und drückt ihn dann vor dem Herausheben w i e d e r f e s t an. Durch Umdrehen des Gefäßes und geringe Erschütterung sorgt man dafür, daß der abgesperrte Wassertropfen in der Röhre etwas herabfließt und mit der Gasfüllung in Berührung kommt. Dann bringt man das Gefäß, wie Bild 8 zeigt, in durch Lackmus blaugefärbtes Wasser und hebt den Finger ab: W i e e i n S p r i n g b r u n n e n s p r i t z t d a s W a s s e r hinein und färbt s i c h d a b e i r o t .

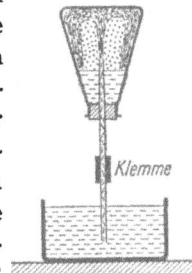

Bild 8
Absorption von
Chlorwassserstoffgas in
Wasser zu Salzsäure.

E r k l ä r u n g : Da 1 ccm Wasser etwa 450 ccm Gas löst, genügt schon die Absorption in dem abgesperrten Tropfen, um eine so starke Druckdifferenz zu erzeugen, daß das übrige Wasser mit großer Gewalt in das (starkwandige!) Gefäß gedrückt wird, unter vollständiger Absorption des HCl-Gases durch Wasser.

Da der Begriff Absorption bei Atemschutzgeräten (S. 8) eine Rolle spielt, ist der Versuch geeignet, das „Verschwinden" eines Gases durch Absorption sinnfällig zu machen.

Die **Lösung des Chlorwasserstoffgases in Wasser** zu Salzsäure vollzieht sich unter Erwärmung, was schon andeutet, daß ein chemischer Vorgang mitspielt. Dabei reagiert das Wasser als Ganzes, ohne daß es in der Formel der Salzsäure zum Ausdruck gebracht wird (S. 46). Trotzdem handelt es sich um eine festere chemische Verbindung als bei $SO_2$ und $CO_2$, bei welchen wir die chemische Änderung zur Säure formelmäßig erfassen konnten (I, 75 und 105). Während $SO_2$ und $CO_2$ aus der wäßrigen Lösung durch Kochen vollständig ausgetrieben werden, ist dies bei HCl unmöglich. Bei $110^0$ geht 20-proz. Salzsäure über. Wenn man verdünntere Säure hatte, geht zuerst Wasser über, bis der Kp. der Salzsäure erreicht ist, bei konzentrierterer Säure raucht umgekehrt zuerst HCl weg.

Die bei gew. Temperatur gesättigte Säure besitzt das spezifische Gewicht $s = 1,19$ und enthält ($p =$) 38 Gewichts-$^0/_0$ HCl, ist farblos und raucht an der Luft.

Regel für Salzsäure :$p = 200 \cdot (s - 1)$. Demnach besitzt die 20-proz. Salzsäure das spezifische Gewicht 1,10. Die gelbe Farbe der rohen Salzsäure des Handels kommt von einer Verunreinigung durch $FeCl_3$. Konzentrierte Salzsäure wirkt durch die Ätzung giftig. 0,3-proz. Salzsäure ist ein lebensnotwendiger Bestandteil des menschlichen Magensaftes, gleichzeitig ein Schutz gegen mit der Nahrung aufgenommene Bakterien. Steigt diese Magensäure in die Speiseröhre, so empfinden wir die Ätzwirkung als Schmerz (Sodbrennen). Bekämpfung durch $NaHCO_3$ (I, 107).
Das Vorkommen von HCl-Gas in vulkanischen Gasen hat weitgehende Auswirkungen für die Mineralumbildungen in der Nähe von vulkanischen Herden, s. S. 104!

## 5. Sauerstoffhaltige Chlorverbindungen

Während das Chloratom sich Wasserstoff gegenüber einwertig verhält und auch in organischen Verbindungen 1 Chloratom nur 1 Wasserstoffatom ersetzt, tritt es in sauerstoffhaltigen Verbindungen bis zu VII-wertig auf. HOCl unterchlorige Säure, $HClO_2$ Chlorsäure und $HClO_4$ Überchlorsäure sollen hier besprochen werden.

HOCl ist eine s e h r s c h w a c h e  S ä u r e , welche schon durch die Kohlensäure aus ihren Salzen in Freiheit gesetzt wird und einen kennzeichnenden, v o m  C h l o r  v e r s c h i e d e n e n  Geruch besitzt, der als Chlorkalkgeruch bekannt ist. Auf diesem Stärkeverhältnis beruht eine Darstellungsweise für freie unterchlorige Säure. Leitet man Chlor in Pottaschelösung ein, so wird das „Reaktions-Gleichgewicht" (S. 16) $Cl_2 + H_2O \rightarrow HOCl + HCl$ (1) dadurch fortwährend gestört, daß Salzsäure mit Pottasche unter $CO_2$-Entwicklung neutralisiert und somit aus dem Gleichgewicht entnommen wird: $2\,HCl + K_2CO_3 \rightarrow 2\,KCl + CO_2 + H_2O$ (2). Es wird demnach solange HOCl gebildet, bis entweder $K_2CO_3$ oder $Cl_2$ verbraucht sind. Zieht man die beiden Vorgänge nach Verdoppelung der Gleichung (1) zusammen, so erhält man als Gesamtgleichung: $2\,Cl_2 + H_2O + K_2CO_3 \rightarrow 2\,KCl + CO_2 + \mathbf{2\,HOCl}$. Freie unterchlorige Säure ist eines der stärksten Oxydationsmittel, das Lackmuspapier augenblicklich bleicht.

Nach dem ersten Fabrikationsort in der Nähe von Paris wird die Lösung von Chlor in Pottasche als „Eau de Javelle" bezeichnet. Der Formel nach kann man HOCl als ein Wasserstoffsuperoxydderivat auffassen, in dem eine Hydroxylgruppe durch Chlor ersetzt ist. Vgl. auch Übg. 7, 2. Abs., Kleingedrucktes!

Nimmt man statt Pottasche k a l t e Kalilauge, so wird auch die unterchlorige Säure neutalisiert:

$$HCl + HOCl + 2 KOH \rightarrow KCl + KOCl + 2 H_2O.$$

Leitet man aber Chlor in h e i ß e Kalilauge ein, so oxydiert die unterchlorige Säure ihr eigenes Salz:

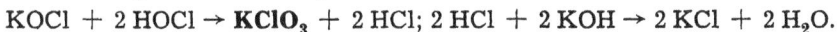

$$KOCl + 2 HOCl \rightarrow KClO_3 + 2 HCl; 2 HCl + 2 KOH \rightarrow 2 KCl + 2 H_2O.$$

Die Neutralisation der dabei entstehenden Salzsäure ist notwendig, da umgekehrt Chlorat mit Salzsäure elementares Chlor liefert:

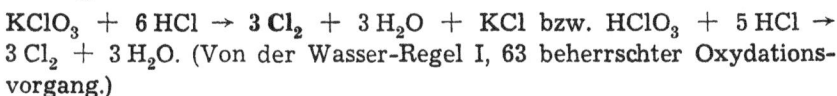

$$KClO_3 + 6 HCl \rightarrow 3 Cl_2 + 3 H_2O + KCl$$ bzw. $$HClO_3 + 5 HCl \rightarrow 3 Cl_2 + 3 H_2O.$$ (Von der Wasser-Regel I, 63 beherrschter Oxydationsvorgang.)

Pottasche, Kalilauge und Kaliumchlorid sind aber verhältnismäßig teuere Stoffe. Durch Umsetzung mit der billigsten Base der Technik bekommt man **Chlorkalk,** von dem in Deutschland jährlich mehr als 20 000 t hergestellt werden. Im wesentlichen wird ihm die Formel $CaCl(OCl)$ zugeschrieben, entsprechend dem Gemisch von KCl und KOCl. In den letzten Jahren wird reines Hypochlorit $Ca(OCl)_2$ verkauft, muß aber sehr sorgfältig und trocken aufbewahrt werden.

**Übg. 7: Chlorkalk** wird mit Wasser geschüttelt, einige Minuten stehengelassen, erneut geschüttelt und filtriert. Das Filtrat färbt rotes Lackmus blau, da der technische Chlorkalk etwas gelöschten Kalk enthält. Beim Anhauchen erfolgt Bleichung des Lackmusfarbstoffes.

E r k l ä r u n g : Durch Kohlensäure wird unterchlorige Säure in Freiheit gesetzt. Deshalb geht auch schlecht verschlossener Chlorkalk an der Luft allmählich in $CaCO_3$ über. Um im Haushalt energische Bleichwirkung zu erzielen, tränkt man die zu bleichende Stelle mit dünnem Chlorkalkbrei und setzt Essig oder Zitronensaft zu und wäscht sorgfältig aus (s. a. S. 35!). Wolle und Seide werden zerstört!

Erkläre, daß frischer Chlorkalk mit Salzsäure Chlor liefert unter Heranziehung der Gleichung (2) S. 16 (Vorsicht!), während „alter" Chlorkalk hauptsächlich nur aufbraust. Wasserstoffsuperoxyd gibt mit frischem Chlorkalk Sauerstoff (!). In beiden Molekeln HOCl und $H_2O_2$ sind leicht bewegliche Sauerstoffatome vorhanden, welche zu $O_2$-Molekeln zusammentreten, also $CaOCl_2 + H_2O_2 \rightarrow O_2 \uparrow + H_2O + CaCl_2.$

V e r w e n d u n g : Chlorkalk wird zum Bleichen von Baumwolle, in der Papierindustrie, zur Desinfektion, Bekämpfung von Epidemien und zur Beseitigung übler Gerüche (Aborte, Ausgüsse) verwendet. Chloramin wirkt ähnlich wie Chlorkalk, III, 83.

I, 45 wurde beobachtet, daß die Zersetzung des Kaliumchlorats beim Erhitzen o h n e Katalysator in 2 Stufen verläuft. Unterhalb von 400⁰ mit t r ä g e r Gasentwicklung entsteht **Kaliumperchlorat**: $2 KClO_3$ → $KCl$ + **KClO₄** + $O_2$. Erst bei höherer Temperatur wird auch dieses zersetzt nach der Gleichung: $KClO_4$ → $KCl$ + $2 O_2$. Durch Addition folgt die Gesamtgleichung I, 45: $2 KClO_3$ → $2 KCl$ + $3 O_2$.

Von allen bekannten Säuren zeigt die **Perchlorsäure** das stärkste Salzbildungsbestreben und nützt zur Bildung von kristallisierten „Salzen" die geringsten Reste von basischer Kraft aus, auch bei Stoffen, denen man keine basische Natur zuerteilt, z. B. bei Kohlenwasserstoffen. Bei Gegenwart von Wasser ist die Perchlorsäure bzw. ihr Hydrat eine sehr beständige Verbindung, die in der analytischen Chemie zur Trennung der Alkalien verwendet wird.

Wichtig ist wegen des später zu besprechenden „Systems" der Elemente, daß Chlor hier VII-wertig auftritt. Die Zusammensetzung des Kaliumperchlorates entspricht der des Kaliumpermanganates, welches schon öfter erwähnt wurde ($KMnO_4$). Im rohen Chilesalpeter ist $NaClO_4$ enthalten. Da es ein heftiges Gift für die Wurzelhaare der Pflanzen ist, muß es aus dem Chilesalpeter sorgfältig entfernt werden.

$KClO_3$ muß nach seiner Formel ähnlich wie der Kaliumsalpeter ($KNO_3$) gebaut sein. Beide Elemente, Cl und N, sind in diesen Salzen V-wertig (I, 82). **KClO₃ ist ein sehr gefährlicher Stoff** (I, 46). Da beide bei alphabetischer Reihenfolge in den Gestellen für Laboratoriumspräparate häufig nebeneinanderstehen, muß vor Verwechslungen besonders gewarnt werden. Kaliumchlorat wird in sehr großen Mengen (jährlich über 18 000 t in Deutschland) hergestellt. Den größten Teil verbraucht die Zündholzindustrie (s. S. 91!).

Man mischt, um jeden Druck zu vermeiden, mit einer Federfahne **kleine** Mengen von Kaliumchlorat und Zucker auf einem Stück Asbestpappe, ordnet die Masse zu einem Streifen und bringt mit einem Glasstab einen Tropfen konzentrierte $H_2SO_4$ auf das eine Ende des Streifens. Die frei werdende Chlorsäure „verbrennt" den Zucker und löst damit die Entzündung der Masse aus. — Zugabe von konz. Schwefelsäure zu Kaliumchlorat allein liefert das bei der geringsten Erwärmung **heftig explodierende ClO₂.** Deshalb muß vor Versuchen eindringlichst gewarnt werden.

Kaliumchlorat wurde früher bei Angina-Erkrankungen zum Gurgeln verwendet. Wenn davon etwas verschluckt wird, wirkt es vom Magen aus stark giftig (blutfarbstoffzerstörend). Es sollte deshalb durch Wasserstoffsuperoxyd ersetzt werden. Neuerdings wird Aluminiumchlorat dafür verwendet (Mallebrin). — $NaClO_3$ wird zur Unkrautbekämpfung verwendet; „Unkrautex".

### 6. Brom und Jod

**Übg. 8:** Zu den farblosen Lösungen von Bromkalium und Jodkalium in Wasser wird Chlorwasser gegeben. Im ersten Fall erhält man eine gelb- bis braunrote Flüssigkeit (Farbe des gelösten Broms). Im zweiten Fall eine braune Lösung und schließlich Ausscheidung eines dunklen Niederschlags. Erhitzt man diese Suspension zum Kochen, so treten violette Dämpfe auf. Die Umsetzung gehört zum Verdrängungstypus. Das „starke" Chlor verdrängt das schwächere Brom und Jod aus den Salzen:

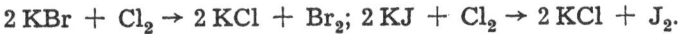

$$2\,KBr + Cl_2 \rightarrow 2\,KCl + Br_2;\ 2\,KJ + Cl_2 \rightarrow 2\,KCl + J_2.$$

Welches von den beiden wiederum das stärkere ist, entscheidet der Versuch: Bromwasser zu Jodkaliumlösung. Es tritt dieselbe Erscheinung auf wie bei Zugabe von Chlorwasser. Die Reihenfolge ist demnach $Cl_2$, $Br_2$, $J_2$. Aus den wäßrigen Lösungen bzw. Suspensionen kann man die Halogene [1]) durch Chloroform „ausschütteln". Brom löst sich rotbraun, Jod violett in diesem Lösungsmittel, und zwar viel leichter als in Wasser. Ebenso ist es bei $CS_2$, welcher aber wegen seiner Feuergefährlichkeit für häusliche Versuche ungeeignet ist.

**Übg. 9:** Bromwasser bleicht Lackmus. Erklärung wie bei Chlorwasser, S. 16.

**Vorkommen:** Als Bromid ist **Brom** im Meerwasser zu 0,008% enthalten. Da die Bromide viel leichter sich in Wasser lösen als die Chloride, werden sie aus den Meeresverdunstungsrückständen (den Salzlagerstätten) sehr leicht wieder herausgelöst. Brom wurde tatsächlich in künstlichen Meeresverdunstungsrückständen entdeckt, nämlich in den Mutterlaugen bei der Gewinnung von Meeressalz (1826 von dem Franzosen Balard; s. a. I, 69!). Fossile Meeresverdunstungsrückstände, bei denen durch glückliche Umstände die leicht löslichen Anteile (K-, Mg-Salz und Bromide) erhalten geblieben sind, besitzen wir in den Staßfurter Lagern, aus denen die deutsche Jahresproduktion von etwa 1200 t $Br_2$ hergestellt wird. In USA werden große Mengen Brom zur Herstellung von Äthylenbromid $C_2H_4Br_2$ als Zusatz zum Antiklopfmittel Bleitetraäthyl, III, 38, benötigt. Herstellung aus Meerwasser mit einer Jahresproduktion von etwa 20 000 t. Berechne die Mindestwassermenge, welche der Zubringerkanal aus dem Meer täglich zu leisten hat!

Brom ist das einzige bei Zimmertemperatur flüssige Element unter den Nichtmetallen. Zusammen mit dem metallischen Quecksilber gibt es nur 2 flüssige Elemente. Die übrigen Elemente sind Gase oder feste Stoffe.

**Eigenschaften:** Brom besitzt rotbraune Farbe (in dicken Schichten fast schwarz) und das spez. Gewicht 3,1; Kp. 59⁰; F. — 7.3⁰. Es verdampft sehr leicht und reizt heftiger als Chlor. Auf die Haut gebracht, verursacht es bösartige Wunden. Mit Metallen verbindet es sich direkt zu Bromiden unter weniger lebhaften Erscheinungen als das Chlor. Die Wasserstoffverbindung löst sich sehr leicht in Wasser zu Bromwasserstoffsäure, III, 28, jedoch ist der Wasserstoff lockerer gebunden als im HCl.

---

[1]) gr. = Salzbildner, weil sie auch ohne Mitwirkung des Sauerstoffs direkt Salze bilden: KCl, KBr, KJ; Chloride, Bromide, Jodide (S. 15 u. I, 45).

A n w e n d u n g sehr vielseitig, z. B. in der Photographie, zur Herstellung von Farbstoffen und Nervenberuhigungsmitteln bzw. Schlafmitteln, z. B. „Adalin".

Der Farbstoff der roten (Eosin-) Tinte ist Br-haltig, der Farbstoff der Purpurschnecke, mit dem die alten Römer ihre Togastreifen färbten, ist ein Bromabkömmling des Indigos, wie erst um das Jahr 1900 erkannt wurde.

**Jod** (metallisch glänzende, schwarzgraue Plättchen) besitzt schon als fester Stoff einen kennzeichnenden Geruch, der bedeutend schwächer reizt als $Cl_2$ und $Br_2$. Da wir nur g a s f ö r m i g e S t o f f e durch den Geruchssinn wahrnehmen können, geht demnach das f e s t e Jod schon bei gew. Temperatur d i r e k t in den g a s f ö r m i g e n Zustand über. Aus dem gleichen Grund färbt es, auf Papier gelegt, durch den in das Papiergewebe eindringenden und sich mit ihm verbindenden Joddampf braun ab.

**Übg. 10:** Beim Erhitzen im trockenen Rgl. wird die Sublimation (I, 26) so lebhaft, daß man den veilchenblauen Dampf in ein Becherglas ausgießen kann. An den Glaswänden sondern sich keine Tröpfchen ab, sondern direkt aus dem gasförmigen Zustand gebildete K r i s t a l l e mit schön glänzenden Flächen.

Das Jodsublimat im Becherglas wird mit Wasser übergossen: es geht nur sehr wenig mit gelblicher Farbe in Lösung, auch in heißem Wasser. Man gießt die wäßrige, nur Spuren enthaltende Lösung für die folgende Jodstärkereaktion ab.

Schon mit einer kleinen Menge Alkohol erhält man eine tiefbraune „Jodtinktur". Daß bei diesen Lösungen nicht die Farbe des Joddampfes auftritt, läßt vermuten, daß eine chemische Einwirkung auf Wasser bzw. Alkohol zu einer lockeren Anlagerungsverbindung stattfindet [1]). In Chloroform und Schwefelkohlenstoff zeigt die Lösung die v i o l e t t e Farbe des Joddampfes. Die Verwendung der Jodtinktur, welche auch etwas KJ enthält, für Wunddesinfektion ist allgemein bekannt (s. a. III, 41, Jodoform!).

**Übg. 11:** Stärkemehl wird mit sehr wenig Wasser übergossen. Die leicht bewegliche Suspension wird unter ständigem Schütteln gelinde erhitzt („brennt" leicht an). Sie wird unter Quellung der Stärke (I, 25) so zähe, daß sie im umgedrehten Rgl. nicht mehr ausfließt. Nunmehr wird ein kleiner Teil der gequollenen Stärke mit viel Wasser gekocht. Man erhält eine, allerdings langsam, filtrierbare Lösung. Das klare Filtrat ergibt mit der wäßrigen Jodlösung eine tiefblaue Färbung.

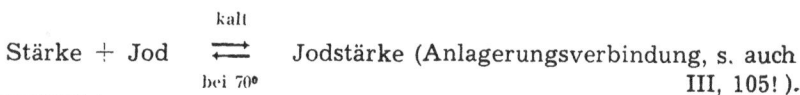

$$\text{Stärke + Jod} \underset{\text{bei } 70^\circ}{\overset{\text{kalt}}{\rightleftarrows}} \text{Jodstärke (Anlagerungsverbindung, s. auch}$$
III, 105! ).

---

[1]) S. S. 45: Erweiterung der Valenzlehre!

Beim Erhitzen „verschwindet" die Farbe, da Stärkelösung farblos ist und die gelbe Farbe der Jodlösung kaum erkennbar ist. Beim Abkühlen kehrt die blaue Farbe wieder zurück.

Das im Rgl. zum Teil angeschmolzene Jod von Übg. 10 entfernt man durch Natronlauge, in welcher es sich spielend leicht farblos oder schwach gelb löst nach der Gl.: $3 J_2 + 6 NaOH \rightarrow 5 NaJ + NaJO_3 + 3 H_2O$. Während zur Chloratbildung Erwärmen nötig ist, oxydiert die unterjodige Säure sich sehr rasch zu Jodsäure (vgl. S. 21!). Durch Ansäuern mit Schwefelsäure wird aus dieser Lösung Jod quantitativ gefällt, da die entstehende Jodwasserstoffsäure auf die Jodsäure reduzierend wirkt: $5 NaJ + NaJO_3 + 3 H_2SO_4 \rightarrow 3 J_2 + 3 Na_2SO_4 + 3 H_2O$. Das in der Gleichung auftretende Wasser ist entstanden aus dem Säurewasserstoff von HJ und dem Sauerstoff der Jodsäure.

Setze die obigen Gleichungen aus den Teilvorgängen nach Reaktionstypen zusammen oder unter Zuhilfenahme von Bauformeln (I, 63 und 82). — Kaliumjodidlösung wird mit verdünnter $H_2SO_4$ angesäuert und Wasserstoffsuperoxyd zugegeben. Das ausgeschiedene Jod ist bei Gegenwart von Stärke schon in Spuren an der Bläuung zu erkennen. Prüfe mit Jodstärkepapier (enthält KJ und Stärke, farblos) schwach angesäuerte verdünnte $H_2O_2$-Lösung: $2 KJ + H_2SO_4 + H_2O_2 \rightarrow J_2 + K_2SO_4 + 2 H_2O$.

A n w e n d u n g   u n d   V o r k o m m e n :   Da der Wasserstoff der Jodwasserstoffsäure sich sehr leicht zu Wasser unter Freiwerden von Jod oxydieren läßt, wird die Jodwasserstoffsäure vielfach, namentlich in der organischen Chemie, als Reduktions- bzw. Hydrierungsmittel benützt. Jodverbindungen finden in der Medizin weitgehende Anwendung. Das Jod ist in der Natur weit verbreitet, aber nur in geringer Konzentration anzutreffen: Meerwasser enthält 0,001% Jod. Vgl. I, 130!

Für die Aufrechterhaltung des Stoffwechsels ist Jod ein lebensnotwendiger Stoff. Das Hormon der Schilddrüse enthält beträchtliche Mengen von Jod. Die aus den Alpenländern bekannte Kropfkrankheit wird auf Jodmangel zurückgeführt. Die ozeanische Luft, welche durch Verdunstung des Meeres Jodsalz enthält, hat ihren Jodgehalt zum größten Teil abgestreift, bis sie in die engen Gebirgstäler gelangt. Die dort wachsenden Gemüsepflanzen sind daher jodarm und damit auch die Nahrung. Deshalb wird in den betreffenden Gegenden Speisesalz mit Jodzusatz ausgegeben.

Meeresalgen (Tange) vermögen Jod zu einem hohen Prozentsatz zu speichern, so daß in der Normandie, in Schottland und auch in Japan aus ihnen Jod neben Klebemitteln gewonnen wird. Die Anhäufung von vermoderten Tangen in Ablagerungen früherer Erdperioden (der Trias und Jurazeit) liefert heute noch den Jodgehalt der Quellen von Bad Tölz, Wiessee und anderen Orten, auch in Frankreich und Nordamerika. Jodsaures Natrium kommt im Chilesalpeter vor, woraus die Hauptmenge der Weltproduktion an Jod, etwa 1400 t, gewonnen wird.

## 7. Fluor

V o r k o m m e n : Der Name dieses Elementes kommt vom Fluorit = Flußspat[1]), der in großen Würfelkristallen gelb, grün, blau und violett gefärbt in großen Lagern vorkommt, z. B. im Harz und in der Oberpfalz. Er wurde so benannt, weil er seit alten Zeiten als Flußmittel bei der Verhüttung von Erzen benützt wird. Während $CaCl_2$ hygroskopisch ist und sich spielend in Wasser löst, ist $CaF_2$ in Wasser so gut wie unlöslich. Auch im Kryolith (Eisstein) Grönlands, der als Flußmittel bei der Aluminiumherstellung verwendet [2]) wird, und in dem überall in der Ackererde vorkommenden Apatit (I, 92) ist Fluor enthalten. Von der Ackererde nehmen Pflanzen, z. B. Getreidearten und Gräser, verhältnismäßig große Mengen Fluor auf, welches mit der Pflanzennahrung in die Knochen und Zähne (Zahnschmelz) übergeht.

Die D a r s t e l l u n g des Elementes Fluor hat die größten Schwierigkeiten gemacht, da es kaum ein Material gibt, das dem gelbgrünen Gase widersteht. Wasser wird z. B. explosionsartig in $O_3$ (Ozon) und HF umgesetzt (vgl. S. 16!). 1887 ist die Darstellung dem Franzosen Moissan durch Anwendung besonderer Kunstgriffe bei der Elektrolyse von wasserfreier Flußsäure gelungen. Von der Technik wird sie jetzt im großen ausgeführt, da besonders organ. F-Verbindungen technisch wichtig geworden sind.

Die **Flußsäure,** seit Ende des 18. Jahrhunderts bekannt, hat nur in verdünnter Lösung die Zusammensetzung HF. In der wasserfreien, bei $19,5^0$ siedenden Flüssigkeit und in konzentrierter Lösung tritt eine Vergesellschaftung zu $H_2F_2$ ein (s. S. 46!). Erwärmt man Flußspatpulver mit konzentrierter Schwefelsäure, so treten ähnliche Erscheinungen auf wie bei der Übg. $NaCl + H_2SO_4$. HF riecht stechend sauer, raucht an der Luft und wirkt außerordentlich heftig auf die menschliche Haut ein, was zu **größter Vorsicht** mahnt. Sowohl der gasförmige Fluorwasserstoff als auch seine wäßrige Lösung hat die praktisch seit 160 Jahren benützte Eigenschaft, Kieselsäure und auch Glas zu „ätzen". Man geht hierbei so vor, daß man Stellen, die unangegriffen bleiben sollen, durch einen Paraffinüberzug schützt in der Weise, daß man den ganzen Gegenstand mit Paraffin überzieht, die Ätzstellen durch Abkratzen freilegt und den Dämpfen der Flußsäure aussetzt oder in wäßrige Flußsäure eintaucht. Der chemische Vorgang wird durch die Gl.:
$$SiO_2 + 2 H_2F_2 \rightarrow SiF_4 + 2 H_2O \text{ bzw. } SiO_2 + 3 H_2F_2 \rightarrow H_2SiF_6 + 2 H_2O$$
ausgedrückt. $SiF_4$ Siliziumflorid ist ein bei gewöhnlicher Temperatur gasförmiger Stoff, $H_2SiF_6$ ist die sog. Kieselfluorwasserstoffsäure. Lös-

---

[1]) Der zweite Teil des deutschen Namens deutet die Spaltbarkeit an. „Späte" sind Mineralien mit Glasglanz und deutlicher Spaltbarkeit.
[2]) In neuester Zeit synthetisch dargestellt. Formel $Na_3AlF_6$. Vgl. S. 117!

liche Salze der Flußsäure und der Kieselfluorwasserstoffsäure werden ihrer antiseptischen Wirkung halber im Gärungsgewerbe und zur Holzkonservierung verwendet, ferner in der analytischen Chemie. — Die Flußsäure wird in Guttaperchaflaschen oder Gefäßen aus Hartparaffin aufbewahrt, am besten nicht in der Nähe von Glasflaschen.

**Fluor, Chlor, Brom und Jod** bilden wegen des weitgehend übereinstimmenden chemischen Verhaltens **eine natürliche Grundstoffgruppe** (S. 38 u. 109). Die Wasserstoffverbindungen sind Säuren; die E l e m e n t e verbinden sich **direkt** mit Metallen zu **Salzen** und heißen deshalb **Halogene** oder Salzbildner. Auch die physikalischen Eigenschaften zeigen auffallende Regelmäßigkeiten in Abhängigkeit vom Atomgewicht, z. B. nehmen die Wärmetönungen der Wasserstoffverbindungen und deren Stabilität mit steigendem A. G. ab: HF(+64 kcal.), HCl(+ 22 kcal.), HBr(+8,4 kcal.), HJ(—6,0 kcal.); die Farbigkeit der Elemente nimmt mit steigendem A. G. zu: blaßgrün, gelbgrün, rotbraun, violett; ferner F., Kp. und das spez. Gewicht. Vgl. auch Fn. 1, S. 142!

Unter den H a l o g e n s t i c k s t o f f v e r b i n d u n g e n befinden sich **hochexplosive** Stoffe. $NCl_3$ ist eine schwere, dunkelgelbe Flüssigkeit; $NJ_3$ ein schwarzbrauner, fester Stoff. Weil unter Umständen derartig gefährliche, schon bei geringer Reibung detonierende Stoffe sich bilden können, ist das Zusammenbringen von konzentrierten Salmiak- und Ammoniaklösungen mit Halogenen unbedingt zu vermeiden.

Auch unter sich können die Halogene Verbindungen eingehen, z. B. $JCl_3$, $BrF_3$ und $JF_5$.

Besonders zu nennen ist das Borfluorid $BF_3$, da es in der chemischen Technik der organischen Kunststoffe als Katalysator in steigendem Maße angewandt wird.

## 8. Grundbegriffe der Mineralien- und Kristallbeschreibung

Man kennt etwa 1500 Mineralien[1]), von denen aber nur wenige hundert in größeren Mengen als gesteinsbildende Mineralien oder in Erzlagerstätten vorkommen. **Unter Gestein versteht man gesetzmäßige Mineralgemenge, welche einen wesentlichen Anteil an dem Aufbau der Erdrinde ausmachen.** Gesteine sind also geologisch selbständige Teile der Erdrinde, welche durch einen einheitlichen Bildungsvorgang entstanden sind. Gips und Kalkstein als sog. einfache Gesteine sind nicht im strengen Sinne homogene Stoffe, sondern enthalten Begleitmineralien, welche ihnen das kennzeichnende Aussehen des örtlichen Vorkommens verleihen. Gesteinslehre = **Petrographie.**

Daß die Kristallform (I, 10) die Folge der gesetzmäßigen Anordnung der kleinsten Baube-

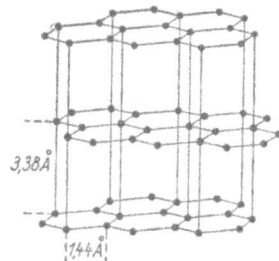

Bild 9
Atomgitter des Graphits.

---

[1]) Begriffsbestimmung I, 30, Fußnote 4.

standteile (Molekeln bzw. Atome) ist, hat die Kristallbeschreibung schon am Ende des 18. Jahrhunderts vermutet. Der Beweis dafür wurde jedoch erst 1912 erbracht. Die Kristalle sind wirklich aus einem stereometrisch regelmäßig angeordneten Punktgitter aufgebaut, dessen Knotenstellen von Atomen bzw. Ionen (S. 79 und I, 56) besetzt sind.

Der für mechanische Kräfte undurchdringliche Raum eines festen Körpers ist, wie wir von den durchsichtigen Stoffen her wissen, bei diesen für Lichtstrahlen durchlässig. Das ist aber nur deshalb möglich, weil zwischen und in den Molekeln und ihren Atomen verhältnismäßig große, l e e r e Räume vorhanden sind und das eigentlich Stoffliche, die Masse, in einem winzigen Raum zusammengeballt ist (I, 20, Fn. 1). In unserer Lufthülle haben wir nun einen ideal durchsichtigen (unsichtbaren) Stoff, der von einer riesigen Lichtquelle, der Sonne, durchstrahlt wird. Wenn auch die Lichtwellen zum größten Teil um die winzigen Massenteile der Gasmolekeln herumgehen, die kürzesten Wellen, die blauen, werden doch von ihnen beeinflußt (gebeugt), und dieses gestreute Licht verursacht die blaue Farbe des wolkenlosen Himmels. Darauf ist eine Methode der Berechnung der Loschmidtschen Zahl aufgebaut (I, 19, 2. Absatz und I, 32). Die Wellen der für uns unsichtbaren Röntgenstrahlen sind 1000-mal kürzer als die des Sonnenlichtes. Deshalb kann man die Streuspuren des durch das Kristallgitter gebeugten Röntgenlichtes auf einer photographischen Platte „schwarz auf weiß" sehen und zwar beim Durchstrahlen eines dünnen Kristalls als regelmäßig um die Durchstrahlungsschwärzung herum verteilte graue Stellen.

Aus solchen Röntgenphotos kann man die gegenseitige Lage der Gitterpunkte im Raum und ihre Abstände mit großer Genauigkeit berechnen. Dafür wurde eine Unterteilung des mm eingeführt: $1 \mu = \frac{1}{1000}$ mm; $1 m\mu = \frac{1}{1000} \mu$; 1 Å (Angström) $= \frac{1}{10} m\mu = \frac{1}{10}$ Millionstel mm. Mit Röntgenstrahlen und photographischer Platte kann man also in die Kristalle hineinsehen und fand 1912 das 40 Jahre vorher mathematisch abgeleitete Kristallgitter bestätigt.

Die Ebenen, die wir uns durch ein derartiges Punktgitter gelegt denken, sind mit verschiedenen Anzahlen von Massenpunkten besetzt, so daß in den dünner besetzten Ebenen die Kohäsion geringer ist: Die Kristalle spalten (vgl. I, 96!). Zerschlagen wir z. B. den in Würfeln kristallisierenden Flußspat, so erhalten wir nicht beliebig geformte Spaltstücke, sondern e b e n f l ä c h i g begrenzte, deren Flächenwinkel die genaue Größe der Oktaederwinkel besitzen. Ein zerschlagener Kalkspaltkristall liefert lauter kleine Rhomboeder; Bild 15 und I, Bildtafel. Bild 9 zeigt die Anordnung der Kohlenstoffatome im Graphitkristall, Bild 10 das „Diamantgitter".

Auch bei anderen physikalischen Beanspruchungen zeigen die **Kristalle** ein **in verschiedenen Richtungen verschiedenes Verhalten**. Z. B. erreicht die Fortpflanzungsgeschwindigkeit des Lichtes in einer Richtung ein Maximum, in einer anderen ein Minimum. Die dadurch hervorgerufene **Doppelbrechung eines Lichtstrahls** ist bei durchsichtigen Kalkspatkristallen (isländischer Doppelspat) besonders eindrucksvoll: Ein kleiner Tintenklecks wird doppelt gesehen. Beim Drehen des Kristalls auf dem Papierblatt wandert das durch den „außerordentlichen" Strahl verursachte Bild um das ordentliche herum.

Durch eine Glasplatte sehen wir den Klecks nur einfach. Beim Zerschlagen der Glasplatte bekommen wir unregelmäßige Bruchstücke. auch sehr lange Splitter mit g e b o g e n e n Flächen. Das **richtungslos**

**gleichmäßige physikalische Verhalten,** wie wir es auch in Flüssigkeiten antreffen, **bezeichnet man als isotrop** (gr. = gleichwendig). Glas verhält sich also wie eine starre Flüssigkeit oder wegen des Fehlens von Kristallen auch als **amorph** (I, 25, 74 und 95). Wir müssen also die feste Zustandsform (I, 17) unterteilen in 1. den kristallisierten oder anisotropen Zustand und 2. den amorphen oder isotropen.

An dem Blindwerden von lange gelagerten Glas (I, 120) beim Erhitzen können wir erkennen, daß der isotrope Zustand für feste Körper anormal ist, da er genaugenommen dadurch verursacht ist, daß ein Mittelwert vollkommen unregelmäßiger Verteilung submikroskopischer Molekelpakete vorliegt (röntgenoptisch und durch das Elektronenmikroskop am amorphen C (Ruß) nachgewiesen). Umgekehrt ist der anisotrope Zustand bei geschmolzenen Stoffen anormal und nur in organischen „flüssigen Kristallen" nachgewiesen.

Das Fehlen von besonderen, im kristallisierten Feinbau vorherbestimmten Spaltflächen ist für viele W e r k s t o f f e erwünscht. Bei Metallen wird dies mit der Verkleinerung des Kristallgefüges durch besondere Behandlung erzielt (I, 12 Kleingedrucktes). Bei den amorphen Stoffen liegt in dieser Hinsicht ohne weiteres das denkbar günstigste Gefüge vor. Deshalb sind K u n s t h a r z e besonders wertvolle Werkstoffe, zumal sie sich in der Bearbeitung ähnlich verhalten wie Metalle (Thermoplasten) und in bezug auf Widerstandsfähigkeit gegen stoffliche Veränderungen sogar den metallischen Werkstoffen überlegen sind. Sie liefern uns auch splittersichere „Gläser"; III, 140.

Es besteht auch die Möglichkeit, daß bei demselben Stoff 2 verschiedene Kristallgitter vorkommen, deren gegenseitiger Übergang bei einer bestimmten Umwandlungstemperatur mit Abgabe oder Aufnahme von Umwandlungswärme erfolgt, ähnlich wie beim F. verschiedene Zustandsformen ineinander übergehen. Welchen gewaltigen Einfluß der Gitteraufbau auf die Eigenschaften der Stoffe besitzt, zeigt das Beispiel Diamant und Graphit (I, 96). Beim Metall Eisen liegen die Übergänge bei sehr hohen Temperaturen ($\alpha$-Eisen (780 $^0$) $\rightarrow \beta$-Eisen (906 $^0$) $\rightarrow \gamma$-Eisen (1411 $^0$) $\rightarrow$ $\delta$-Eisen bis zum Schmelzpunkt). Bei dem im 17. und 18. Jahrhundert als Werkstoff für Teller, Kannen und Krüge vielfach verwendeten Metall Zinn liegt der Übergang von weißem in graues Zinn bei 18 $^0$. Bei lange dauerndem Frost sind Zinngeräte in der Gefahr des Zerfallens. Die Umstellung der Gitteratome in das Gitter des grauen Zinns unterbricht die bisherige Kohäsion (Zinnpest). Diese Umwandlung wird dadurch erklärt, daß auch in festen Körpern die Atome nicht ganz in Ruhe sind, sondern je nach dem Wärmeinhalt um die Gleichgewichtslage der Gitterpunkte fibrieren (I, 18, Fn. 2 und II, 32).

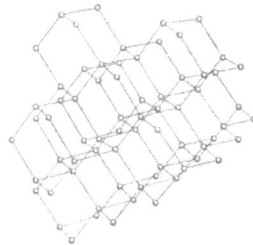

Bild 10
Atomgitter des Diamanten.

**Amorphe Mineralien,** z. B. der ein buntes (Interferenz-)Farbenspiel aufweisende Opal, sind aus einer kolloiden Lösung (S. 101) entstanden, oder auch durch rasches Erstarren eines Glasflusses (Obsidian).

Die **Kristalle** „wachsen" durch gesetzmäßige Anlagerung des Stoffes. Daraus ergibt sich, daß die Anlagerung nur eine parallele Verschiebung der Flächen hervorrufen kann. Bei der „Verzerrung" können Ecken zu Kanten ausgezogen sein. Aber d i e  W i n k e l  d e r  F l ä - c h e n  b l e i b e n  g l e i c h. Dieses **Gesetz der Konstanz der Kantenwinkel** wurde schon 1669 von Steno (Florenz) aufgestellt.

Um für die Bestimmung der Vielgestaltigkeit der Idealformen eine vergleichbare Zuordnung zu gewinnen, denkt man sich durch ihr Inneres gerade Linien gezogen, die sich in einem Punkte in der Mitte schneiden: Achsenkreuz, auf welches dann die Kristallflächen sich in einfacher Weise beziehen lassen. Als Kristallsystem faßt man alle Formen zusammen, welche zu demselben Achsensystem gehören. Je nach dem Vorhandensein eines Symmetriezentrums oder von Symmetrieebenen oder Symmetrieachsen unterteilt man wieder in 32 Kristallklassen. Die Zahl der Klassen ist also nicht unbeschränkt. Als Kristalle treten nicht alle geometrisch möglichen regelmäßigen Vielflächner auf, sondern nur solche, bei denen durch geeignete Wahl der Achsen d i e  V e r h ä l t - n i s s e  d e r  d u r c h  d i e  K r i s t a l l f l ä c h e n  auf den A c h s e n  h e r v o r g e r u f e n e n  A c h - s e n a b s c h n i t t e  durch e i n f a c h e  g a n z e  u n d  g e b r o c h e n e  Z a h l e n  ausgedrückt werden (1, 2, 3, $^3/_2$ usw.), auch durch $\infty$ für den Fall, daß eine Fläche zu einer oder 2 Achsen parallel ist **(Gesetz der rationalen Verhältnisse der Achsenabschnitte).**

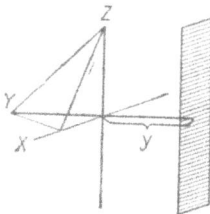

I. R e g u l ä r e s  S y s t e m: 3 gleichwertige, in der geometrischen Idealfigur gleich lange Achsen schneiden sich unter rechten Winkeln I, 10, Abb. 3 (Kochsalz, Bleiglanz (s. Bildtafel I, neben S. 48!), Diamant).

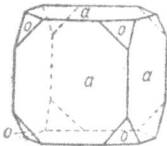

Bild 11

Reguläres Achsenkreuz (x = y = z) mit Oktaeder- und Hexaederfläche.

| Bild 12 | Bild 13 | Bild 14 |
| --- | --- | --- |
| Kaliumchlorid (Sylvin) *a* Würfelfläche, *o* Oktaederfläche. | Rhombenzwölfflächner (Granat), regulär. | Zinnstein; tetragonale Pyramide kombiniert mit tetragonalen Prismen. |

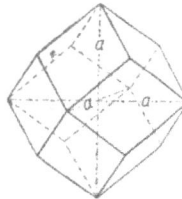

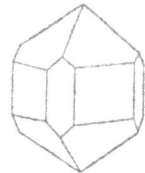

II. T e t r a g o n a l e s  S y s t e m: 2 gleiche Achsen schneiden sich unter rechten Winkeln, die 3. ungleiche Achse steht senkrecht zur Ebene der beiden anderen Achsen (Kupferkies, Zinnstein).

III. H e x a g o n a l e s  S y s t e m : 3 gleiche, sich untereinander in Winkeln von 60⁰ (ganz durchgezeichnet) schneidende Achsen liegen in einer Ebene, senkrecht dazu eine 4. von ihnen verschiedene Achse (Quarz, Eis, Kalkspat; Bild 15).

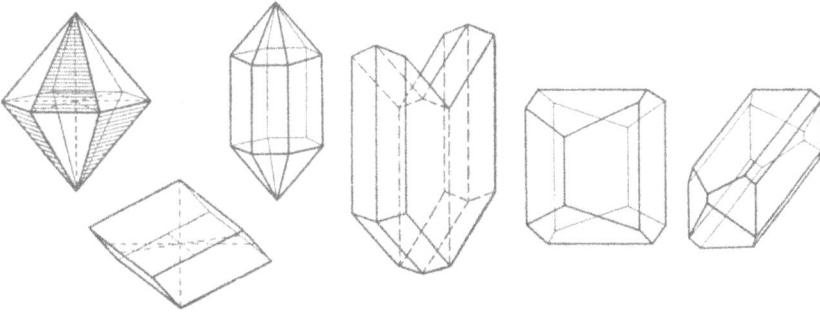

| Bild 15 | Bild 16 | Bild 17 |
|---|---|---|
| Hexagonale Dipyramide und ihr Halbflächner: Rhomboeder. | Zwillingskristall (Gips). | Orthoklaskristalle (Kaliumfeldspat) monoklin. |

IV. R h o m b i s c h e s  S y s t e m : 3 ungleiche, aufeinander senkrechte Achsen (Topas, Olivin, Schwefel; vgl. Bild 19!).

V. M o n o k l i n e s  S y s t e m : 3 ungleiche Achsen; 2 schneiden sich schiefwinklig, die 3. Achse ist senkrecht zur Ebene der beiden andern Achsen (Augit, Kaliumfeldspat, Hornblende, Gips).

VI. T r i k l i n e s  S y s t e m : 3 ungleiche, zueinander schiefe Achsen (Kupfervitriol, Plagioklas).

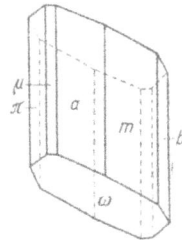

Bild 18
Kupfervitriol; triklin.

Von den physikalischen Eigenschaften wurden das spezifische Gewicht, die Härte, Spaltbarkeit und der Glanz schon genannt. Optisch wichtige Mineralien sind Flußspat, Kalkspat, Quarz und Turmalin. Zu erwähnen ist noch, daß das Verhalten der Mineralien gegen äußere Eingriffe praktische Bedeutung besitzt, z. B. der elastisch biegsame Glimmer und die dehnbaren Metallkristalle [1]) Vgl. auch III, 140!

Für die Bestimmung von Mineralien ist die Gesamtfarbe wichtig und die oft davon verschiedene Farbe des Pulvers, welches man durch Abreiben an einer rauhen Porzellanfläche gewinnt. Der „S t r i c h" des g o l d g e l b e n Pyrits ist z. B. g r a u s c h w a r z. — Elektrische Eigenschaften sind von praktischer Bedeutung (Detektorkristalle, Ultraschall). — Die gesetzmäßige Durchwachsung zweier Kristalle bezeichnet man als Z w i l l i n g e; sie weisen meist einspringende Winkel auf, z. B. Zinnstein (I, 50), Gips, Bild 16.

Eine  E i n t e i l u n g  d e r  M i n e r a l i e n  n a c h  d e n  K r i s t a l l-f o r m e n ist nicht durchführbar, weil derselbe Stoff verschieden kristallisieren kann, z. B. Diamant (regulär), Graphit (hexagonal): D i m o r p h i e. Andererseits kristallisieren verschiedene Stoffe in „gleichen Gestalten": Isomorphie, z. B. Kalkspat, Eisenspat und Zinkspat bilden eine isomorphe Gruppe. Als eine zweite solche Gruppe sei die der Alaune genannt.

Man teilt daher nach c h e m i s c h e n  G e s i c h t s p u n k t e n  in 12 K l a s s e n ein, z. B. Elemente, Sulfide (I, 73), Oxyde (I, 50), Haloidsalze, Kar-

---

[1]) Die elektrischen Glühlampen besitzen Drähte, die aus e i n e m Kristall gezogen sind.

bonate, Silikate usw. Auf das Werden und Vergehen der Mineralien, die einen, allerdings unendlich langsamen, Kreislauf in der Natur durchmachen, kann über das S. 160 Gebrachte hinaus nicht eingegangen werden.

## 9. Schwefel und Schwefelverbindungen

Die Kristalle des Minerals Schwefel gehören dem rhombischen System an. Die gleichen Kristalle von schön zitronengelber Farbe bekommt man durch langsames Verdunsten einer Lösung von S in $CS_2$.

Aus dem Schmelzfluß erstarrt der Schwefel mit bernsteingelber Farbe. Bei langem Liegen wird er wieder hellgelb. Schmelzt man eine größere Menge in einem Tontiegel und gießt man nach dem Durchstoßen der oberen Erstarrungskruste den noch flüssigen Anteil ab, so erhält man spießige Schwefelkristalle von dunklerer Farbe, welche dem monoklinen System angehören. Schwefel ist also „zweigestaltig", dimorph (S. 31).

Der käufliche Stangenschwefel ist rhombischer Schwefel. Da er gegossen wurde, war die Kristallisation zunächst monoklin. Beim Lagern sind die monoklinen Prismen in lauter Rhomben zerfallen, wovon sein trübes, im Bruch porzellanartiges Aussehen herrührt. Der Umwandlungspunkt (S. 29) liegt bei 95 °. Bei gewöhnlicher Temperatur ist der monokline Schwefel also nicht stabil (unbeständig), ähnlich wie Wasser unter 0°, welches bei Berührung mit einem rauhen Gegenstand sofort in Eis übergeht.

**Schwefelkohlenstoff** entspricht in seiner Zusammensetzung dem Kohlendioxyd. Bei seiner Entstehung durch Einwirkung von Schwefeldampf auf glühende Kohlen wird jedoch eine sehr große Wärmemenge g e b u n d e n : $C + 2S + 26$ kcal $= CS_2$ (1) im Gegensatz zu $C + O_2 = CO_2 + 97,7$ kcal. (2), dem Wärme liefernden Vorgang schlechtweg. Gleichung (1) umgekehrt gelesen ergibt, daß beim Zerfall von $CS_2$ Wärme frei wird. Deshalb e x p l o d i e r e n $CS_2$-Luftgemische a u ß e r - o r d e n t l i c h  h e f t i g. Der niedere Entzündungspunkt wurde schon I, 48 genannt. — Das bei 46 ° siedende, stark lichtbrechende Öl ist unlöslich in Wasser und sinkt darin unter ($s = 1,25$). In ganz reinem Zustand riecht $CS_2$ angenehm. Beim Stehen färbt es sich, namentlich unter der Einwirkung des Lichtes gelb und nimmt den widerlichen, rettichähnlichen Geruch an. $CS_2$ ist ein schweres Nervengift und wird in der Schädlingsbekämpfung angewandt, z. B. gegen im Boden befindliche Puppen des Kartoffelkäfers. In der Technik wird es dazu verwendet, um Schwefel, Phosphor (I, 90), Fette [1]), Harze, Kampfer und Kautschuk

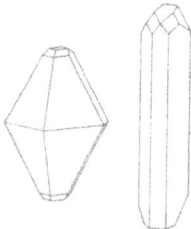

Bild 19
Rhombischer (links) und monokliner Schwefel (rechts).

[1]) z. B. Entfettung der Knochen.

in Lösung zu bringen. Besonders wichtig ist $CS_2$ in den letzten Jahren geworden durch seine Verwendung zur Herstellung von Kunstseide u n d Zellwolle nach dem Viskoseverfahren (III, 107).

**Übg. 12:** Ein kleines Stück Kupferblech wird in einem Rgl. mit etwa 3 ccm konz. Schwefelsäure übergossen. In der Kälte ist auch bei langem Stehen keine Einwirkung bemerkbar. Wird mit der für konz. Schwefelsäure gebotenen Vorsicht (I, 77) gelinde erwärmt, so ist die chemische Einwirkung am Verschwinden des Metallglanzes erkennbar. Es beginnt allmählich Gasentwicklung, die bei höherer Temperatur o h n e weitere Wärmezufuhr von sich aus sehr lebhaft wird. Weiße Dämpfe (der s i e - d e n d e n Schwefelsäure) sollen nicht auftreten. Ein Becherglas mit mindestens 30 ccm kaltem Wasser wird bereitgehalten, um die Reaktion durch Eintauchen mäßigen zu können. Das Cu bedeckt sich mit einer s c h w a r z e n Schichte und wird schließlich zu einer w e i ß e n, wie Kochsalz aussehenden Masse aufgelöst. Das dabei entwickelte Gas löscht einen brennenden Holzspan aus, rötet blaues Lackmuspapier und kann am Geruch als $SO_2$ erkannt werden. Deshalb ist der Versuch unter einem Abzug auszuführen. Man vermeide direkt daran zu riechen, sondern treibe das Gas durch Bewegung der flachen Hand gegen die Nase. Nach dem Erkalten wird die Flüssigkeit vorsichtig von den festen Anteilen abgegossen (in mindestens 30 ccm Wasser) und der Rückstand im Rgl. mit kaltem dest. Wasser aufgenommen, wobei das weiße Salz mit blauer Farbe in Lösung geht.

E r g e b n i s : Das $SO_2$ könnte so erklärt werden, daß zunächst Wasserstoff entsteht, welcher im Entstehungszustand die konz. $H_2SO_4$ zu $H_2SO_3$ reduziert. Dann müßte aber das Cu-Blech ständig blank bleiben. An dem Auftreten des schwarzen Überzugs (CuO) erkennt man, daß die Schweflsäure hier nicht als Wasserstoffverbindung (I, 59) reagiert, sondern als „Oxyd". Die Schwefelsäure verhält sich so, als wenn kein Wasserstoff in der Molekel vorhanden wäre. Die O x y d a t i o n s e i n - w i r k u n g ist nicht überraschend, wenn man sich erinnert, daß es besonderer Maßnahmen bedarf, um den Sauerstoff an $SO_2$ anzufügen. Das „stabilere" Oxyd ist also das Schwefeldioxyd (I, 77):

1. $Cu + H_2SO_4 \rightarrow CuO + H_2SO_3$. In der Hitze und noch dazu bei Gegenwart von konz. Schwefelsäure zerfällt letzteres:

2. $H_2SO_3 \rightarrow H_2O + SO_2$. Nunmehr reagiert die Schwefelsäure als Wasserstoffverbindung. Der Säurewasserstoff bildet mit dem Sauerstoff des CuO Wasser. Dadurch muß $CuSO_4$ entstehen, das aber überraschenderweise nicht die erwartete blaue Farbe besitzt.

3. $CuO + H_2SO_4 \rightarrow H_2O + CuSO_4$. Erst beim Aufnehmen mit Wasser tritt die blaue Farbe unter Lösung auf (s. S. 47!). Das in Gegenwart von konz. $H_2SO_4$ w a s s e r f r e i e Kupfersulfat ist weiß! Das Kupfer-

sulfat wird bei unserem Versuch also nicht direkt aus Cu, sondern auf dem Umwege über CuO gebildet. Der dazu nötige Sauerstoff wird aus der Schwefelsäure herausgerissen. Durch Addieren der 3 Gleichungen folgt: $Cu + 2 H_2SO_4 \rightarrow CuSO_4 + 2 H_2O + SO_2$.

Reaktion beim Aufnehmen mit Wasser: $CuSO_4 + 5 H_2O \rightarrow CuSO_4, 5 H_2O$.

Kontrollversuche: 1. Ein blauer Kupfervitriolkristall zerfällt beim Stehen mit konz. $H_2SO_4$ zu einem w e i ß e n Brei.

2. Schwarzes pulver- oder drahtförmiges CuO löst sich schon in verdünnter Schwefelsäure o h n e Gasentwicklung mit blauer Farbe. Hier ist gelindes Erwärmen nötig, da die in geringer Menge an den Körnchen adsorbierte Luft die Benetzung und damit die Einwirkung der Säure hindert.

Früher wurde im Laboratorium $SO_2$ aus $H_2SO_4$ durch Cu dargestellt, Dafür ist es nicht nötig, Cu zu nehmen. C und S werden ebenfalls oxydiert (zu $CO_2$ und $SO_2$). Setze die Gleichungen dafür an! Die konz. $H_2SO_4$ vermag auch Silber zu oxydieren, während sie Gold nicht angreift. Davon macht man Gebrauch bei der Scheidung von Silber-Gold-Legierungen.

In bequemer Weise stellt man $SO_2$ aus käuflichem $NaHSO_3$ (Natriumbisulfitlösung) her, durch Zutropfen von konz. $H_2SO_4$ (ähnliches Gerät wie bei Chlor, Bild 6).

Das in der Technik zur Schwefelsäuredarstellung benötigte $SO_2$ wird durch Rösten der Kiese, Glanze und Blenden (I, 73) gewonnen. Die Röstgase enthalten nicht nur $SO_2$ und $N_2$, sondern auch $As_2O_3$ (Hüttenrauch, I, 81), welches aus Arsenverbindungen entsteht, die im Roherz mit enthalten waren. $As_2O_3$ ist nicht nur für den menschlichen Organismus ein schweres Gift, sondern auch merkwürdigerweise ein „Katalysatorgift". Die Röstgase müssen also sorgfältig gereinigt und von Flugstaub befreit werden, bevor sie in die Kontaktöfen geschickt werden. In diesen vollzieht sich, wie im Versuch I, 75, die Vereinigung von $SO_2$ mit Sauerstoff zu $SO_3$. Das teure Platin kann durch andere Katalysatoren ersetzt werden. Genaueres s. S. 76, wo auch die ältere Darstellung nach dem Bleikammerverfahren besprochen wird. Das älteste Schwefelsäureverfahren (Glühen von Alaun) ist schon von den arabischen Alchimisten ausgebildet worden.

**Alaun,** der schon den alten Ägyptern bekannt war, ist ein sog. Doppelsalz[1]) von der Zusammensetzung $KAl(SO_4)_2,12 H_2O$. Von seiner lateinischen Bezeichnung (alumen) kommt der Name für das Metall Aluminium. Er wurde gewonnen aus alaunhaltiger vulkanischer Erde oder durch Verarbeitung des Alaunschiefers. Alaun schmilzt bei etwa 100 $^0$ in seinem Kristallwasser und gibt zunächst das Kristallwasser und dann $SO_3$ ab, das mit Wasser vereinigt Schwefelsäure liefert.

Ersetzt man in der Alaunformel das einwertige K durch Na oder die einwertige $NH_4$-Gruppe, so erhält man Natrium- oder Ammoniumalaun. Auch das Aluminium kann durch andere III-wertige Metalle (Fe, Cr) vertreten werden: Eisen- und Chromalaun, Glieder der gut kristallisierenden isomorphen Gruppe der Alaune (Oktaeder).

---

[1]) S. auch S. 46!

Eine ebenfalls zusammengehörige Gruppe von Verbindungen bilden die Vitriole. Kupfervitriol wurde schon genannt. Aus Eisenvitriol stellt man seit Mitte des 15. Jahrhunderts namentlich am Rande des Harzgebirges und in Böhmen rauchende Schwefelsäure her, sog. „Nordhäuser Vitriolöl". Konz. $H_2SO_4$ vermag nämlich größere Mengen von $SO_3$ aufzunehmen, raucht an der Luft und ist dann mit noch größerer Vorsicht zu behandeln als reine Schwefelsäure; Pyroschwefelsäure $H_2S_2O_7$, vgl. S. 96!

**Übg. 13:** Eisenvitriol, ein blaßgrünes, kristalliertes Salz, gibt bei gelindem Erhitzen Kristallwasser ab. Die Kristalle zerfallen unter Zerstörung der Kristallform in ein weißes Pulver[1], da das wasserfreie Salz anders kristallisiert als das wasserhaltige. Erhitzt man stärker, so entweichen weiße Nebel, die stark zum Husten reizen. Auch ist der Geruch nach $SO_2$ bemerkbar (Abzug!). In den Nebel gehaltenes Lackmuspapier wird stark gerötet. Der Rückstand im Rgl. ist in der Hitze dunkelbraun, in der Kälte rot.

E r g e b n i s : Die thermische Spaltung ist hier von einem Reduktionsvorgang begleitet:          1. $2\,FeSO_4 \rightarrow 2\,FeO + 2\,SO_3$ (Spaltung)
2. $2\,FeO + SO_3 \rightarrow Fe_2O_3 + SO_2$ (Reduktion)

D. Add.: $2\,FeSO_4 \rightarrow Fe_2O_3 + SO_3 + SO_2$.

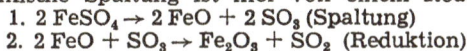

Das zunächst entstehende FeO ist der reduzierende, $SO_3$ der oxydierende Stoff (vgl. I, 64!). Wegen dieses Ineinandergreifens wird auch die Bezeichnung „**Redox-Reaktion**" gebraucht. Die Farbvertiefung von Oxyden beim Erhitzen ist uns schon bei HgO und ZnO begegnet (I, 27 und 41).

Bei längerem Liegenlassen an feuchter Luft bewirkt die „Verwitterung", daß Eisenvitriol Sauerstoff aufnimmt.
$$4\,FeSO_4 + O_2 \rightarrow 2\,Fe_2O(SO_4)_2.$$
Dieses Sulfat des III-wertigen Eisens gibt dann nur $SO_3$ ab, wie Alaun, bei welchem nur das Teilsalz des III-wertigen Aluminiums zerlegt wird.

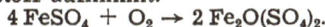

Ein der Anfügung von Sauerstoff an $SO_2$ entsprechender Vorgang ist die Aufnahme von S (in Form von Schwefelblumen) in kochender Natriumsulfitlösung. Es entsteht dabei Natriumthiosulfat. Die Endsilbe at verwendet man hier, weil die Formel dem gewöhnlichen Sulfat entspricht, nur daß die Stelle eines O-Atoms durch ein S-Atom vertreten wird, was man in der Bezeichnung durch die Zwischensilbe thio[2] ausdrückt. Übersetzt lautet es also: Natriumschwefelsulfat.

Das schön kristallisierende Salz ist ein starkes Reduktionsmittel. Allgemein bekannt ist seine Verwendung in der Photographie als Fixiersalz. Da man es in der Bleicherei zur Entfernung von Chlorresten benützt, führt es auch den Namen „Antichlor". Vollständige Formel: $Na_2S_2O_3$, $5\,H_2O$.

**Übg. 14:** Natriumthiosulfat wird in Wasser gelöst und mit Salzsäure versetzt. Die zunächst farblose, klare Lösung schimmert nach einigen Sekunden bläulich, wird weiß (sehr fein „kolloid" verteilter Schwefel) und schließlich gelb. Man bemerkt den Geruch nach $SO_2$, der durch Erwärmen verstärkt wird.

E r g e b n i s : Nach der Entstehungsweise und schönen Kristallisation des Salzes möchte man annehmen, daß es sich um eine stabile Verbin-

---

[1] Geht übrigens schon an trockener Luft bei gewöhnlicher Temperatur vor sich: Das Salz „verwittert".
[2] theion (gr.) = Schwefel.

dung handelt. Der Versuch zeigt jedoch, daß freie Thioschwefelsäure eine unbeständige Verbindung ist.

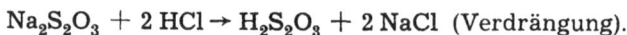

$$Na_2S_2O_3 + 2\,HCl \to H_2S_2O_3 + 2\,NaCl \quad \text{(Verdrängung).}$$
$$H_2S_2O_3 \to H_2SO_3 + S \to H_2O + SO_2 \uparrow + S \downarrow \quad \text{(Zersetzung).}$$

**Übg. 15:** Gibt man zu dem gelösten $Na_2S_2O_3$ Jodlösung, so tritt augenblicklich vollständige Entfärbung ein. Beim Stehenlassen erhält man k e i n e n Niederschlag. Die Lösung reagiert neutral: $2\,Na_2S_2O_3 + J_2 \to 2\,NaJ + Na_2S_4O_6$. Das entstehende **Natriumtetrathionat** enthält 2 am II-wertigen S verkettete Thiosulfatreste, wobei die 2 abgetrennten Na mit Jod NaJ bilden. —·Nimmt man statt Jodlösung Chlor- oder Bromwasser, so bleibt die Reaktion bei der Bildung der Tetrathionsäure nicht stehen, sondern oxydiert darüber hinaus den gesamten Schwefel zu Schwefelsäure: $Na_2S_2O_3 + 4\,Cl_2 + 5\,H_2O \to$ $2\,NaCl + 2\,H_2SO_4 + 6\,HCl$. Die gebildeten Säuren wirken im Sinne der Übung (14) auf überschüssiges Thiosulfat ein, so daß die Salze $Na_2SO_4$ und NaCl entstehen, welche zusammen mit dem kolloiden Schwefel und $SO_2$ leicht auswaschbar sind. In der Bleichfaser bleibt also keine Säure und kein Chlor zurück: **Antichlor.** — Bei der Verwendung von Jodtinktur zur Desinfektion können Jodflecke auf Bett- und Tischwäsche vorkommen. Durch Fixiersalz werden sie spielend und für die Gewebe völlig ungefährlich beseitigt.

Durch energische Reduktion bei hoher Temperatur kann man den Sauerstoff aus Sulfaten vollständig entfernen, wodurch man **Sulfide** erhält.

**Übg. 16:** Man stellt durch Drehen einer Münze auf einem Stück Holzkohle eine Grube für entwässertes Natriumsulfat her. Durch Einblasen in die mittels eines Aufsatzes verbreiterte Bunsenflamme oder auch in eine gewöhnliche Kerzenflamme erhitzt man zunächst mäßig zum Schmelzen und dann scharf zum Glühen. Infolge der Einwirkung der Holzkohle und der C-haltigen Flammengase wird bei entsprechender Haltung des Lötrohrs[1]) das Sulfat in der H a u p t s a c h e zu S u l f i d reduziert: $Na_2SO_4 + 2\,C \to$ $2\,CO_2 + Na_2S$. Daneben entstehen noch Sulfit, Thiosulfat und andere Verbindungen. Die gelb bis bräunlich gefärbte Schmelze wird auf einem Uhrglas gesammelt. Ein Körnchen wird auf einer blanken Silbermünze mit $H_2O$ befeuchtet. Der braune Fleck ist $Ag_2S$. Mit einem Tropfen verd. Salzsäure bemerkt man den Geruch nach $H_2S$.

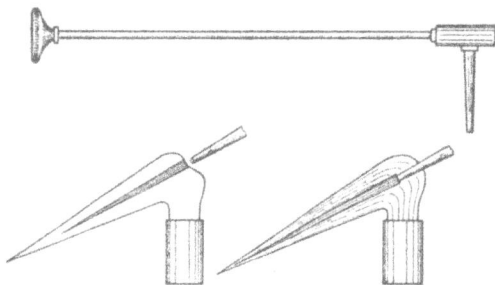

Bild 20
Lötrohr und seine Anwendung für reduzierende und oxydierende Flamme.

Wegen des bräunlichen Aussehens und des Schwefelgehaltes wurde die Schmelze früher „S c h w e f e l l e b e r " genannt. Auch in Schwerspat und Gips läßt sich Schwefel in dieser Weise erkennen. Diese Reaktion spielt als

[1]) In Bild 20 ist die Stellung der Lötrohrdüse angedeutet.

**Teilprozeß in dem Sodaverfahren nach Leblanc eine Rolle.** — Kristallisiertes, 10 Kristallwassermolekeln enthaltendes Natriumsulfat führt den Namen Glaubersalz (nach dem ersten Hersteller). Es ist ein Bestandteil vieler Mineralwässer, vgl. I, 57!

**Schwefelwasserstoff** (I, 79) wird in den chemischen Laboratorien vielfach verwendet und meist im Kippschen Apparat aus FeS und roher Salzsäure (I, 60, Bild 13) dargestellt. Er kann aber auch durch direkte Hydrierung von Schwefel erhalten werden: $S + H_2 \rightarrow SH_2$. Dazu müssen Wasserstoff und Schwefel mehrere Tage auf $300^0$ erhitzt werden, eine auffallende Reaktion, wenn man bedenkt, daß der analoge Vorgang der Wasserbildung aus $O_2$ und $H_2$ e x p l o s i v ist. Die Erklärung liegt darin, daß bei der Vereinigung von S und $H_2$ nur sehr geringe Wärmemengen entwickelt werden. Damit hängt zusammen, daß Schwefelwasserstoff leicht Wasserstoff abgibt und r e d u z i e r e n d wirkt.

Die Lösung von Schwefelwasserstoff in Wasser (Schwefelwasserstoffwasser) gibt mit Chlorwasser augenblicklich Schwefel und Salzsäure, während Chlor sich mit reinem Wasser nur sehr langsam unter Mitwirkung des Sonnenlichtes analog umsetzt (S. 16). Schwefeldioxyd wird zu Schwefel reduziert: $SO_2 + 2 H_2S \rightarrow 2 H_2O + 3 S$ (vgl. die Regel I, 63 und auch S. 101 kolloider Schwefel!). Sogar durch den Luftsauerstoff wird $H_2S$ in wäßriger Lösung angegriffen: Trübung durch S-Ausscheidung unter Verschwinden des $H_2S$-Geruchs. Deshalb füllt man die aus einer Vorratsflasche entnommene Menge mit dest. Wasser bis zum Stöpsel auf, um keinen Luftraum über der Lösung zu lassen und das Schwefelwasserstoffwasser dadurch haltbarer zu machen. — Wegen seiner chemischen Umsetzungsbereitschaft und Löslichkeit ist Schwefelwasserstoff ein schweres Blutgift (I, 80).

Von größter Wichtigkeit sind die kennzeichnenden Löslichkeitsverhältnisse und die verschiedene Färbung der **Sulfide.** $Na_2S$ und $K_2S$ sind in Wasser spielend leicht löslich; CaS ist in Wasser ziemlich schwer löslich (wichtig für den Leblanc-Prozeß). FeS ist in Wasser unlöslich und besitzt schwarze Farbe, in Säure ist es leicht löslich (Darstellung von $H_2S$!). $As_2S_3$ (gelb) [1]) und $Sb_2S_3$ (orange) sind in Säure unlöslich, lösen sich aber in Ammoniak. CuS und PbS sind in Säuren und Basen unlöslich. Man kann also durch Einwirkung von $H_2S$ in saurer und danach in alkalischer Lösung die Verbindungen der einzelnen Elemente voneinander abtrennen und macht nach einem besonderen Arbeitsgang davon in der **analytischen Chemie** Gebrauch zur **Ermittlung der Zusammensetzung unbekannter Stoffe und Stoffgemische**[2]). Die Versuche führen wir durch, indem wir lösliche Verbindungen der genannten Elemente mit $H_2S$-Wasser prüfen und, je nachdem, Base oder Säure zusetzen. Die schwarze Farbe und Unlöslichkeit

---

[1]) Als Mineral Auripigment. „Realgar" hat die stöchiometrische Formel $As_2S_2$ (s. S. 46!).
[2]) Die „analytische" Trennung wird nicht bis in die E l e m e n t e s e l b s t durchgeführt, sondern nur bis zu V e r b i n d u n g e n mit bekannten Eigenschaften, die für die Elemente kennzeichnend sind.

von PbS wird zur Erkennung des Schwefelwasserstoffs verwendet (Bleiazetatpapier).

**Übg. 17: Nachweis der Sulfate und der Schwefelsäure** in wäßriger Lösung. Durch Zugabe von Bariumchloridlösung zu verd. $H_2SO_4$ erhält man eine weiße, sehr feinpulvrige Ausscheidung, welche sich beim Aufkochen und Stehenlassen „niederschlägt". Auch bei stärkster Verdünnung bemerkt man eine deutlich erkennbare Trübung: $H_2SO_4 + BaCl_2 = BaSO_4 \downarrow + 2\,HCl$. Schon aus der Gleichung erkennt man, daß $BaSO_4$ nicht nur in Wasser, sondern auch in Salzsäure unlöslich ist. Auch beim Versetzen mit überschüssiger Säure tritt weder bei gewöhnlicher noch bei Siedetemperatur eine Veränderung ein. Aus den Lösungen der bisher besprochenen Sulfate fällt der gleiche Niederschlag aus, und zwar ist er farblos bzw. weiß, wie man besonders deutlich bei $CuSO_4$ erkennen kann, wenn er sich aus der farbigen Cu-Salzlösung abgesetzt hat.

Gibt man zu $(NH_4)_2CO_3$- und zu $Na_2SO_3$-Lösungen $BaCl_2$, so erhält man ebenfalls weiße Niederschläge, die sich aber in verd. Salzsäure unter Gasentwicklung klar auflösen. Im einen Fall entweicht $CO_2$, im andern $SO_2$ (Geruch!). Ergänze: $BaCO_3 + 2\,HCl \rightarrow \ldots$; $BaSO_3 + 2\,HCl \rightarrow \ldots$!

E r g e b n i s : $BaCl_2$ und $Ba(NO_3)_2$ sind in Wasser leicht löslich. Andere Ba-Salze, z. B. Bariumkarbonat und -sulfit, sind zwar in Wasser unlöslich, aber in Salzsäure löslich. Nur Schwefelsäure und schwefelsaure Salze geben das in Salzsäure auch beim Erhitzen unlösliche Bariumsulfat, das für den Schwefelsäurerest (Sulfatrest) kennzeichnend ist (vgl. S. 47, 109 und 127!). Als Mineral heißt $BaSO_4$ Schwerspat.

Besonders bemerkenswert ist, daß der dem Sulfatrest nahestehende Sulfitrest sich grundverschieden verhält. Prüfe „alte" schwefelige Säure und „altes" $SH_2$-Wasser mit der $BaCl_2$-Reaktion! Erklärung?

Dem Schwefel sehr ähnlich, auch im Verhalten seiner Verbindungen ist das rote Element **Selen**. Die zweite (metallische) Modifikation, das graue Selen, ist dadurch bekannt, daß seine elektrische Leitfähigkeit proportional der Belichtung zunimmt. **Sauerstoff, Schwefel und Selen** zeigen in ihrem Gesamtverhalten ähnliche Abstufungen wie die Halogene und bilden wie diese eine **natürliche Grundstoffgruppe,** zu welcher noch das **Tellur** gehört; wegen ihres Vorkommens in „Erzen": **Chalkogene.**

Von Schwefelhalogenverbindungen sind zu nennen: Chlorschwefel $S_2Cl_2$, ein dunkelgelbes Öl; $SF_6$ Schwefelhexafluorid, merkwürdigerweise ein farbloses, sehr reaktionsträges Gas; Thionylchlorid $SOCl_2$ und Sulfurylchlorid $SO_2Cl_2$, erstickend riechende farblose Flüssigkeiten von niedrigem Kp.

## 10. Verbindungsgesetze, Molekular- und Atomtheorie, Wertigkeit

Schwefel wird in einem verschlossenen, mit Quecksilbermanometer versehenen Gefäß verbrannt. Nach dem Temperaturausgleich zeigt die Stellung des Quecksilberfadens unveränderten Gasdruck an (Bild 21).

Erklärung: Der Gasdruck ist die quantitative Folge des Anpralls der eigenbeweglichen Gasmolekeln (vgl. I, 20!). Da jede in der ursprünglichen Luft vorhandene Sauerstoffmolekel nach der Gleichung: $S + O_2 \rightarrow SO_2$ durch eine Schwefeldioxydmolekel ersetzt wird, ist die **Zahl der** vorhandenen **Gasmolekeln gleich** geblieben.

Die Zahl der Stickstoffmolekeln bleibt bei dem Versuch ohnehin unberührt. Das Volumen des verbrannten Schwefels wäre abzurechnen. Es ist jedoch gegenüber dem Gesamtvolumen so klein, daß es vernachlässigt werden darf.

Mit dem Gasdruck ist nach dem Boyle-Mariotteschen Gesetz auch das im Reaktionsraum abgesperrte **Gasvolumen gleich** geblieben. Für das Volumen des Gases ist es demnach gleichgültig, ob die Molekeln aus $O_2$ oder $SO_2$ oder einem beliebigen anderen Gas bestehen, ob sie 2, 3 oder auch 7 ($SF_6$) Atome in der Molekel enthalten, wenn nur die Molekeln in der gleichen Zahl vorhanden sind. Das **Gesetz von Avogadro** (1811): **Im gleichen Volumen aller Gase ist bei gleichem Druck und gleicher Temperatur eine gleich große Anzahl von Molekeln vorhanden**, ist nicht selbstverständlich. Eigentlich sollte man erwarten, daß die Zahl der Atome in der Molekel sich in einer veränderten Raumbeanspruchung der einzelnen Molekel äußern sollte. Die Veränderung der Molekel äußert sich aber nur in einem anderen G e w i c h t des betreffenden Gasvolumens. Der Grund dafür sind die „großen" Räume z w i s c h e n den Molekeln (I, 17, Ziff. 1—3).

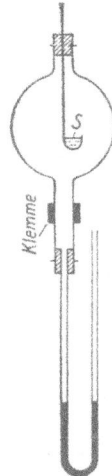

Bild 21

Die Folgerung des Avogadroschen Gesetzes, daß sich die Volumengewichte[1]) der Gase wie die Molekulargewichte verhalten, liefert eine bequeme Methode zur Berechnung des Litergewichtes aller Stoffe im gasförmigen Zustand, wenn man das Litergewicht eines Gases kennt. Es ist: Litergewicht $O_2$: Litergewicht $SO_2$ = 32 : 64, d. h.: wäre unser Reaktionsraum mit r e i n e m Sauerstoff gefüllt gewesen, so wäre am Ende des Versuches das Volumen wieder das gleiche, das Gewicht wäre das D o p p e l t e.

Zweckmäßig merkt man sich das Litergewicht des Wasserstoffs (I, 65), z. B.: Litergewicht ($H_2$) : Litergewicht ($O_2$) = 2 : 32 = 0,09 : x; Litergewicht des Sauerstoffs = 1,44 g. Für das Litergewicht ($SO_2$) ergibt sich: 2 : 64 = 0,09 : x; usw.

Auch das Litergewicht der Luft kann man in dieser Weise berechnen:

$$\frac{4 \cdot (0,09 \cdot 14) + (0,09 \cdot 16)}{5} = 0,09 \cdot \frac{72}{5} = 1,296 \text{ [g].}$$

---

[1]) Das Litergewicht ist das Produkt aus dem Gewicht der einzelnen Molekel und der Zahl der Molekeln im Liter. Da nun die Anzahl der Molekeln im Liter bei allen Gasen die gleiche ist, müssen sich die Molekulargewichte verhalten wie die Litergewichte.

Die Berechnung stimmt bis auf die 3. Dezimale mit dem wirklichen Wert 1,293 überein. Die Differenz kommt davon her, daß 0,09 eine abgerundete Zahl ist, abgesehen von I, 43, Fn. Man kann demnach das Gewicht jedes beliebigen Stoffes im Gaszustand angeben, wenn man seine Formel kennt. Berechne die Litergewichte von $SH_2$, $NH_3$, $Cl_2$!

Eine andere Ableitung aus dem Avogadroschen Gesetze ist der Satz von der **Konstanz des Molekularvolumens** der Gase: Das Volumen aller Stoffe im Gaszustande, welches soviel g enthält als der Molekulargewichtszahl[1]) entspricht, ist konstant:

$$\frac{2,016}{0,089} (H_2) = \frac{32}{1,43} (O_2) = \frac{70,9}{3,17} (Cl_2) = \frac{17,032}{0,77} (NH_3) = \ldots = 22,412 \; l.$$

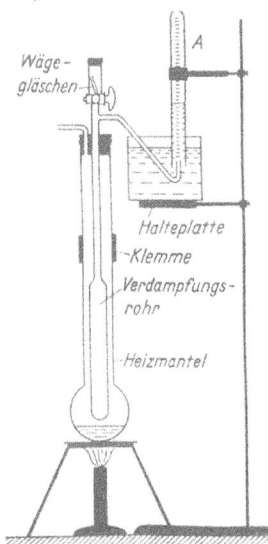

Wäge-
gläschen
A
Halteplatte
Klemme
Verdampfungs-
rohr
Heizmantel

**Bild 22**
Molekulargewichtsbestimmung nach V. Meyer.

Daraus folgt: M. G. $= 22,412 \cdot$ Litergewicht. Zur Bestimmung ist die Luftverdrängung nach Viktor Meyer das bequemste Verfahren (Bild 22). Für das Erhitzungsbad wird eine Flüssigkeit verwendet, deren Kp. höher liegt als bei der Substanz, deren M. G. bestimmt werden soll. Das Dampfvolumen der eingewogenen Substanzmenge verdrängt Luft (beide bei der Temperatur des Heizbades) = dem übergetriebenen Luftvolumen. Beispiel (nach Küster): Für 0,0891 g Azetamid (III, 54) wurden 37,3 ccm Luft bei 19 ⁰ und 763 mm/Hg gemessen. In der Verdampfungsbirne war gewöhnliche Luft, weshalb die Hälfte der Tension des Wasserdampfs bei 19⁰ und die Barometerkorrektur abgezogen werden: 763 $- (^1/_2 \cdot 16,3 + 2,4) = 752,5$. Aus den Ansätzen: $V_{19^0} : V_{0^0} = (273 + 19) : 273$ finden wir zunächst 34,87 ccm und ferner aus: $752,5 : 760 = x : 34,87$ finden wir das reduzierte Gasvolumen (x) zu 34,53 ccm. Die Proportion $(34,53 : 0,0891 = 1000 : y)$ liefert das Litergewicht (2,580 g), multipliziert mit 22,412 ergibt das gesuchte M. G.: 57,8. Genaue Rechnung nach der Gasreduktionstabelle: 58,0. Aus der Formel $C_2H_5NO$ berechnet: 59,05.

Bei der benützten Ableitung des Avogadroschen Gesetzes sind wir umgekehrt verfahren wie in der geschichtlichen Entwicklung der Wissenschaft: Die Z u s a m m e n s e t z u n g  d e r  M o l e k e l n (Formel) wurde durch Messungen der verdampften Stoffe und durch Prüfung der Volumenverhältnisse bei chemischen Umsetzungen gasförmiger

---

[1]) Siehe I, 32! Das Mol a l l e r Stoffe enthält die gleiche Anzahl von Molekeln, nämlich $6,06 \cdot 10^{23}$. Im **Gaszustand** entspricht dann nach dem Avogadroschen Gesetz der gleichen Molekelzahl ein gleicher Raum.

Stoffe ermittelt. Die Entdeckung der eben benützten physikalischen Gasgesetze [1]) und die Einführung der Waage in die Chemie durch Lavoisier schufen die Voraussetzung für das Gay-Lussac-Humboldtsche c h e m i s c h e Gasgesetz (1808): **Bei chemischen Umsetzungen im gasförmigen Zustand steht das Volumen der erhaltenen Verbindung zum Volumen der Ausgangsstoffe in einfachem Zahlenverhältnis**, z. B. 1 $l$ Chlor $+$ 1 $l$ Wasserstoff geben 2 $l$ Chlorwasserstoff (2:2) oder 2 $l$ Wasserstoff $+$ 1 $l$ Sauerstoff geben 2 $l$ Wasserdampf (3:2).

Beide Versuche sind nur in explosionssicheren Röhren (Pipetten) durchführbar, in letzterem Falle bei Temperaturen über 100⁰. Die Explosionspipette muß also mit einem Heizmantel umgeben sein, der z. B. mit siedendem Amylalkohol über 100⁰ erwärmt wird.

Besonders bewundernswert ist, daß die Gasgesetze zu Zeiten entdeckt wurden, in denen es noch keine Schläuche und Stopfen aus vulkanisiertem Gummi gegeben hat, die uns bei Gasexperimenten unentbehrlich erscheinen.

Die Erklärungsschwierigkeiten, warum beim Chlorknallgasversuch das Volumen nicht auf die Hälfte schrumpft [2]), überwand das **Avogadrosche Gesetz** 1811 mit der Annahme, daß Wasserstoff- und Chlormolekeln 2-atomig sind. Wenn in der Wasserstoffmolekel 2 Atome und in der Chlormolekel ebenfalls 2 Atome vorhanden sind, müssen durch Vereinigung von je einem Atom 2 Molekeln HCl-Gas entstehen, das Volumen muß gleichbleiben. Um dies zu verdeutlichen, benützen wir zunächst die Daltonsche Annahme: es gäbe nur e i n kleinstes Teilchen, Molekel sei gleich Atom und jedes Volumen enthalte 3 solche „Molekeln", deren Vereinigung

durch ○ $+$ ● → ◉ versinnbildlicht wird.

Wasserstoff $+$    Chlor    →    Chlorwasserstoff

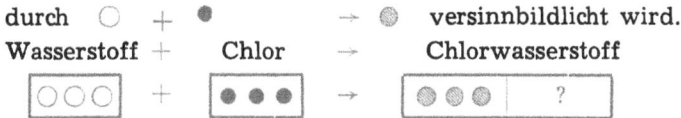

Nach der Avogadroschen Annahme der 2-Atomigkeit der elementaren Molekeln dagegen mit dem experimentellen Befund übereinstimmend.

Die Annahme von 3-Atomigkeit führt zum Widerspruch mit dem experimentellen Befund:

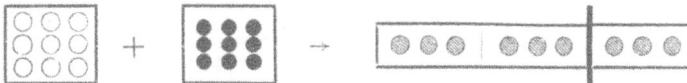

Durch einfaches Addieren kommt man also **ohne Avogadro** nicht zu den Volumenbeziehungen des Gay-Lussac-v. Humboldtschen Gesetzes.

---

[1]) Volumen-Druckgesetz (Boyle-Mariotte) und Temperaturgesetz (Gay-Lussac).

[2]) Beim Wasserdampf analog auf $^1/_3$ statt $^2/_3$ im Experiment.

Bei Chlorwasserstoff scheint es noch zu stimmen: $1 + 1 = 2$. Für Wasserdampf bekommen wir jedoch die Ungleichung: $2 + 1 = 2$ (!). Diese wird aber sofort zur Gleichung, wenn man die Zahl d e r A t o m e in der Molekel heranzieht.

$$2 \cdot 2 + 1 \cdot 2 = 2 \cdot 3 \text{ (1)}.$$

Damit gehen die V o l u m e n b e z i e h u n g e n auf Grund des Avogadroschen Satzes auch in die chemischen Gleichungen über, die auf Grund der G e w i c h t s b e z i e h u n g e n nach dem Gesetz der konstanten Proportionen gefunden wurden:

$$2 \cdot 2 \text{ g} + 1 \cdot 32 \text{ g} = 2 \cdot 18 \text{ g (2)},$$

oder wenn man die Gasdichte je $l$ mit heranzieht:

$$2 \cdot 0,09 \text{ g} + 1 \cdot 1,44 \text{ g} = 2 \cdot 0,81 \text{ g (3)}.$$

Wenn man die wirkliche Anzahl der Atome in Gleichung (1) einsetzt, bekommt man:

$$2 \ (2 \cdot 6{,}06 \ 10^{23}) + 1 \ (2 \cdot 6{,}06 \ 10^{23}) = 36 \cdot 10^{23} \text{ Atome (4)},$$

durch die chemische Umsetzung aufgeteilt in die 3-atomigen Wassermolekeln demnach: $2 \cdot (3 \cdot 6{,}06 \cdot 10^{23})$ Atome.

$NH_3$-Gas, über Quecksilber abgesperrt, vergrößert sein Volumen durch Zersetzung mit elektrischen Funken in $N_2$- und $H_2$-Gas auf das Doppelte: (HNHH) + (HNHH) → (NN) + (HH) + (HH) + (HH). An dieser Formulierung, die im Sinne der obigen Ausführung die Zersetzung verdeutlicht, sieht man, wie vereinfachend in der chemischen Kurzschrift die klein geschriebenen Indexziffern sind. Nach der Formel $N_2 + 3 H_2 → 2 NH_3$ hat man für diese technisch im größten Maßstabe durchgeführte Gasreaktion folgende Volumenverhältnisse zugrunde zu legen: 3 Vol. Wasserstoff + 1 Vol. Stickstoff geben 2 Vol. Ammoniakgas. Synthesegas s. S. 75!

Das **Gesamtergebnis** der genannten Gesetze und des I, 30 angeführten Gesetzes der konstanten und multiplen Proportionen ist:

1. Die einfache, 2000 Jahre alte Annahme: Die Stoffe bestehen aus kleinsten, unteilbaren Körnern, den Atomen, ist unzureichend. Man muß eine zweifache Teilung, nämlich eine physikalische u n d eine chemische unterscheiden, d. h. **die Verschiedenheit von Molekeln und Atomen** (I, 35) ist ein unausweichliches Erfordernis.

2. Die Atome verbinden sich untereinander in einfachen Zahlenverhältnissen. Diese **Zahlenwerte** schließen auch die **Valenz** oder **Wertigkeit** in sich.

Das Verhalten der Zeitgenossen dieser Entdeckungen zu Beginn des 19. Jahrhunderts zeigt, daß der Fortschritt wissenschaftlicher Erkenntnisse sich seine Geltung erst erkämpfen muß. Man war d a m a l s entrüstet, wie man solchen Unsinn glauben könne. Nur ein Verblendeter könne z. B. der Ansicht sein, die Vielgestalt der organischen Stoffe könne durch die Annahme der IV-Wertigkeit des Kohlenstoffs erklärt werden. Wer heutzutage an diesen einfachen Grundgesetzen zweifeln wollte, setzt sich der Gefahr aus, für unwissend gehalten zu werden. Wir müssen uns jedoch bewußt bleiben, daß die Verfeinerung der wissenschaftlichen Erkenntnisse eine Wandlung des Geltungsbereiches der Naturgesetze mit sich bringen kann. So sucht die moderne „Atomphysik" die Frage zu beantworten: Was steckt hinter der für mechanische und chemische Kräfte undurchdringlichen Wand der „Körner", die der Raumerfüllung der Atome in festen Stoffen entspricht (s. S. 145!). .Auch die Valenzlehre ist über die strenge Wertigkeit hinausgeschritten, aber hier wiederum auf Zahlen, die Koordinationszahlen, gestoßen.

Der ursprüngliche Ausgangspunkt der **Valenzlehre** ist das **Äquivalentgewicht**. Es gibt den „Teil" des Atoms an, der den gleichen chemischen Wert besitzt wie e i n Atom Wasserstoff, was nur für das Grammatom realisierbar ist.

Die Ermittlung des A. G. auf Grund der Gasgesetze ist durchführbar, wenn gasförmige oder unzersetzt vergasbare Stoffe vorliegen. Die kleinste, anteilige Zahl in den M. G. von Verbindungen wird als das Atomgewicht ausgelesen.

| | M. G. | Anteil H | Anteil O | Anteil Cl | Anteil N | Anteil C |
|---|---|---|---|---|---|---|
| Wasser | 18,016 | 2,016 | 16 | | | |
| Chlorwasserstoff | 36,468 | 1,008 | | 35,46 | | |
| Ammoniak | 17,032 | 3,024 | | | 14,008 | |
| Methan | 16,032 | 4,032 | | | | 12 |

**Ergebnis: H = 1,008.** Ferner: Äquivalentgewicht für Chlor = 35,46; für Sauerstoff = 8; für Kohlenstoff = 3. **Äquivalentgewicht ist demnach Atomgewicht** dividiert durch **Wertigkeit**.

Aus dem 2. Faradayschen Gesetz (der gleiche Strom scheidet aus verschiedenen Elektrolyten die Metalle im Verhältnis der Äquivalentgewichte ab) kann man erkennen, daß hier auch die E l e k t r o c h e m i e mit hereinspielt, wovon später die Rede sein wird.

Die Wertigkeit ist nicht für alle Verbindungen eines Elementes unveränderlich. Schwefel ist uns II-, IV- und VI-wertig entgegengetreten, Chlor I-, V- und VII-wertig, Kohlenstoff II- und IV-wertig. Demnach kann dasselbe Element mehrere Äquivalentgewichte besitzen (vgl. auch I, 33!).

Aus der Analyse des Silberoxyds ergab sich das Verbindungsgewicht 215,76 g bzw. das Äquivalentgewicht 107,88. Das Atomgewicht konnte aber das doppelte oder 3-fache dieses Betrages sein, da von Silber keine unzersetzt flüchtigen Verbindungen bekannt waren. Die Entscheidung brachte das seit 1818 bekannte Gesetz von Dulong und Petit: Das Produkt aus dem A. G. und der spezifischen Wärme ist für alle Elemente mit Ausnahme von B, C und Si konstant ≈ 6 cal. Die spez. Wärme von Ag ist genau bestimmbar zu 0,0558 cal. Daraus ergibt sich 6 : 0,0558 = 107 und die Entscheidung für das A. G. von Ag = 107,88.

Will man aus der Formel einer Verbindung das prozentische Verhältnis der sie zusammensetzenden Stoffe berechnen, so multipliziert man die A. G. mit den Indexzahlen der Formel, bildet das M. G. und setzt dieses = 100. Wenn man umgekehrt aus den %-Zahlen eines zu untersuchenden Stoffes die Formel berechnen will, so dividiert man die gefundenen % durch das zugehörige A. G. und erhält das Zahlenver-· hältnis der Atome in der Molekel, weil dadurch der Anteil des Atomgewichts aus den Gewichts-% ausgeschaltet ist. Beispiel: Die Analyse ergibt 27,06 % Na; 16,47 % N; 56,47 % O. Dann ist:

$$\frac{27,06}{23} \text{ (Na)} : \frac{16,47}{14} \text{ (N)} : \frac{56,47}{16} \text{ (O)} = 1,76 : 1,76 : 3,528 =$$

$$1 \text{ (Na)} : 1 \text{ (N)} : 3 \text{ (O)} = Na_1N_1O_3 = Na\ NO_3.$$

Bei den **Verbindungen** unterscheidet man solche **1. Ordnung aus nur 2 Elementen** (vgl. I, 45!), z. B. $H_2O$, $NH_3$, HCl. Sprachliche Kennzeichnung durch die Endsilbe id: Chloride, Nitride, Sulfide usw. (I, 45). Diese können „gesättigt" sein, z. B. $CO_2$ (C in der h ö c h s t e n Wertigkeitsstufe) oder „ungesättigt": CO, welches noch ein Sauerstoffatom oder 2 Cl-Atome aufnehmen kann. Ferner Verbindungen **2. und höherer Ordnung aus mehr als 2 Elementen**, z. B. $H_3PO_4$, $H_2SO_4$, $HClO_3$. Sprachliche Kennzeichnung der Salze durch die Endsilbe at und it.

Die Entstehung von **Verbindungen 2. Ordnung** aus solchen erster Ordnung haben wir schon bei der Bildung von Säuren aus den Oxyden kennengelernt (I, 75) und bei $SO_2$ so erklärt, daß ein Sauerstoffatom e i n e Wertigkeit „aufrichtet" und gegen Wasserstoff kehrt, wodurch dann die freigesetzte Hydroxylgruppe an das S-Atom sich einschiebt.

Bei der Salmiakbildung (S. 19) käme man mit der Wertigkeitslehre zurecht, wenn man einen Wechsel der Wertigkeit des N-Atoms annähme. Tatsächlich gibt es V-wertigen Stickstoff in der Salpetersäure $HNO_3$. Wir haben bisher aber die **Erhöhung der Wertigkeit als Oxydation, ihre Erniedrigung** als **Reduktion** bezeichnet. Es erscheint widerspruchsvoll, daß die Wasserstoffverbindung HCl das Stickstoffatom „oxydiert" = auf höhere Wertigkeit bringt. Auch wäre nicht einzusehen, warum die Verbindung $NH_5$ n i c h t existiert. Ferner paßt das Verhalten des Salmiaks beim Erhitzen nicht dazu (s. S. 67!). Es liegt also hier eine Verbindung 2. Ordnung vor, welche durch die normale Wertigkeitslehre nicht befriedigend ausgedrückt wird. Darauf wird näher bei Anilin eingegangen. Bei den Kristallwasserverbindungen sind die Unstimmigkeiten noch größer. Die Zusammensetzung des Gipses kann man durch die strenge Wertigkeitslehre formulieren, die des Kupfervitriols nicht mehr.

Das Wasser ist ein „gesättigter" Stoff. Ein 3. Wasserstoffatom haftet nicht an der Molekel. Und doch äußert Wasser chemische Wirkungen gegen die $CuSO_4$-Molekel, welche wie $BaSO_4$ ein chemisch gesättigter Stoff zu sein scheint. Es bleibt also nichts anderes übrig, als anzunehmen, daß „gesättigte" Verbindungen 1. Ordnung noch nach außen wirksame Affinitätsbeträge besitzen, welche in dem Beispiel $H_2O$ nicht hinreichen, ein weiteres Wasserstoffatom fest zu binden, aber doch bei den Kristallwasserverbindungen sich betätigen. Die modellartige Vorstellung einer Zusammenschnürung der Atome an den Bindestrichen zur molekularen Bauformel darf für diese neue Erkenntnis kein Hindernis sein.

Die „überschüssigen" Affinitätsbeträge einer Molekel werden als Teilvalenzen (Partialvalenzen) oder als **Nebenvalenzen** bezeichnet und in Feinbauformeln als **punktierte Linien** angegeben. Sie sind im Zusammenwirken mit Katalysatoren die Ursache der ständigen Reaktionsbereitschaft der Stoffe. Ohne sie wäre die Vorbedingung für einen chemischen Vorgang die vollständige Auflösung der Ausgangsmolekeln in die Atome. Ein milder Umbau von Verbindungen bildet aber die notwendige Grundlage für die Lebensvorgänge in Organismen.

Durch Aufdeckung großer Regelmäßigkeit im Bau sonst unerklärlicher Verbindungen hat die erweiterte Valenzlehre eine hohe innere Geschlossenheit gewonnen, besonders durch die Feststellung von **Koordinationszahlen**[1]) für die Betätigung der Nebenvalenzen, nämlich hauptsächlich 4 und 6, welche **von der normalen Wertigkeit unabhängig** sind. In r ä u m l i c h e r Anordnung entsprechen diese Zahlen den Ecken des Tetraeders bzw. Oktaeders, in dessen Zentrum das koordinierende Atom liegt. Außerhalb dieses räumlich regelmäßigen Gebildes liegen dann die durch seine elektrische Ladung angezogenen Ionen. II- und III-wertiges Eisen hat die Zuordnungszahl 6, Kupfer die Zuordnungszahl 4, ebenso der Stickstoff, während bei letzterem die Wertigkeit in Sauerstoffverbindungen bis auf V steigt. Bei Kohlenstoff fällt die Zuordnungszahl mit der normalen Valenzzahl zusammen, nämlich 4.

Wenn man an die Formeln $CuSO_4$, 5 $H_2O$ und $FeSO_4$, 7 $H_2O$ denkt, scheint dies ein Widerspruch zu sein. Jedoch verliert Kupfervitriol beim Erhitzen auf 105⁰—110⁰ nur 4 Molekeln $H_2O$; während das 5. erst bei 220⁰ bis 240⁰ abdampft. Bei noch höherem Erhitzen entsteht dann $SO_3$ unter Bräunung (CuO), also Zerlegung in Verbindungen 1. Ordnung. Es sind folglich 4 Molekeln $H_2O$ in besonderer Weise gebunden, nämlich am Cu, während die fünfte $H_2O$-Molekel mit dem Schwefelsäurerest zusammenhängt. Haben wir doch I, 77 gehört, daß beim Zusammengeben von Schwefelsäure und Wasser eine starke Temperatursteigerung erfolgt, also Wasser und Schwefelsäure im Sinne der obigen Auffassungen miteinander reagieren, wobei 1 oder 2 Molekeln Wasser c h e m i s c h gebunden werden. Deshalb tritt uns bei kristallwasserhaltigen Sulfaten auch die Zahl 2 entgegen, Beispiel: Gips.

---

[1]) Zuordnungszahlen, Zähligkeit.

Kupfervitriol ist demnach

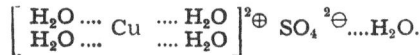

$$\left[ \begin{array}{cc} H_2O \cdots & \cdots H_2O \\ & Cu \\ H_2O \cdots & \cdots H_2O \end{array} \right]^{2\oplus} SO_4^{\,2\ominus} \cdots H_2O.$$

Eisenvitriol Fe $(6\,H_2O)\,SO_4 \ldots H_2O$. Die Zuordnungszahl 6 kommt sehr häufig in Formeln vor: $H_2SiF_6$ (S. 26), $Na_3AlF_6$ (S. 117), $K_4Fe(CN)_6$ (S. 136), $K_2PtCl_6$ Kaliumplatinchlorid u. a. Alaun $KAl(SO_4)_2, 12\,H_2O$ könnte dadurch erklärt werden, daß für Wasser als Flüssigkeit ähnlich wie bei der Flußsäure S. 26 eine vergesellschaftete [1]) Molekel $(H_2O)_2$ angenommen wird. Die Zuordnungsformel für Alaun wäre dann $KAl(6(H_2O)_2)(SO_4)_2$.

Für die Vielfältigkeit der Naturerscheinungen ist auch die Koordinationslehre nicht ganz ausreichend. Bei großen Kristallmolekeln können z. B. kleine Molekeln $(H_2O, NH_3)$ ohne besondere Zuordnung in Lücken des Kristallgitters aufgenommen werden. Es gibt aber außerdem noch Verbindungen, die weder durch Valenz noch durch Koordination gedeutet werden können. $Fe_3C$ Eisenkarbid und $FeS_2$ sind solche nur die Zusammensetzung angebende (stöchiometrische) Formeln. Es handelt sich dabei um Riesenmolekeln, die so groß sind wie der betreffende Kristall (S. 29), mit räumlicher Absättigung der chemischen Wirkkräfte, ohne daß ein Molekulargewicht bestimmt werden kann (I, 80, Fn.).

Die Formel $H_2O$ ist ebenfalls eine stöchiometrische Formel, da sie nur für Wasser d a m p f zutrifft. Das für uns lebensnotwendige Wasser wird durch Assoziation zu $(H_2O)_2$ zur Flüssigkeit. In den Hydraten ist die Wassermolekel nicht mit ihresgleichen, sondern mit anderen Molekeln assoziiert.

Dem durch Koordination gebildeten Ammoniumion $NH_4 \oplus$ entspricht das für HCl, $HNO_3$, $H_2SO_4$ und $HClO_4$ anzunehmende Hydroniumion $H \oplus$, $H_2O$ $= H_3O \oplus$, worin eine Art Salzbildungsbestreben des Wassers gegenüber starken Säuren zum Ausdruck kommt. Bei gelindem Erhitzen gibt Hydroniumsulfat Wasser ab, Ammoniumsulfat Ammoniak: thermische Spaltung der Nebenvalenz, durch die $NH_3$ und $H_2O$ an das $H \oplus$ - i o n gebunden sind.

**Übg. 18:** Durch Verreiben in einer t r o c k e n e n Reibschale liefern Kupfervitriolkristalle ein sich trocken anfühlendes Pulver. In einem mit der Mündung etwas abwärts geneigt eingespannten Rgl. wird langsam mit freier Flamme erhitzt. Man bemerkt Tropfenkondensation an den kalten Rohrteilen, bei größeren Mengen Heraustropfen, während die Farbe des Pulvers nach weiß umschlägt. Zu starkes Erhitzen ist zu vermeiden (s. oben!). Man läßt die Flüssigkeit von Filtrierpapier aufsaugen oder auch von Lackmuspapier, wobei sich neutrale Reaktion zeigt, wenn Überhitzung vermieden wurde und beim Einschütten des Pulvers nichts an den Wänden hängen blieb. Nach dem Erkalten schüttet man das Pulver auf ein Uhrglas und tropft ungefähr soviel kaltes Wasser zu, als vorher entwickelt worden war. Unter fühlbarer Erwärmung, Bläuung und Verfestigung wird das Wasser vollständig aufgenommen. Statt dessen kann man auch das entwickelte Wasser n a c h dem Erkalten zurückfließen lassen.

---

[1]) Die Assoziation erklärt auch, daß beide Stoffe oberhalb von $0^0$ Flüssigkeiten sind, wozu sie nach den chemischen Regelmäßigkeiten „kein Recht" haben.

E r g e b n i s : Das Kristallwasser ist chemisch gebunden. Denn

1. tritt bei der Vereinigung des wasserfreien Salzes mit Wasser Erwärmung auf, was als Kennzeichen eines chemischen Vorgangs bekannt ist.

2. Die Kristallformen des wasserhaltigen und des wasserfreien Salzes sind grundverschieden. Das Durcheinanderwachsen bei der Kristallneubildung bewirkt die Verfestigung.

3. Die blaue Lösungsfarbe zeigt, daß das Kristallwasser in der Molekel enthalten ist. Wenn die weiße Form, die $CuSO_4$-Molekel a l l e i n gelöst wäre, müßte die Lösung farblos sein. — Da die Kristallwassermolekel durch Nebenvalenzen als Ganzes ohne Spaltung in ihre Bestandteile gebunden wird, zieht man die Formel nicht in $H_{10}CuSO_9$ zusammen, sondern schreibt $CuSO_4, 5 H_2O$ (I, 79, Fn).

Abgabe von Kristallwasser an trockener Luft bei gew. Temperatur bezeichnet man als Verwitterung. Beispiel: Eisenvitriol und Kristallsoda. Praktisch ausgenützt wird die Kristallwasserbindung beim Gips:

**Übg. 19:** Das käufliche Pulver des gebrannten Gipses wird mit kaltem Wasser zu einem dünnen Brei angerührt. Nach einiger Zeit kann man an Stelle der weichen, formbaren Masse ein steinhartes Produkt feststellen. An der Abformung einer in eine Gipskugel eingeschlossenen Münze erkennt man, daß Hohlräume gut ausgefüllt werden. Gips „treibt", d. h. er vergrößert bei der Bildung der Kristallwasserverbindung mit deutlicher Reaktionswärme sein Volumen und klemmt dadurch auch „Holzdübel" ein.

Verwendung für Gipsabgüsse, Stuckarbeiten, Gipsdielen, Gipsverbände. Der wasserfreie Gips[1]) nimmt nur sehr langsam Kristallwasser auf. Man verwendet daher als Stuckgips[2]) ein nicht ganz „totgebranntes" Material (durch Brennen zwischen 130⁰ und 140⁰ hergestellt). Die Erhärtung erfolgt in wenigen Minuten etwa nach folgender Gleichung: $(2 CaSO_4), H_2O + 3 H_2O \rightarrow 2 (CaSO_4, 2 H_2O)$.

Eine kleine Probe des erstarrten Gipses wird mit viel Wasser gekocht. Obwohl beim Kochen keine Aufhellung der Suspension bemerkt werden kann, ist doch etwas in Lösung gegangen. Denn das Filtrat liefert mit $BaCl_2$ den für Sulfate kennzeichnenden, in HCl unlöslichen Niederschlag. Für die Umsetzung mit $BaCl_2$ ist die Anwesenheit des Kristallwassers unwesentlich. Man formuliert daher: $CaSO_4 + BaCl_2 = BaSO_4 \downarrow + CaCl_2$. Eine zweite Probe des Filtrates gibt mit Seifenlösung Kalkseife: „hartes" Wasser (I, 56).

---

[1]) Als Mineral „Anhydrit"; kommt in den norddeutschen Salzlagern vor.

[2]) zum Unterschied vom E s t r i c h gips, welcher kleine Mengen von CaO enthält, da bei der hohen Brenntemperatur (900⁰) in entsprechendem Maße $SO_3$ entwichen ist.

## 11. Elektrolyse: Säure, Base, Salz

Eine Einteilung der chemischen Verbindungen ist auch in anderer Weise als S. 44 möglich, z. B. vom elektrochemischen Standpunkt aus in 1. Elektrolyte und 2. Nichtelektrolyte. Die erste Gruppe faßt die Säuren, Basen und Salze zusammen, weil sie unter stofflicher Änderung den Strom leiten. Angehörige der 2. Gruppe sind z. B. der Rohrzucker und das Chloroform. Die elektrische Leitfähigkeit von geschmolzenen Elektrolyten und von wäßrigen Lösungen wird durch die Ionen[1])-Theorie erklärt, die Wanderungen von Stoffteilchen unter dem Zwange der angelegten elektrischen Spannungen annimmt (vgl. I, 56!).

In Säuren sind die Wasserstoffatome l e i c h t durch Metalle ersetzbar (I, 59), in Basen die Hydroxylgruppen durch Säurereste (I, 71). Bei der Elektrolyse wird nun anscheinend durch den elektrischen Strom die Salzsäure-Molekel auseinandergerissen (I, 58): an der Kathode erscheint Wasserstoff, an der Anode Chlor. Auch die Wasserelektrolyse (I, 57) wurde dort so ausgelegt, jedoch ein „besonderes vorbereitetes" Wasser verwendet. Die „Vorbereitung" bestand darin, daß in Wirklichkeit verdünnte Schwefelsäure genommen wurde. Zu dieser traditionellen Täuschung ist man aus 2 Gründen gezwungen: 1. i s t a b s o l u t  r e i n e s W a s s e r ein Isolator, aber schon Spuren von verunreinigenden Elektrolyten erteilen ihm Leitfähigkeit, so daß alle natürlichen Gewässer die Elektrizität leiten [2]), und 2. ist die Erklärung der Wirkungsweise des Zusatzes im Anfangsunterricht nicht durchführbar. Im „Schwefelsäure"-Wasserzersetzungsapparat tritt an der Kathode Wasserstoff auf, an der Anode aber keine gasförmige S-haltige Verbindung, sondern reiner Sauerstoff. Ozon kann mit dabei sein, es besteht aber auch nur aus Sauerstoffatomen. Es müssen also zusätzliche (chemische) Umsetzungen im Elektrolyten stattfinden, was wir dann besonders deutlich erkennen, wenn wir den Apparat I, 57, Bild 12, mit $Na_2SO_4$-Lösung „vorbereiten". Wir erhalten wieder Wasserstoff und Sauerstoff. Daß an Stelle des Natriums Wasserstoff erscheint, können wir chemisch erklären nach I, 67. An der Anode sollte nun bei $H_2SO_4$ und bei $Na_2SO_4$ als Elektrolyt $SO_4$ auftreten, der Rest der Schwefelsäure. Als Teilstück der Schwefelsäure, von dem Wasserstoff bzw. Natrium abgerissen wurde, ist dieser aber chemisch ungesättigt und s e t z t s i c h deshalb m i t W a s s e r u m nach folgender Gleichung:

---

[1]) Grammatisch nicht ganz einwandfrei von ion, Plural Ion(t)en = Gehende, Wanderer (gr.).

[2]) Deshalb besondere Vorschriften für elektrische Anschlüsse und Benützung elektrischer Apparate in Badezimmern.

Drehöfen

Wasserstoff-Kontaktöfen für Synthese-Gas

$2\,H_2O + 2\,SO_4 \rightarrow 2\,H_2SO_4 + O_2$ [1]). Es kann aber auch $H_2O_2$ entstehen nach der Gleichung: $2\,H_2O + SO_4 \rightarrow H_2SO_4 + H_2O_2$ und schließlich Ozon: $3\,H_2O + 3\,SO_4 \rightarrow 3\,H_2SO_4 + O_3$. In der Hauptsache entsteht $O_2$. Die Menge von $H_2O_2$ und $O_3$ hängt von besonderen Bedingungen ab: Konzentration, Stromstärke, Temperatur.

Wenn es sich n u r um ein Zerreißen von chemischen Bindungen bei der Elektrolyse handelt, dann ist nicht einzusehen, warum das Wasser nicht unmittelbar zerrissen wird und warum es überhaupt Nichtelektrolyte gibt. Es müssen demnach elektrische Vorgänge, Ladungen oder Entladungen von Elektrolytteilchen mitwirken.

Zur Erklärung der Stoffbewegung steht das elektrische Bewegungsgesetz zur Verfügung: Positive und negative Ladung ziehen einander an. Demzufolge muß dem zur Anode wandernden $SO_4$ eine elektrische Ladung zugeschrieben werden, welche vom positiven Pol angezogen und von ihm entladen wird, also nur negativ sein kann. Früher hat man geglaubt, daß die elektrischen Ladungen erst durch Anlegung der Spannung, etwa durch Induktion entstehen. Die genaue Untersuchung hat jedoch ergeben, daß **die elektrisch geladenen „Ionen" schon in der Lösung des Elektrolyten vorhanden** sind und daß sie die elektrische Spannung nur in Bewegung setzt und entlädt. Da die Lösungen von Säuren und Salzen aber unelektrisch erscheinen, müssen auch die Wanderer z u r  K a t h o d e im entgegengesetzten Sinn und gleich hohen Gesamtbetrag elektrisch geladen sein.

Auf diesen Zerfall der Ionen, die elektrolytische Dissoziation [2]), werden wir noch auf S. 79 zurückkommen. Die Ionenladungen haben sich als elektrische Elementarladungen herausgestellt, die man auch als Elektrizitätsatome bezeichnen könnte. Die negativen Elektrizitätsatome führen den Namen Elektronen. Da die Zahl der an den Ionen auftretenden Elementarladungen den Wertigkeitsregeln gehorcht, kann man die Ionen als „chemische" Verbindungen mit „Elektrizitätsatomen" auffassen: Das $SO_4$-Ion als eine chemische Verbindung des $SO_4$-Restes mit 2 Elektronen und als solche in wäßriger Lösung beständig. Durch Abgabe dieser Ladungen wird es an der Anode zur reaktionsbereiten $SO_4$-Gruppe. Das N a t r i u m i o n entsteht durch A b s p a l t u n g eines Elektrons aus dem Natriumatom, das also c h e m i s c h verändert ist, andere Eigenschaften besitzt und in wäßriger Suspension

---

[1]) Als Zwischenprodukt entstehen die leicht zersetzlichen Perschwefelsäuren $SO_4 + H_2O \rightarrow H_2SO_5$. Weiterhin $2\,H_2SO_5 \rightarrow O_2\uparrow + 2\,H_2SO_4$. Oder $H_2S_2O_8 + 2\,H_2O \rightarrow H_2O_2 + 2\,H_2SO_4$, entstanden durch anodische Entladung des Anions $HSO_4\ominus$ und Zusammentreten von 2 Resten in eine Molekel.

[2]) dissociatio = Trennung. Aus Traditionsgründen wurde dieser Ausdruck beibehalten, obwohl es eine „wäßrige" Dissoziation ist, deren Auswirkungen bei der Elektrolyse zutage treten. Vgl. I, 56 und die Abschnitte 16 und 17 in diesem Teil!

(= Lösung) chemisch beständig ist. Erst durch Aufnahme eines Elektrons an der Kathode (dem negativen Pol) wird der positive Ladungsüberschuß des Natriumions ausgeglichen und das entstandene N a - t r i u m a t o m  w i r d  g e g e n  W a s s e r  r e a k t i o n s b e r e i t. Diese Erklärung trifft auch auf das Wasserstoffion zu. Die durch Elektronenaufnahme entstandenen Wasserstoffatome vereinigen sich zu $H_2$-Molekeln. Wasserstoffgas ist also chemisch etwas anderes als Wasserstoffion.

R e g e l n : 1. **Metalle und Wasserstoff sind positiv geladen,** „schwimmen" in der technischen Stromrichtung, scheiden sich an der negativen Elektrode, der Kathode ab: Kationen.

2. **Säurereste und Hydroxyl sind negativ geladen,** scheiden sich an der positiven Elektrode, der Anode ab: Anionen.

3. **Die Zahl der elektrischen Elementarladungen** ($1{,}60 \cdot 10^{-19}$ Coulomb; vgl. S. 151, Fn.!) **ist durch die Wertigkeit bestimmt:** Wasserstoffion = $H^{\oplus}$; Sulfation = $SO_4^{2\ominus}$; Aluminiumion = $Al^{3\oplus}$; Chlorion = $Cl^{\ominus}$.

4. Da bei der Ionisation die elektrische Neutralität sich nicht ändert, müssen die negativen und positiven Ionenladungen auf jeder Gleichungsseite sich aufheben.

F o l g e r u n g e n für die E l e k t r o l y t e : 1. **Alle Säuren enthalten Wasserstoffkationen** ($H^{\oplus}$) und Säurerestanionen. Da alle v e r d ü n n - t e n Säuren den gleichen Geschmack, nämlich einen mehr oder weniger stark s a u r e n besitzen, schmecken wir also das Wasserstoffion und nicht das Säurerestion. Ebenso ist die in der Begriffsbestimmung genannte Lackmusfärbung eine Reaktion des Wasserstoffions (I, 59!).

Merke: **Säurerest** = Säure minus Wasser s t o f f und identisch mit dem Säureanion, im entladenen Zustand unbeständig. — **Säureanhydrid** = Säure minus Wasser = eine für sich beständige Molekel, z. B. $P_2O_5$ in der Apothekerbezeichnung: „acidum phosphoricum anhydricum".

Der nach I, 70 für Säuren wesentliche Ersatz durch Metall ist dadurch erklärt, daß das Wasserstoffion die gleiche, nämlich positive Ladung trägt. Deshalb könnte man die Säuren als W a s s e r s t o f f s a l z e auffassen, deren Besonderheit (für die menschliche Wahrnehmung „Säuren"!) auf der Eindringungsfähigkeit des Wasserstoffions als kleinstes Stoffteilchen in chemische Verbindungen beruht und damit die außerordentliche stoffliche Wirksamkeit der Säuren hervorruft.

2. **Alle Basen enthalten in wäßriger Lösung das Hydroxylanion OH** $^{\ominus}$ und ein Metallion oder das Ion einer metallähnlichen Gruppe, z. B. $NH_4^{\oplus}$. Damit ist auch erklärt, daß das $NH_4$-Ion ein in wäßriger Lösung beständiger Stoff ist, in chemischer Hinsicht etwas anderes als die entladene $NH_4$-Gruppe, welche in $NH_3$ und Wasserstoff zerfällt. Die Farbreaktionen der Basen sind durch das $OH^{\ominus}$ veranlaßt (I, 71!).

3. **Alle Salze enthalten ein positives Metallion oder das positive Ion einer metallähnlichen Gruppe und ein negatives Säurerestion.** Die Salzbildungsreaktionen, vom Standpunkt der Ionentheorie aus, sollen später besprochen werden (S. 82).

Die Bezeichnung der Salze enthält immer den Namen des Metalls und den des Säurerestes: KCl ist das Kaliumsalz der Chlorwasserstoffsäure oder salzsaures Kalium oder Kaliumchlorid (I, 45). Von den mehr H-Ionen enthaltenden Säuren gibt es mehrere Salzreihen, z. B. von der „zweibasischen" Kohlensäure 2 Reihen, von der „dreibasischen" Phosphorsäure 3 Reihen.

| $H_2CO_3$ | $NaHCO_3$ | $Na_2CO_3$ |
|---|---|---|
| Kohlensäure. (vgl. auch III, 40!) | Mononatriumkarbonat, Natriumhydrogenkarbonat, „saures" kohlensaures Natrium (I, 84, Fn. 1). | Dinatriumkarbonat, kohlensaures Natrium, Soda. |

| $Ca(HCO_3)_2$ | $CaCO_3$ |
|---|---|
| Kalziumhydrogenkarbonat primäres Salz (I, 106). | (neutrales) Kalziumkarbonat, kohlensaurer Kalk, Marmor; sekundäres Salz. |

**Salzreihe der Phosphorsäure** s. I, 92! **Sulfate** I, 78! **Nitrate** I, 84!

Bei Salzen, welche weniger Sauerstoff enthalten, wird der Buchstabe a der Endsilbe durch i ersetzt: Sulfite, schwefligsaure Salze; Nitrite, salpetrigsaure Salze. Bei übermäßigem Gehalt an Sauerstoff wird die Zwischensilbe per eingeschoben, z. B. $K_2MnO_4$ (grün) = Kaliummanganat; $KMnO_4$ (violett) = Kaliumpermanganat oder übermangansaures Kalium, oder $KClO_3$ Kaliumchlorat = chlorsaures Kalium; $KClO_4$ = Kaliumperchlorat (I, 82 und II, 23). Die Salze der S. 49 genannten Perschwefelsäuren werden als Peroxymonosulfate und Peroxydisulfate bezeichnet. Wird die „-ige" -Stufe unterschritten, so schiebt man die griechische Bezeichnung für „unter" ein. $KClO_2$ = Kaliumchlorit, KClO = Kaliumhypochlorit. Die Salze der zwei (!)-basischen phosphorigen Säure $H_3PO_3$ heißen Phosphite, das K-Salz der ein (!)-basischen unterphosphorigen Säure Kaliumhypophosphit $KH_2PO_2$.

Die für die Elektrolyse einschlägigen Faradayschen Gesetze gehören zum Bereich der Physik. Auf die chemische Bedeutung des 2. Faradayschen Gesetzes wurde S. 43 hingewiesen. Die Schlußfolgerung für den atomistischen Bau der Elektrizität aus Elektronen wurde erstmals von Helmholtz in seiner Faraday-Vorlesung 1887 gezogen (vgl. auch S. 138!).

Beispiele:

| 1. ohne chemische Sekundär-reaktionen. | 2. mit sekundären Reaktionen gegenüber dem Wasser. |

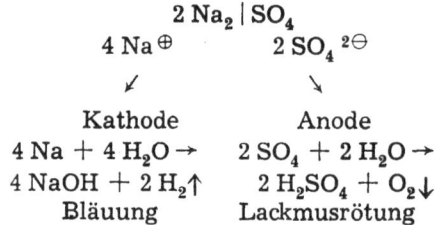

**1. ohne chemische Sekundär-reaktionen.**

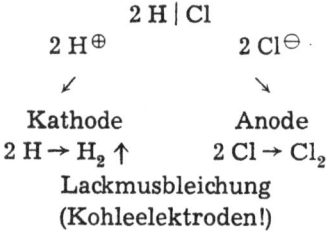

$$2\,H\,|\,Cl$$
$$2\,H^{\oplus} \qquad\qquad 2\,Cl^{\ominus}$$
$$\swarrow \qquad\qquad\qquad \searrow$$

Kathode          Anode
$2\,H \to H_2 \uparrow$     $2\,Cl \to Cl_2$
Lackmusbleichung
(Kohleelektroden!)

Auch mit sehr verd. Salzsäure erhält man an der Anode Bleichung ($Cl_2$), aber keine $O_2$-Ausscheidung. Das beweist mit Sicherheit, daß HCl elektrolysiert wird und, wenn man mit Schwefelsäure „ansäuert", $H_2SO_4$ elektrolysiert wird. Nicht nur das reine Wasser, auch das Lösungswasser wird durch den e l e k t r i s c h e n S t r o m  s e l b s t  nicht angegriffen. Die Wasserelektrolyse ist in Wirklichkeit eine Wasserchemolyse[1])

**3. mit Sekundärreaktion nur an der Anode.**

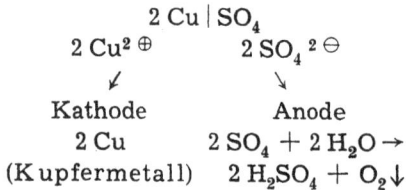

$$2\,Cu\,|\,SO_4$$
$$2\,Cu^{2\oplus} \qquad\qquad 2\,SO_4{}^{2\ominus}$$
$$\swarrow \qquad\qquad\qquad \searrow$$

Kathode          Anode
$2\,Cu$     $2\,SO_4 + 2\,H_2O \to$
(Kupfermetall)     $2\,H_2SO_4 + O_2\downarrow$

Die Elektrolyse läuft auf eine **Reduktion** zu metallischem Kupfer hinaus, das sich an der Kathode niederschlägt. Auf chemischem Umwege erscheint der weggenommene Sauerstoff an der Anode im gasförmigen Zustand.

**2. mit sekundären Reaktionen gegenüber dem Wasser.**

$$2\,Na_2\,|\,SO_4$$
$$4\,Na^{\oplus} \qquad\qquad 2\,SO_4{}^{2\ominus}$$
$$\swarrow \qquad\qquad\qquad \searrow$$

Kathode          Anode
$4\,Na + 4\,H_2O \to$     $2\,SO_4 + 2\,H_2O \to$
$4\,NaOH + 2\,H_2\uparrow$     $2\,H_2SO_4 + O_2\downarrow$
Bläuung          Lackmusrötung

Durch die Elektrolyse wird unter chemischer Mitwirkung des Wassers das Salz in Base und Säure zerlegt. Rührt man Anoden- und Kathodenflüssigkeit durcheinander, so bekommt man das Ausgangssalz zurück.

**4. mit Sekundärreaktion mit dem Anodenmetall.**

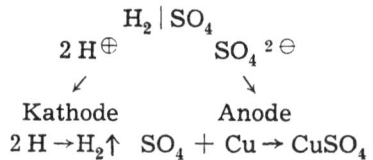

$$H_2\,|\,SO_4$$
$$2\,H^{\oplus} \qquad\qquad SO_4{}^{2\ominus}$$
$$\swarrow \qquad\qquad\qquad \searrow$$

Kathode          Anode
$2\,H \to H_2\uparrow$     $SO_4 + Cu \to CuSO_4$

Man gießt aus dem für Versuch 3 verwendeten Wasserzersetzungsapparat die Kupfervitriollösung ab, spült mit Wasser und füllt verdünnte Schwefelsäure ein, macht ferner die durch den Cu-Überzug rotglänzende Platinelektrode zur Anode. Nach kurzem Stromschluß ist der Cu-Überzug entfernt, noch bevor eine Wanderung von Cu-Ionen hat stattfinden können **(anodische Oxydation).**

Als Beispiele von **in der Technik angewandten Elektrolysen** sind zu nennen die A l u m i n i u m d a r s t e l l u n g (S. 117), die Industrie der B l e i c h m i t t e l ($H_2O_2$ usw.) und die N a C l - E l e k t r o l y s e , bei welcher zahlreiche Produkte gewonnen werden können: NaOH, $Cl_2$, $H_2$, NaOCl, $NaClO_3$ und mittelbar Soda (aus NaOH durch Einleiten von $CO_2$).

---

[1]) Bei hochgespanntem Gleichstrom (1000 V und mehr) ist jedoch nach neuesten Forschungen die elektrische Zerreißung der Wassermolekel der primäre Vorgang.

So einfach der elektrochemische Vorgang zu sein scheint, so schwierig ist die Erzielung technisch guter Ausbeuten. Von den angewendeten Verfahren können nur die Namen genannt werden: Das Diaphragma-, Quecksilber- und Glockenverfahren. Im Worte Diaphragma (= Trennungswand) ist die Hauptschwierigkeit für die Herstellung von NaOH angedeutet: Die Trennung von NaOH, $Cl_2$ und $H_2$. Durch Einschalten poröser Scheidewände wird die Vermischung infolge des „Wanderns" der Ionen stark gehemmt. Die gewonnene verdünnte Natronlauge wird in Vakuumverdampfern konzentriert und kommt als festes NaOH (I, 68) in den Handel. Daneben fallen gewaltige Mengen von Wasserstoff an (mehr als 10 Millionen cbm jährlich in deutschen Fabriken).

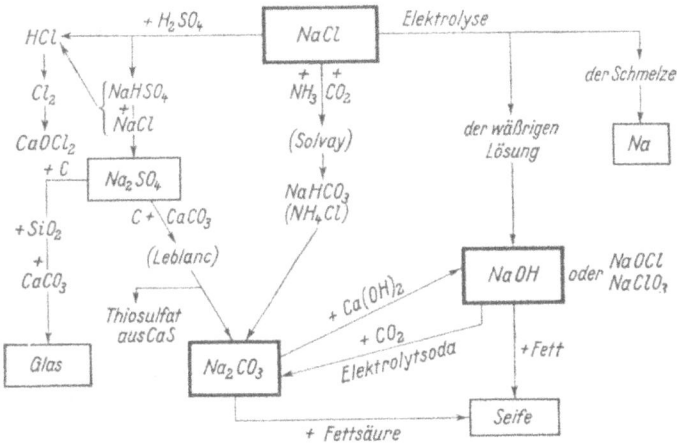

**Bild 23**

Übersicht über die Erzeugnisse aus Steinsalz. Vgl. auch S. 56 Kleingedrucktes!

Wenn man im Gegensatz dazu für Vermischung sorgt, erhält man NaOCl und durch Änderung der Konzentration und Temperatur $NaClO_3$. Da Kohlenstoff das einzige Element ist, mit dem sich Chlor nicht d i r e k t verbindet, benützt man Elektroden aus besonders zubereiteter graphitischer Kohle, die aber infolge der Gegenwart des Lösungswassers auch nicht allzulange standhalten. Die Verfahren sind jetzt technisch so gut durchgearbeitet, daß ältere Methoden (s. S. 76!) zur Darstellung von NaOH weitgehend verdrängt wurden und sogar „Elektrolytsoda[1]" in Wettbewerb treten konnte. Da ein erheblicher Teil der Salzgewinnung hier verbraucht wird, stehen die elektrochemischen Betriebe in engstem Zusammenhang mit der Ausbeutung der Salzlagerstätten.

**Galvanisieren** = Aufbringung von elektrochemisch erzeugten, fest haftenden Niederschlägen zum Zwecke der Verschönerung oder des Schutzes gegen Korrosion auf Metalle, auch auf Kunststoffe und Porzellan. Unter der Voraussetzung gründlicher Reinigung der Oberfläche erfordert es genaue Einhaltung der Konzentration, der Badspannung und der Temperatur. Vgl. I, 49!

---

[1] Durch Einleiten von $CO_2$ in elektrolytisch hergestellte Natronlauge.

## 12. Salzlagerstätten und ihre Nutzung

Das Steinsalz- und Solevorkommen in Oberbayern (I, 69) wird seit uralten Zeiten ausgebeutet. Verhältnismäßig spät ging man an die Ausnützung der norddeutschen Salzlager (Staßfurt, Braunschweig, Hannover und Magdeburg). Dabei empfand man es als lästig, daß die obersten Salze in großen Mengen als für die Kochsalzgewinnung ungeeignet weggeschafft werden mußten. Erst die Begründung der Agrikulturchemie durch Liebig (I, 130) hat zu einer Umdrehung der Wertschätzung geführt.

Aus den Abraumsalzen sind seit 1861 **Edelsalze** geworden. In Galizien, Rußland, Spanien und USA sind ebenfalls Kalilager aufgefunden worden. Bei den meisten Steinsalzvorkommen sind aber die am leichtesten löslichen und deshalb zuletzt zur Abscheidung gekommenen Kalium- und Bromsalze nicht erhalten geblieben. Die Überdeckung mit dem 8 m mächtigen Salzton hat beim norddeutschen Vorkommen diese Salze erhalten.

Ein zweiter glücklicher Umstand hat sie in Norddeutschland zur Ablagerung kommen lassen, und zwar aus einem Binnenmeere, das sich über eine gewaltige Fläche erstreckt hat, begrenzt im O s t e n vom Ural, im S ü d e n von der böhmischen Masse und dem im Tertiär eingesunkenen, jetzt unter der oberbayerischen Hochebene liegenden „vindelizischen" Gebirge, im W e s t e n von der durch Frankreich, Belgien, Südengland und Irland ziehenden „armorikanischen" Gebirgskette des späten Erdaltertums, im N o r d e n von der skandinavischen Masse. Die Salzmenge dieses Zechsteinmeeres wird auf eine Billion t geschätzt. Der Meeresgrund senkte sich in der Weise, daß die letzten „Salzpfannen" in der heutigen Gegend von Staßfurt lagen. Im Erdmittelalter sind die vom Salzton überlagerten Schichten tief eingesunken und in der Erdneuzeit unter Faltungen wieder in für den Bergbau erreichbare Höhe gehoben worden. Die elsässischen Lager sind nicht aus dem Zechsteinmeere entstanden, sondern tertiären Ursprungs.

Der größte Teil des aus den norddeutschen Salzlagern geförderten **Steinsalzes** wird für industrielle Zwecke zur Darstellung des Natriums und seiner Verbindungen verwendet, ist also **einer unserer wichtigsten Rohstoffe.** Besondere Erwähnung verdient als neueres, technisch wichtiges Produkt das Natriumamid [1]. Es entspricht in seiner Zusammensetzung dem NaOH (aus H — OH abgeleitet, Na — NH$_2$ aus H — NH$_2$) und ist von größter Bedeutung für die Indigosynthese und die Synthese des Natriumzyanids (NaCN), welches in Südafrika zur Goldgewinnung in Massen verwendet wird. Das für die Entwicklung der chemischen Technik wichtigste Produkt ist aber das **Natriumkarbonat (Soda),** das billiges Glas und billige Seife herzustellen erlaubt.

Schon den alten Ägyptern war Soda aus den Salzseen Innerafrikas bekannt und wurde bereits von ihnen neben Pottasche zur Glasherstellung verwendet. Später wurden in Spanien und in der Normandie Strandpflanzen, die beträchtliche Mengen von Natriumsalzen enthalten, zu Tangsoda ver-

[1] Vgl. auch S. 69!

ascht. Die um die Mitte des 18. Jahrhunderts sich ausbreitende Verarbeitung der Baumwolle steigerte die Nachfrage nach Soda so gewaltig, daß 1783 die französische Regierung einen Preis auf ein billiges Verfahren zur Gewinnung aus Kochsalz ausschrieb. Dem französischen Arzt und Chemiker L e b l a n c gelang die Lösung dieses Problems. Die zunächst aufblühende Fabrik ging in den Stürmen der Revolution zugrunde. Leblanc endete 1806 im Armenhaus von St. Denis durch Selbstmord, ein tragisches Erfinderschicksal. Erst 1855 erhielt seine Familie Schadenersatz und 1887 wurde ihm in Paris ein Denkmal errichtet.

Das im Kalkstein in riesigen Mengen zur Verfügung stehende $CaCO_3$ läßt sich technisch n i c h t   d i r e k t mit Kochsalz in Soda umsetzen. Nach Leblanc stellt man zunächst aus Kochsalz Natriumsulfat her. Es wird also das Chlor als HCl entfernt.

Die $Na_2SO_4$-Bildung verläuft in 2 Stufen: 1. $NaCl + H_2SO_4 \rightarrow HCl \uparrow + NaHSO_4$ (s. S. 18!) bei gewöhnlicher Temperatur und 2. $NaCl + NaHSO_4 \rightarrow Na_2SO_4 + HCl \uparrow$ durch E r h i t z e n. Die gewöhnliche Valenzformel (HO)OSO(OH) ist symmetrisch gebaut und gibt von obigem, die Sulfatherstellung erschwerenden Verhalten keine Rechenschaft. Vgl. auch S. 80, Kleingedrucktes!

Das Natriumsulfat wird durch Einwirkung von Kohle zum verhältnismäßig niedrig schmelzenden Natriumsulfid reduziert (Übg. 16), das sich mit $CaCO_3$ umsetzt. Das Kalziumsulfid, das beim Auslaugen u n g e l ö s t zurückbleibt, enthält das C a - A t o m des Kalksteins und S c h w e f e l   a l s   S t e l l v e r t r e t e r   d e s   C h l o r a t o m s im Kochsalz. **Der $CO_3$-Rest des Kalksteins und der Natriumgehalt des Kochsalzes sind** also, wie die Preisaufgabe verlangt hat, **zu Soda (auf Umwegen) vereinigt.** Reduktion und Umsetzung werden in einem Arbeitsgange gemacht: $Na_2SO_4 + 2 C + CaCO_3 \rightarrow 2 CO_2 + Na_2CO_3 + CaS$. Durch Eindampfen der Lauge gewinnt man Kristallsoda oder auch „kalzinierte" Soda, durch Brennen (Kalzinieren) wasserfrei gemachte Soda.

Das feste Abfallprodukt CaS wurde in der ersten Zeit auf Halden gelagert, wo es unter Einwirkung des $CO_2$ der Luft $H_2S$ abgab. Da so die Luft verpestet wurde, hat man in England, wo seit 1814 die Fabrikation aufgenommen wurde, die Abfälle auf Schiffe geladen und ins Meer geworfen, jedoch bald eingesehen, daß damit der als $H_2SO_4$ in die Fabrikation eingeführte Schwefel verloren ging. Daher hat man die Umsetzung zu $H_2S$ [1]) in geschlossenen Reaktionsräumen in der Fabrik selbst vorgenommen und dieses auf S und $H_2SO_4$ verarbeitet. Die Sulfatherstellung erfordert ohnehin große Mengen von $H_2SO_4$, die das in England ebenfalls entwickelte Bleikammerverfahren [2]) lieferte. So wurde in die Sodaindustrie die Schwefelsäurefabrik eingegliedert. Mit den großen Mengen von Salzsäure wußte man zunächst nichts an-

---

[1]) CaS wird auch auf Thiosulfat verarbeitet.
[2]) Aus dieser Zeit stammt noch die Bezeichnung „englische Schwefelsäure" für rohe Schwefelsäure; vgl. S. 66!

zufangen. Am liebsten hätte man sie damals in die Luft entlassen. Wegen der zerstörenden Wirkung zwangen Gesetzesvorschriften zur Absorption. Die Oxydation der Salzsäure zu Chlor und die Herstellung von Chlorkalk schufen Absatzmöglichkeiten. Die Konstruktion von Absorptionstürmen, von Kaskadenapparaten für Auslaugung, von besonderen Öfen und andere technische Vervollkommnungen begleiteten die Einbeziehung immer neuer Betriebe in die Fabrikation.

Für die technische Großdarstellung hat sich also das Gesetz der festen Verbindungsverhältnisse zunächst als unbequem erwiesen. Wenn man eine bestimmte Menge Soda produzieren wollte, mußte man eine Menge HCl m i t h e r s t e l l e n, welche die damalige Nachfrage weit übertraf. Es ergab sich daraus der Zwang, die unverkäufliche Salzsäure in ein verkäufliches Produkt, den Chlorkalk, überzuführen. Die Ausweitung der gewerblichen Sodaherstellung zur anorganischen Großindustrie ist demnach eine Folge des chemischen Grundgesetzes der konstanten Proportionen, die ein fortwährendes Wachstum der Nebenprodukt-Verwertungsanlagen notwendig machten. So hat die Herstellung des einen Produktes Soda den Grund für die Entwicklung der anorganischen Großindustrie gelegt, zunächst in England, in der 2. Hälfte des 19. Jahrhunderts auch in Deutschland. Vgl. auch I, 95!

Anfänglich wurde in Norddeutschland und im Rheinland nach Leblanc (Anilin- und S o d a fabrik!) gearbeitet. Dann trat unter Ausnützung des Ammoniaks aus dem Gaswasser der Leuchtgasfabriken ein neues Verfahren in den Wettbewerb, das von dem Belgier **Solvay** vervollkommnet wurde. In gesättigte Kochsalzlösung wird $NH_3$-Gas und $CO_2$ eingepreßt, wobei sich $NaHCO_3$ (Natriumhydrogenkarbonat) wegen seiner S c h w e r l ö s l i c h k e i t bildet und abscheidet: $NH_3 + CO_2 + NaCl + H_2O \rightarrow NH_4Cl + NaHCO_3 \downarrow$ .Man gewinnt direkt ohne weiteres Umkristallisieren ein sehr reines Produkt, das beim Erhitzen [1]) kalzinierte Soda liefert: $2 NaHCO_3 \rightarrow Na_2CO_3 + H_2O + CO_2 \uparrow$ . Das hierbei erhaltene $CO_2$ kehrt wieder in den Betrieb zurück. Durch Kochen mit gelöschtem Kalk wird $NH_3$ regeneriert und wieder verwendet: $Ca(OH)_2 + 2 NH_4Cl \rightarrow 2 NH_3 + CaCl_2 + 2 H_2O$ [2]). Auch hier braucht man Kalkstein ($CaCO_3$) für die Sodaherstellung, als Kohlensäurequelle und für die Herstellung des gelöschten Kalkes in angegliederten Nebenprozessen. Das ursprünglich im Kochsalz enthaltene Chlor erscheint hier am Schluß als $CaCl_2$, das teils verwertet wird, teils leicht beseitigt werden kann.

**Kalisalze:** Die 15—30 m mächtigen Kalilager werden in etwa 60 Bergwerken ausgebeutet. Als hauptsächliche Mineralien sind zu nennen: **Sylvin** (KCl), **Karnallit** (KCl, $MgCl_2$, 6 $H_2O$) und **Kainit** (KCl, $MgSO_4$, 3 $H_2O$), sowie der Bromkarnallit ($MgBr_2$, KBr, 6 $H_2O$); ferner Schönit ($K_2SO_4$, $MgSO_4$, 6 $H_2O$), Adular ($KAlSi_3O_8$), Leuzit ($KAlSi_2O_6$),

---

[1]) Vgl. den allerdings unter anderen Bedingungen verlaufenden Vorgang bei Kalziumhydrogenkarbonat I. 107!
[2]) S. Übg. 28, S. 76!

Muskovit ($KH_2Al_3Si_3O_{12}$), auch $KNO_3$ als Bodensalz in ariden Gebieten. Die Rohsalze werden auf Kaliumverbindungen und Kalidüngersalze verarbeitet. Aus den Endlaugen wird Brom (S. 23) gewonnen. In steigendem Maße bringt die Industrie kombinierte Düngemittel in den Handel, die außer Kalium- noch Stickstoff- und Phosphorverbindungen enthalten: Nitrophoska, Hakaphos. Deutschland ist in dieser Hinsicht in sehr günstiger Lage. Denn je länger dem Boden dichtbevölkerter Kulturstaaten mit der Ernte Kaliumverbindungen entzogen werden, desto mehr muß aus fossilem Vorkommen ersetzt werden.

Wie schon L i e b i g erkannte, richtet sich die **Höhe des Ernteertrages** nach dem jeweils **in geringster Menge zur Verfügung stehenden Nährstoff**. Die Verarmung an Kali kann durch noch so reichliche andere Düngung, z. B. mit Kalkstickstoff, nicht ausgeglichen werden. Würde man nun Pottasche ($K_2CO_3$) [1]) zur Herstellung von Düngemitteln verwenden, so wäre dies nur Kali, das Pflanzen an anderen Orten dem Boden entzogen haben. Dann brauchen eben diese Orte Zufuhr von Kali und in dieser Hinsicht ist man auf fossiles Kali angewiesen.

Die dem **Borax** (aus den Salzseen Innerasiens) $Na_2B_4O_7$, $10 H_2O$ zugrunde liegende Säure fällt beim Ansäuern konz. Salzlösungen aus: $H_3BO_3$. Sie ist ein anorganisches Beispiel für eine feste, umkristallisierbare Säure. Borax wirkt schwach desinfizierend und findet deshalb medizinisch und zur Konservierung Verwendung, vor allem aber in der chemischen Analyse, bei der Wäschereinigung und zur Emaillefabrikation. Bor ist besonders für den Rübenanbau ein unentbehrliches Hochleistungselement des Ackerbodens (gegen „Herz"fäule der Rüben).

### 13. Stickstoff und Stickstoffverbindungen. Edelgase

Der Hundertsatz des Stickstoffes auf der Erde (I, 129) ist trotz der Massen in der Atmosphäre gering, nämlich nur 0,02%. Vor dem synthetischen Ammoniak (I, 88) war Steinkohle die wichtigste inländische Quelle für Stickstoffverbindungen. Bei der Leuchtgas- und Koksgewinnung fallen sehr große Mengen von Ammoniumverbindungen an (300 000 t $(NH_4)_2SO_4$ jährlich aus dem „Gaswasser"), und auch in der Gasreinigungsmasse sind Eisen z y a n verbindungen enthalten. Zyan ist eine einwertige Atomgruppe von der Zusammensetzung (CN)—, deren Wasserstoffverbindung HCN unter dem Namen Blausäure bekannt ist [2]).

[1]) Nur in  m e n s c h e n l e e r e n  Steppen wird die Kalibilanz des Bodens durch Steppenbrände aufrechterhalten.

[2]) Auf dem Wege über die Gasreinigungmasse ist die Steinkohle auch noch eine Rohstoffquelle für Schwefel und Schwefelverbindungen. Die ausgebrauchte Gasreinigungsmasse enthält außer Eisenzyanverbindungen große Mengen an freiem Schwefel neben sehr viel FeS und anderen Schwefelverbindungen. I, 99 u. III, 10.

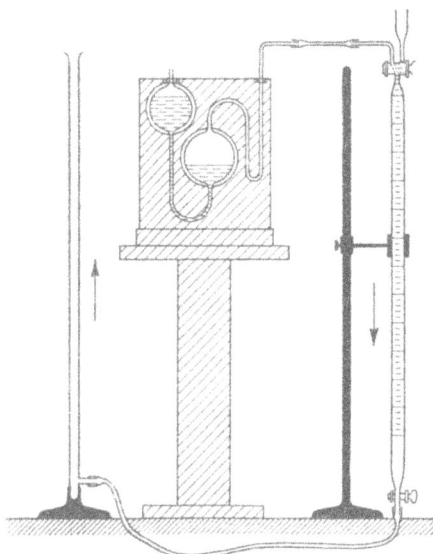

Bild 24
Gerät für Luftanalyse.

Eine Methode zur Abtrennung von Stickstoff aus der Luft wurde schon I, 40 erwähnt. Mit brennendem Phosphor läßt sich aber eine quantitative Luftanalyse nicht durchführen, obwohl er in kurzer Zeit allen Sauerstoff sicher entfernt. Bequemer kann die Luftanalyse in einer Gaspipette oder einer Bunte-Bürette durchgeführt werden. Durch Öffnen des Zweiwegehahnes und Senken des Niveaurohres werden z B. 80,0 ccm Luft eingesaugt. Bei gleichem Niveau werden beide Wege des oberen Hahnes für die genaue Feststellung des Volumens gesperrt. Dann wird durch den zweiten Weg mit dem Absorptionsgerät verbunden, welches gegen den Anschluß zur Meß-Bürette vollständig mit alkalischer Pyrogallol-Lösung[1] von vorgeschriebener Konzentration gefüllt ist. Durch Heben des Niveaurohres wird die abgesperrte Luft vollständig übergeführt, wobei die Flüssigkeit zum Teil in die hochgestellte Kugel ausweicht. Nach 20 Minuten saugt man den Luftrest zurück und findet für das Volumen bei gleicher Flüssigkeitshöhe in Bürette und Niveaurohr 63,4 ccm, umgerechnet $= 79{,}25\%$ „Luftstickstoff".

Barometerstand- und Temperatur-Berücksichtigung ist nicht notwendig, wenn die Zeitpunkte der Ablesungen nicht zu lang auseinanderliegen.

Die als Meßbürette abgebildete Buntebürette kann auch ohne Absorptionspipette zur Luftanalyse gebraucht werden. Aus dem oben angesetzten Trichter saugt man etwa 10 ccm Absorptionslösung (aus 5 ccm 20%-iger Pyrogallol-Lsg. und 5 ccm KOH (3 : 1) vorsichtig ein, nimmt die oben und unten verschlossene Buntebürette aus der Klemme und schüttelt etwa 1 Minute lang, ohne die Schlauchverbindung zum Ausgleichsgefäß zu lösen. Dann klemmt man die Buntebürette wieder ein, öffnet den unteren Hahn und stellt das Ausgleichsgefäß so tief, als es der Verbindungsschlauch zwischen Bürette und Ausgleichsgefäß erlaubt, um für Durchmischung der spezifisch verschieden schweren Flüssigkeit zu sorgen. Nach etwa 10 Minuten kann man bei gleichem Niveau ablesen.

**Übg. 20:** a) **Kaliumsalpeter** besteht aus farblosen Kristallen (weißes Pulver). Er ist geruchlos; sein Geschmack ist salzig, etwas bitter und k ü h l e n d. Die Geschmacksempfindung ist keine reine Sinnesempfin-

---

[1]) Das Alkali absorbiert auch die Luftkohlensäure.

dung, sondern häufig von Temperaturempfindungen begleitet. Stark gesalzene Speisen und alkoholische Getränke schmecken „heiß", Pfefferminz und saure Bonbons „kühlend".

b) Beim Erhitzen in einem s c h w e r s c h m e l z b a r e n Rgl. schmilzt Salpeter bei etwa 300⁰ zu einer leichtbeweglichen, wasserhellen Flüssigkeit. Bei weiterer Steigerung der Temperatur scheint der Salpeter ins Sieden zu geraten. Da aber eine Tröpfchenkondensation fehlt, handelt es sich um Abgabe eines farblosen und geruchlosen Gases, das am Entflammen eines glimmenden Holzspans als Sauerstoff erkannt wird. Kristallwasser fehlt. Man kann auch deutlich die **Temperaturabhängigkeit der Reaktionsgeschwindigkeit** erkennen: Je stärker das Erhitzen, desto lebhafter die Gasabgabe. Die Reaktion ist zu Ende, wenn weitere Temperatursteigerung keine Gasabgabe mehr bewirkt. Man läßt erkalten, bis beim Schütteln Kristallisation einsetzt, und stellt erst dann das Rgl. in das Gestell, wodurch eine Beschädigung des Holzgestelles durch Verkohlen vermieden wird. Bis zum vollständigen Abkühlen untersucht man die wäßrige Lösung. Vgl. auch I, 85!

c) Eine zweite Salpeterprobe wird mit wenig Wasser übergossen. Durch Befühlen stellt man eine bedeutende Temperaturerniedrigung fest: Lösungskälte infolge der Zerteilung des Stoffes in Molekeln oder Ionen unter Fehlen von chemischen Umsetzungen mit dem Lösungswasser [1]). Die R e a k t i o n g e g e n L a c k m u s ist neutral. Bei Zugabe der gebräuchlichen Reagenzien tritt keine Fällung auf. Der Salpetersäurerest muß demnach in anderer Weise (durch Farbreaktionen) nachgewiesen werden.

d) Der Glührückstand von Versuch b) und eine 3. Salpeterprobe werden nebeneinander mit wenig Wasser angefeuchtet und mit konz. $H_2SO_4$ versetzt. Das Befeuchten bezweckt die Ausnützung der Reaktionswärme ($H_2SO_4 + H_2O$) für den Versuch. In dem „Salpeter"-Rgl. kann man die Verdrängungsreaktion dadurch feststellen, daß man an einem Glasstab einen Tropfen herausholt, welcher an der Luft f a r b - l o s raucht und stechend sauer riecht ($H_2SO_4$ ist unter den Versuchsbedingungen geruchlos). Erklärung des Rauchens: I, 85! $KNO_3 + H_2SO_4$ → $HNO_3 + KHSO_4$. Ein Aufbrausen wie bei Kochsalz (S. 19, Übg. 6) tritt deshalb nicht ein, weil $HNO_3$ bei der Versuchstemperatur kein Gas, sondern eine im $H_2SO_4$-Überschuß sich lösende Flüssigkeit ist, die aber leicht verdunstet (raucht).

---

[1]) Besonders stark zeigt der A m m o n i u m s a l p e t e r $NH_4NO_3$ diese Erscheinung. Mit gleichen Gewichtsteilen Wasser kann man Temperaturen unter 0⁰ erreichen. Unter Zusammenwirken mit der Schmelzwärme des Eises kann man mit Eiskochsalzmischungen Temperaturen von —20⁰, mit Eis-Kalziumchloridmischungen —48⁰ erreichen.

Aus dem anderen, den Glührückstand enthaltenden Rgl. entweichen dumpf und stechend riechende, r o t b r a u n e Gase (giftig).

**Erklärung:** $KNO_3$ gibt beim Erhitzen nur einen Teil des in der Molekel enthaltenen Sauerstoffs ab. Die sauerstoffärmere, s a l p e t r i g e Säure geht, durch $H_2SO_4$ in Freiheit gesetzt, in das **Anhydrid** über, was allgemein für **schwache Säuren** gilt. Vgl. I, 75; $H_2SO_3 \rightarrow H_2O +$ $SO_2$ und I, 105: $H_2CO_3 \rightarrow CO_2 + H_2O$. Im Übgs.-Versuch:

1. $2\,KNO_3 \rightarrow 2\,KNO_2 + O_2 \uparrow$ ;

2. $2\,KNO_2 + H_2SO_4 \rightarrow 2\,HNO_2 + K_2SO_4$;   $2\,HNO_2 \rightarrow H_2O + N_2O_3$.

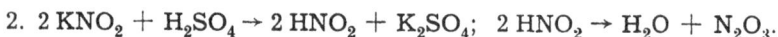

Letzteres entweicht als rotbraunes Gas und unterliegt an der Luft noch einer bei Übg. 22 zu besprechenden Veränderung. Ein in das Gas gehaltenes Lackmuspapier wird gerötet, Jodstärkepapier gebläut (S. 24).

**Übg. 21:** Um die vollständige Entfernung des Salpeter-Sauerstoffes zu bewirken, muß man bei der thermischen Zersetzung für Anwesenheit von Reduktionsmitteln sorgen. 2 g $KNO_3$ werden mit 40 g Eisenpulver verrieben und in ein schwer schmelzbares Rgl. mit Gasableitungsrohr eingefüllt. Nachdem man durch vorsichtiges Klopfen einen Kanal für das abziehende Gas hergestellt hat, wird bei der Mündung eingespannt. Die durch Umspülen mit einer eben entleuchteten Flamme verdrängte Luft wird nicht aufgefangen. Dann wird am Rohrende stark erhitzt, bis Glüherscheinung auftritt, welche sich durch das ganze Gemenge fortsetzt. Das aufgefangene Gas (theoretisch etwa 200 ccm) ist farblos [1]), geruchlos, von neutraler Lackmusreaktion; ein brennender Holzspan erlischt. Der Glührückstand enthält neben grauem Eisen dunkle Anteile ($Fe_3O_4$). Er wird mit Wasser aufgenommen und filtriert. Das Filtrat fühlt sich schmierig an, zeigt starke alkalische Reaktion gegen Lackmus und Phenolphthalein (I, 68) und ist auch beim Erhitzen geruchlos. An einem Magnesiastäbchen liefert es beim Glühen violette Flammenfärbung, durch ein Kobaltglas deutlich erkennbar (vgl. I, 67!), wie sie auch der Salpeter selbst zeigt.

E r g e b n i s : Der Sauerstoff des Salpeters ist an das Eisen übergetreten, der Stickstoff als Gas in Freiheit gesetzt und der basische Anteil als solcher zurückgeblieben: $8\,KNO_3 + 15\,Fe \rightarrow 4\,N_2 + 5\,Fe_3O_4$ $+ 4\,K_2O$ (1). Beim Aufnehmen mit Wasser: $K_2O + H_2O \rightarrow 2\,KOH$ (2).

Nimmt man die der Gl. (1) entsprechenden Mengenverhältnisse, so verläuft die Reaktion sehr heftig. Durch den 16-fachen Eisenüberschuß wird für innere Abkühlung durch das wärmeleitende und -aufnehmende Metall gesorgt. Die Abweichung vom Verbindungsverhältnis geschieht also aus praktischen Gründen.

---

[1]) Der anfänglich auftretende Nebel löst sich bei längerer Berührung mit Wasser auf, ist übrigens experimentell nicht ungünstig, weil man dadurch das „Gas" sieht!

Die sorgfältige Bestimmung der Gasdichte des aus reinen chemischen Verbindungen (hier $KNO_3$) erhaltenen Stickstoffs und des „Luftstickstoffs" ergibt nicht den gleichen Wert. Letzterer ist schwerer, während ersterer mit dem nach Avogadro errechneten Wert übereinstimmt. Daraus wurde um die Jahrhundertwende von englischen Chemikern der Schluß gezogen, daß der L u f t s t i c k s t o f f B e i m e n g u n g e n a n d e r e r G a s e enthält, die dann von ihm isoliert und nach ihren Spektren genau unterschieden wurden. Es sind die **Edelgase,** hauptsächlich **Argon** [1]), aber auch geringe Mengen von **Neon, Krypton** und **Xenon.** Schließlich wurde sogar das Edelgas **Helium,** dessen Spektrum von der Untersuchung des Sonnenspektrums her schon bekannt war, in der Erdatmosphäre ($0,00006\%$) und in seltenen Mineralien, aus welchen es in die Erdatmosphäre gelangt, aufgefunden.

Die Edelgase gehören eigentlich nicht zum Gebiete der Chemie, soweit sich diese mit stofflichen Änderungen befaßt. Bei ihnen gibt es nämlich **keine chemischen** Änderungen, keine **Verbindungen.** Sie sind „Alleingänger", auch sogar im atomistischen Sinne. Die Atome der Edelgase äußern auch u n t e r s i c h keine chemischen Kräfte: Molekel ist hier gleich Atom. Vgl. auch S. 142! Deshalb ist das Litergewicht des Heliums vom Atomgewicht 4 nur doppelt so groß als bei Wasserstoff.

Und doch sind die Edelgase chemisch wichtige Stoffe, da z. B. Helium als „Reaktionsprodukt" beim **Atomzerfall** auftritt: entladene $\alpha$-Strahlen (s. S. 146!). Als Füllung von L e u c h t r ö h r e n finden die Edelgase in der Beleuchtungstechnik weitgehende Verwendung: Helium gelb mit einem Stich Rosa, Argon je nach den Bedingungen grün oder blau, Neon orangerot, Krypton hellviolett, Xenon himmelblau.

**Übg. 22:** Kaliumnitrit wird glühbeständig aus dem Nitrat erhalten, weil der Salpetrigsäurerest mit der starken Kaliumbase sehr fest gebunden ist. Das S a l z b i l d u n g s b e s t r e b e n ist bei den S c h w e r m e t a l l e n bedeutend s c h w ä c h e r. Beim **Erhitzen** von **Bleinitrat** tritt wie bei Kochsalz (I, 70) zunächst Verknistern, bei großen Kristallen sogar starkes Knattern auf. Dann entweichen Ströme eines rotbraunen Gases, ähnlich wie bei der Säurezersetzung des Kaliumnitrites. Wir erwarten zunächst Sauerstoffabgabe:

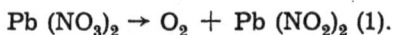

$$Pb (NO_3)_2 \rightarrow O_2 + Pb (NO_2)_2 \quad (1).$$

Das Bleinitrit ist aber nicht glühbeständig, sondern zerfällt in Bleioxyd und Salpetrigsäureanhydrid: $Pb (NO_2)_2 \rightarrow PbO + N_2O_3$ (2).

Letzteres ist aber nur unterhalb von $-10^0$ beständig. Bei den Reaktionsbedingungen zerfällt es sofort nach der Gleichung:

$$\overset{III}{N_2O_3} \rightarrow \overset{II}{NO} + \overset{IV}{NO_2} \quad (3).$$

---

[1]) a-ergo = ich tue nicht; neos = neu; kryptos = verborgen; xenos = fremd (gr.). Vgl. $Mg_3N_2$ S. 113!

Diese Reaktionsweise ist nicht auf den Einzelfall beschränkt, sondern allgemein [1]): **Eine mittlere Oxydationsstufe zerfällt in die höhere und in die niedrigere Stufe,** hier 2 III-wertige Stickstoffatome bilden ein II-wertiges und ein IV-wertiges. Das Stickstoffoxyd (NO) hat aber, wie bei seiner Darstellung noch gezeigt wird, die Fähigkeit, molekularen Sauerstoff zu spalten: $2 NO + O_2 \rightarrow 2 NO_2$ (4), erst recht hier, da beim Erhitzen von $Pb(NO_3)_2$ nach Gl. (1) S a u e r s t o f f  m i t  e n t - s t e h t. Um die Gleichungen zusammenziehen zu können, multiplizieren wir (1), (2), (3) mit 2 und erhalten durch Addition: $2 Pb(NO_3)_2 \rightarrow 2 PbO + 4 NO_2 \uparrow + O_2 \uparrow$. Im Rgl. bleibt das g e l b e, aus dem Schmelzfluß erstarrte B l e i o x y d zurück. Daß das rotbraune Gas auch Sauerstoff enthält, kann man einwandfrei erst nach Beseitigung des $NO_2$ durch NaOH nachweisen. Wir begnügen uns mit der Entflammung eines glimmenden Holzspanes. Das rotbraune Gas riecht stechend und ist s e h r  g i f t i g (vgl. I, 86!). Da es schwerer als Luft ist, „fließt" es leicht in ein darunter gehaltenes Rgl. Befindet sich darin etwas destilliertes Wasser, so geht es farblos mit stark saurer Lackmusreaktion in Lösung:

$$\overset{IV}{H_2O} + 2 \overset{V}{NO_2} \rightarrow \overset{V}{HNO_3} + \overset{III}{HNO_2} \text{ (5)},$$

der gleiche Reaktionstypus wie bei Teilgleichung (3). Die bei der Übg. erkannten Übergänge der Stickstoffsauerstoffverbindungen sind für eine technische Darstellung der Salpetersäure wichtig (s. S. 64!).

Läßt man $NO_2$ in ein Rgl. einsinken, das etwa 3 ccm Eisenvitriollösung enthält, so entstehen von oben her schwarzbraune Schlieren. $FeSO_4$ wirkt r e d u z i e r e n d ein:

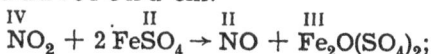

$$\overset{IV}{NO_2} + 2 \overset{II}{FeSO_4} \rightarrow \overset{II}{NO} + \overset{III}{Fe_2O(SO_4)_2};$$

NO löst sich im Überschuß von $FeSO_4$ mit schwarzbrauner Farbe (s. S. 64!).

**Übg. 23:** Da demnach **NO das bei Gegenwart von reduzierenden Stoffen beständige Stickstoffoxyd** ist, verstehen wir durch Vergleich mit der Bleinitratzersetzung beim Erhitzen die oxydierende Einwirkung der verdünnten Salpetersäure auf Kupfermetall [2]). An Stelle des Bleioxyds tritt das Wasserstoffoxyd [3]) ($H_2O$) auf und die höheren Stickoxyde geben ihren Sauerstoff bis zur NO-Stufe ab:

---

[1]) Vgl. auch S. 21 den Zerfall des Kaliumchlorates! Bezeichnung für diesen **Reaktionstypus: Disproportionierung.**

[2]) Besonders stark ist die oxyd. Wirkung der k o n z. und der roten $NO_2$-haltigen Salpetersäure nicht nur gegen Metalle, sondern auch gegen alle entzündlichen Stoffe. Berührt man in einer Schale rote, rauchende $HNO_3$ mit einem terpentinölgetränkten, an einem Glasstab hängenden Asbestlappen, so entflammt das Terpentinöl. Konz. $HNO_3$ und namentlich rote, rauchende $HNO_3$ sind also feuergefährliche Stoffe; Transport in Kieselgur-Packungen.

[3]) Vgl. S. 12 und S. 139!

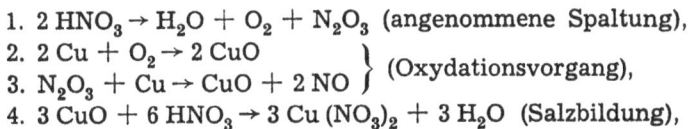

1. $2\,HNO_3 \rightarrow H_2O + O_2 + N_2O_3$ (angenommene Spaltung),
2. $2\,Cu + O_2 \rightarrow 2\,CuO$ ⎱
3. $N_2O_3 + Cu \rightarrow CuO + 2\,NO$ ⎰ (Oxydationsvorgang),
4. $3\,CuO + 6\,HNO_3 \rightarrow 3\,Cu\,(NO_3)_2 + 3\,H_2O$ (Salzbildung),

Durch Add.: $3\,Cu + 8\,HNO_3 \rightarrow 3\,Cu(NO_3)_2 + 4\,H_2O + 2\,NO.$

Der Versuch verläuft analog der Einwirkung von konz. Schwefelsäure auf Kupfer in Übg. 12, S. 33. An Stelle des $SO_2$ tritt bei Salpetersäure NO auf.

Führt man die Umsetzung im Rgl. aus, so gelangt das Stickoxyd an die Luft und geht in $NO_2$ über nach Gl. (4) der vorhergehenden Übg. Benützt man jedoch eine Versuchsanordnung wie bei der $Cl_2$-Darstellung (Bild 6), so wird nur soviel $NO_2$ gebildet, als das Luftvolumen im Entwicklungskolben zuläßt. Das NO-Gas kann über Wasser aufgefangen werden. $NO_2$-Gas wird vom Wasser nach Gl. (5) der Übg. 22 zurückgehalten. Man füllt 3 Standzylinder und verschließt unter Wasser mit Glasplatten.

1. Versuch: Ein Gemenge mit $CS_2$-Dampf (S. 32) brennt, entzündet, mit blendender Lichterscheinung ab, während $CS_2$ a n d e r L u f t mit schwach blauer Flamme brennt. Damit ist nachgewiesen, daß f a r b - l o s e s NO noch Sauerstoff enthält.

2. Setzt man einen mit Sauerstoff gefüllten, gleich großen Zylinder über einen mit NO gefüllten und zieht man die trennenden Glasplatten weg, so erhält man unter Erwärmung rotbraunes $NO_2$. Es genügt auch, wenn man über den mit NO-Gas gefüllten Zylinder nach Abnahme der Glasplatte Luft bläst: $2\,NO + O_2 \rightarrow 2\,NO_2$.

3. Man schüttet Eisenvitriollösung zu und schüttelt um. An der angesaugten Glasplatte erkennt man, daß NO absorbiert wird. Da NO über Wasser aufgefangen wurde, ist das Lösungswasser unwesentlich. Die $FeSO_4$/NO-Anlagerungsverbindung ist ein Fall für die erweiterte Valenzlehre: Absättigung von Nebenvalenzen der beiden Molekeln. Die schwarzbraune Verbindung ist gegen Säuren bei höherer Temperatur unbeständig. Setzt man konz. $H_2SO_4$ zu, so wird sie beim Umschütteln unter Aufbrausen zersetzt. Das entweichende NO gibt an der Luft braunes $NO_2$. Trotz der Hinfälligkeit der Anlagerungsverbindung wird sie zur Erkennung der Salpetersäure und ihrer Salze benützt.

**Übg. 24:** Man bringt den zu untersuchenden Stoff in konz. Schwefelsäure. Waren Nitrate anwesend, so wird 1. Sulfat und freie Salpetersäure gebildet; 2. bleibt letztere in der konz. Schwefelsäure zu einer Flüssigkeit von hohem spezifischen Gewicht gelöst. Darüber schichtet man vorsichtig die spezifisch leichte $FeSO_4$-Lösung, so daß möglichst wenig Vermischung eintritt. Auch $FeSO_4$ hat 2 Aufgaben zu erfüllen: 1. die $HNO_3$-Molekel in ähnlicher Weise zu NO zu reduzieren wie bei Übg. 23 und 2. das NO im überschüssigen $FeSO_4$ in die stark gefärbte Anlagerungsverbindung überzuführen. Je nach der Menge des vorhandenen Nitrates entsteht bei längerem Stehen ein a m e t h y s t f a r b e n e r bis s c h w a r z b r a u n e r Ring an der Berührungsstelle der beiden Flüssigkeiten [Fe(NO)]SO₄.

Salpetersäure greift auch HCl an. Das dabei gebildete Chlor lagert sich zum Teil an NO zu Nitrosylchlorid (NOCl) an, welches sogar die Edelmetalle Gold und Platin in Chloride überführt:

$$HNO_3 + 3\,HCl \rightarrow Cl_2 + NOCl + 2\,H_2O \text{ (Königswasser)}.$$

**NO bzw. NO₂ aus der Luft.** I, 83 wurde erwähnt, daß der Blitz Stickstoff und Sauerstoff vereinigt.

Das zunächst entstehende NO vereinigt sich mit Sauerstoff zu $NO_2$, welches mit dem aus Wasserdampf und Stickstoff ebenfalls unter dem Einfluß der elektrischen Entladung entstandenen $NH_3$ A m m o n i u m n i t r i t und A m m o n i u m n i t r a t bildet, so daß es bei Gewittern tatsächlich derartige Salze, allerdings i n  S p u r e n „regnet". Bei den gewaltigen Mengen des Luftmeeres ist es verständlich, daß die Schätzung so hohe Zahlen erreicht, wie I, 83 angegeben ist. In Erdperioden, in welchen die vulkanische Tätigkeit einen Höhepunkt erreicht hat und sicher auch sehr verbreitete Gewitter aufgetreten sind, erreichte diese „atmosphärische" Düngung so große Ausmaße, daß sie im Verein mit der vulkanischen $CO_2$-Produktion das üppige Pflanzenwachstum erklärt, das uns z. B. die tertiären Braunkohlenlager hinterlassen hat.

In der Anordnung des Bildes 25 veranstaltet man im Kolben mit Hilfe eines Funkeninduktors ein Miniaturgewitter. Die Bräunung ist gegen ein weißes Papier erkennbar. Wenn man, wie es das Bild andeutet, die abziehende Luft durch das destillierte Wasser einer Waschflasche leitet, kann man nach einiger Zeit die saure Reaktion durch Lackmus nachweisen und mit $FeSO_4$ Bräunung erhalten.

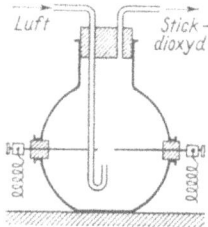

Luft    Stick-dioxyd

Bild 25

Die Bläuung einer Lösung von Diphenylamin in konz. Schwefelsäure durch ein paar Tropfen aus der Waschflasche zeigt ebenfalls die Bildung von Salpetersäure an. Auf die t e c h n i s c h e  A u s n ü t z u n g dieses Versuches wird i m  A b s c h n i t t 1 4 eingegangen.

**Übg. 25:** Heiße $Na_2SO_3$-Lösung wird tropfenweise mit verdünnter $HNO_3$ versetzt. Der Geruch nach $SO_2$ stammt aus der Verdrängungsreaktion. Die Salpetersäure reagiert aber nur teilweise als

S ä u r e. Zum anderen Teil o x y d i e r t sie: Mit $BaCl_2$ bekommt man eine starke, säurebeständige Fällung (vgl. S. 38!).

1. $Na_2SO_3 + 2\,HNO_3 \rightarrow 2\,NaNO_3 + H_2SO_3$; $H_2SO_3 \rightarrow SO_2 + H_2O$;
2. $3\,H_2SO_3 + 2\,HNO_3 \rightarrow 3\,H_2SO_4 + 2\,NO \uparrow + H_2O$;
3. $H_2SO_4 + BaCl_2 \rightarrow BaSO_4 \downarrow + 2\,HCl$.

Auch Schwefel wird beim Kochen mit verd. $HNO_3$ direkt zu $H_2SO_4$ oxydiert (vgl. S. 34!): $S + 2\,HNO_3 \rightarrow 2\,NO \uparrow + H_2SO_4$.

Dieser Versuch schließt eine **Erklärung des Bleikammerverfahrens** in sich. Während bei der Übg. NO nutzlos und sogar belästigend entweicht, wird es beim technischen Verfahren in Bleikammern eingeschlossen, durch zugeblasene Luft beim Zusammentreffen mit Wasser in Form eines Sprühregens zu $HNO_2$ oxydiert und dadurch gezwungen, schwefelige Säure zu oxydieren:

1) $SO_2 + H_2O \rightleftarrows H_2SO_3$;
2) $2\,HNO_2 + H_2SO_3 \rightarrow H_2SO_4 + H_2O + 2\,NO$;
3) $4\,NO + O_2 \rightarrow 2\,N_2O_3$;
4) $N_2O_3 + H_2O \leftarrow 2\,HNO_2$.

Das NO-Gas vertritt hier die Rolle des Katalysators im Kontaktverfahren (I, 77). NO überträgt den Luftsauerstoff auf $SO_2$, tritt in den Vorgang ein und scheidet wieder aus (I, 46).

Übersicht über das Bleikammerverfahren. Die im Gloverturm beginnende Oxydation zu $SO_3$ wird in den Bleikammern, von welchen nur eine angedeutet ist, vervollständigt. Die Stickoxyde sind zwischen den Berieselungstürmen eingesperrt.

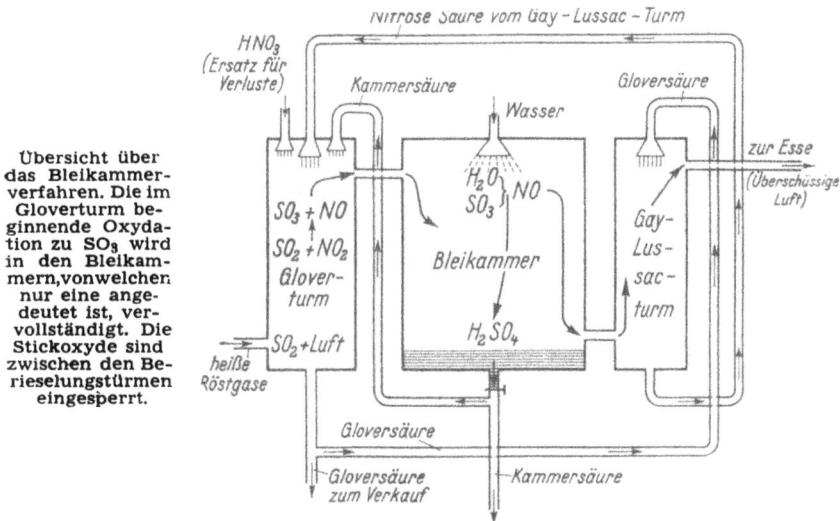

Bild 26

Bei dieser Reaktion treten auch sog. Nitrosylverbindungen auf, z. B. $NO(SO_4H)$; vgl. das obengenannte NOCl! Die Reduktion der $HNO_2$ geht ferner in geringen Mengen noch weiter (z. B. zu elementarem Stickstoff), wodurch Verluste entstehen.

Daß man genau soviel Sauerstoff zuführt, als vom Schwefeldioxyd durch Vermittlung von NO verbraucht wird, läßt sich deswegen nicht durchführen, weil ja der kostenlose Luftsauerstoff verwendet werden soll mit noch 4-mal soviel Stickstoff, welcher bei der Reaktion nur ein Platz beanspruchender Zuschauer ist. Man muß also für den Abzug der Gase sorgen, wodurch auch NO mit hinausgerissen wird. Um letzteres einzufangen, führt man die Abgase von unten her in einen Absorptionsturm, in dem von oben konz. $H_2SO_4$ herabrieselt, welche das NO aus den Abgasen herauswäscht: G a y - L u s s a c - T u r m. Aus dieser Lösung (nitrose Säure) wird NO wieder durch die Röstgase herausgeholt. Zu diesem Zweck läßt man die nitrose Säure zusammen mit Kammersäure, welche auch Stickoxyde enthält, in G l o v e r t ü r - m e n  v o r  den Bleikammern herabrieseln und führt die heißen Röst- gase entgegen, welche NO in die Bleikammern mitnehmen und gleich- zeitig eine Konzentrierung der Gloverturmbeschickung bewirken.

Wegen der zerstörenden Wirkung der Schwefelsäure mußten die 2000—4000 cbm fassenden Kammern aus Blei angefertigt werden, weil der sich bildende Bleisulfatüberzug der „Kammersäure" (bis zu 60% $H_2SO_4$-Gehalt) widersteht. Durch Destillation schließlich aus ver- goldeten Platingefäßen oder aus Quarzgefäßen wird reine konz. Schwefelsäure gewonnen. Infolge großer Fortschritte durch die reak- tionskinetische Klärung hat das Bleikammerverfahren sich gegen das Kontaktverfahren behaupten können. Bei Gasen mit geringem oder schwankendem $SO_2$-Gehalt ist es dem letztgenannten sogar überlegen; s. das $SO_2$-Verfahren, I, 78!

Das Bleikammerverfahren hat sich aus einem alchimistischen Verfah- ren in England entwickelt, dem die Beobachtungen des Versuches I, 85 zu- grunde liegen. Vor 210 Jahren wurden große Glaskolben verwendet, deren Boden mit Wasser bedeckt war. In einer hineingestellten Steinzeugschale wurde Schwefel mit Salpeter verbrannt. Die Anwendung von Bleikammern, welche zunächst nur einige cbm Rauminhalt hatten, vergrößerte die Pro- duktion, und die Ablösung der Alchimie durch die moderne Chemie am Ende des 18. Jahrhunderts lieferte das Rüstzeug für die Vervollkommnung des technischen Prozesses, bei welchem uns auch der Name Gay-Lussac wieder entgegentritt. Die „englische" Schwefelsäure zusammen mit dem von den Engländern frühzeitig übernommenen Leblanc-Prozeß begründete die che- mische Vorherrschaft Englands bis in die 2. Hälfte des 19. Jahrhunderts hin- ein. Vgl. S. 57!

**Übg. 26:** Das Edelmetall Cu kann die Salpetersäure nur auf dem Umwege über CuO in Salz überführen (vgl. S. 63!). Bei dem u n e d - l e n  Zink ist ebenfalls dieser Weg möglich, jedoch auch der direkte, I, 59. Die Formulierung als Atom verdeutlicht den Entstehungszu- stand von N und H, ähnlich wie bei $AsH_3$, S. 11:

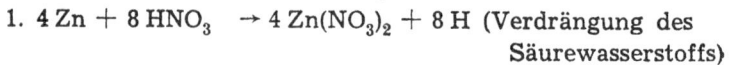

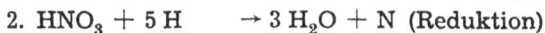

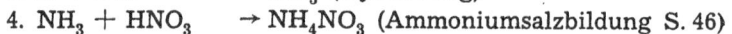

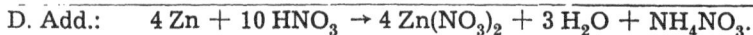

1. $4 Zn + 8 HNO_3 \rightarrow 4 Zn(NO_3)_2 + 8 H$ (Verdrängung des Säurewasserstoffs)
2. $HNO_3 + 5 H \rightarrow 3 H_2O + N$ (Reduktion)
3. $N + 3 H \rightarrow NH_3$ (Hydrierung)
4. $NH_3 + HNO_3 \rightarrow NH_4NO_3$ (Ammoniumsalzbildung S. 46)

D. Add.:     $4 Zn + 10 HNO_3 \rightarrow 4 Zn(NO_3)_2 + 3 H_2O + NH_4NO_3$.

Zink wird mit verdünnter $HNO_3$ übergossen. Nach Beendigung der Reaktion wird die abgegossene Lösung mit NaOH alkalisch gemacht[1]),

---

[1]) Der die Einwirkung der NaOH auf Zinksalz betreffende Vorgang wird auf S. 118 erklärt.

bis man wieder klare Lösung hat. Man nimmt den kennzeichnenden Geruch von $NH_3$ wahr, besonders beim Erwärmen: $NH_4NO_3 + NaOH \rightarrow NaNO_3 + NH_3 \uparrow + H_2O$. (Verdrängungsreaktion, die dadurch vervollständigt wird, daß $NH_4OH$ in $H_2O + NH_3$ zerfällt, welches als Gas entweicht.) Bei Zusammennahme mit Übg. 21 ist durch den Übergang von $HNO_3$ in $NH_3$ **Ammoniak** als S t i c k s t o f f verbindung erkannt.

Die nebenher verlaufende, oxydierende Einwirkung der $HNO_3$ auf Zn unter Bildung von NO wird wie bei Cu (Übg. 23) formuliert.

**Übg. 27:** a) **Salmiak,** ein geruchloses, weißes Salz, löst sich unter starker Temperaturerniedrigung sehr leicht in Wasser (Lackmusreaktion nahezu neutral: blaues Lackmuspapier wird sehr schwach gerötet). Mit $AgNO_3$ liefert die Lösung AgCl-Fällung. Salmiak ist demnach ein Salz der Chlorwasserstoffsäure. Dies wird bestätigt durch Zugabe von konz. Schwefelsäure zu trockenem Salmiak (vgl. Übg. 6, S. 18!). Ähnlich wie man durch Zugabe von $H_2SO_4$ die flüchtige Säure austreibt, kann man die im Salmiak steckende Base durch Zugabe einer starken Base (NaOH, KOH, $Ca(OH)_2$) als das farblose, n i c h t rauchende, stechend riechende und zu Tränen reizende Ammoniak austreiben, welches deshalb auch die Bezeichnung Salmiak-G e i s t führt. Ein in das Gas gehaltenes, rotes Lackmuspapier wird gebläut:

$$NH_4Cl + NaOH \rightarrow NaCl + NH_4OH; \quad NH_4OH \rightarrow H_2O + NH_3$$

Vgl. Übg. 26 und den Solvay-Prozeß S. 56!

b) Beim Erhitzen für sich im trockenen Rgl. zeigt Salmiak ein merkwürdiges Verhalten: Ohne zu schmelzen, setzt sich Sublimat an den kälteren Rohrteilen ab. Diese Sublimation ist jedoch ein zusammengesetzter Vorgang, bei dem die begleitende thermische Dissoziation in einfacher Weise nachweisbar ist:

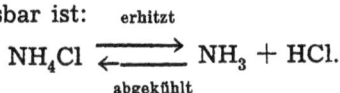

$$NH_4Cl \underset{\text{abgekühlt}}{\overset{\text{erhitzt}}{\rightleftarrows}} NH_3 + HCl.$$

Da die beiden Gase $NH_3$ und HCl verschiedenes spezifisches Gewicht besitzen, kann man sie durch Diffusion teilweise, ohne besondere Vorrichtungen trennen. In ein trockenes Rgl. wird über dem Salmiak ein Glaswollepfropf eingeschoben in der Weise, daß die Mittelstücke eines blauen und eines roten Lackmuspapiers an die Wand des Rgl. gedrückt werden und die Enden der Papierstreifen sich etwa 1 cm oberhalb des Salmiaks befinden. Das leichtere $NH_3$ „diffundiert" beim Erhitzen schneller durch den Glaswollepfropf und färbt die oberen Teile blau, während durch Verarmung an $NH_3$ im unteren Teile HCl überwiegt und das Papier lebhaft rötet.

Von dieser thermischen Spaltung in für sich beständige **Molekeln** ist zu unterscheiden die elektrolytische **Ionen**spaltung beim Lösen in Wasser: $NH_4Cl \rightleftarrows NH_4 \oplus + Cl \ominus$.

Eine praktische Verwendung findet die thermische Spaltung bei der Vorbereitung von Lötstellen zur Entfernung der hinderlichen, wenn auch noch so dünnen Oxydschichten. Streut man auf erhitztes, oxydiertes Cu-Blech Salmiak, so wird es an den vom Salz berührten Stellen blank. Das durch den Zerfall entstehende $NH_3$ wirkt reduzierend:

$$3 CuO + 2 NH_3 \rightarrow 3 Cu + N_2 + 3 H_2O.$$

Während die thermische Spaltung des Salmiaks erst bei höherer Temperatur einsetzt, zersetzt sich Ammoniumkarbonat schon bei gewöhnlicher Temperatur. Das Salz riecht nach Ammoniak und wird von dem ausgeschiedenen Wasser durchfeuchtet (I, 108). Vgl. auch II, 46!

Eine eigenartige Zersetzung erleidet **Ammoniumnitrat.** Bei vorsichtigem Erhitzen schmilzt es und entwickelt bei etwa 70 $^0$ ein farbloses Gas. Die weitere Wärmezufuhr ist jetzt zu mäßigen, da sonst der unter Wärmeentwicklung verlaufende Zersetzungsvorgang zu stürmisch wird: $NH_4NO_3 \rightarrow N_2O + 2 H_2O + 30$ kcal (vgl. die Regel I, 63!). Das schwach süßlich riechende $N_2O$ **Stickoxydul** wirkt sehr stark auf das Zentralnervensystem ein, zunächst anfeuernd (Lachgas) und schließlich Unempfindlichkeit hervorrufend.

An ihm zeigt sich besonders deutlich der Unterschied zwischen chemischer Verbindung und Gemenge. Der Blutfarbstoff soll elementaren Sauerstoff an die Gewebe transportieren. Aus der $N_2O$-Molekel kann er den Sauerstoff nicht herausholen, obwohl in der V e r b i n d u n g $N_2O$ das Verhältnis 2:1 günstiger ist als im G e m e n g e „atmosphärische" Luft (4:1). Das $N_2O$ wird a l s G a n z e s im Blut gelöst weitergegeben und erzeugt die eben genannten Nervenwirkungen. Kohlenstoff dagegen verbrennt in $N_2O$ besser als in Luft. Der Unterschied zwischen Atmung und Verbrennung gegenüber $N_2O$ ist auf die Temperaturen zurückzuführen: Atmung bei 37$^0$, Verbrennung über 600$^0$.

Erhitzt man kleine Mengen $NH_4NO_3$ sehr grob mit einer rauschenden Flamme, so tritt nach anfänglichem Schmelzen Verpuffung [1]) mit fauchender Flamme ein, wobei auch NO (rotbraunes Gas an der Luft) auftritt, also der Zerfall in anderer Weise verläuft. $2 NH_4NO_3 \rightarrow N_2 + 4 H_2O + 2 NO + 100$ kcal. Die Explosionsfähigkeit von Ammonsalpeter wird zur Herstellung von sog. Sicherheitssprengstoffen [2]) für den Bergwerksbetrieb ausgenützt. Vgl. auch I, 89!

Das letzte in der Reihe der Stickoxyde, $N_2O_5$, das **Anhydrid** der reinen **Salpetersäure,** kann unter besonderen Vorsichtsmaßregeln dargestellt werden. Es ist ein sehr unbeständiger Stoff, der schon bei 20 $^0$ in Sauerstoff und $NO_2$ zerfällt.

Vom Stickstoff kennt man also die vollständige, dem **Gesetz der multiplen Proportionen** (I, 31) entsprechende Reihe: $N_2O$, $NO$, $N_2O_3$, $NO_2$, $N_2O_5$. Dem Stickstoff im $N_2O$ die Wertigkeit I zuzuschreiben, wäre jedoch unrich-

---

[1]) Explosionsgeschwindigkeit $<$ Schallgeschwindigkeit (333 m/sek.).
[2]) keine oder nur schwache Explosionsflamme; entzünden deshalb „schlagende Wetter" nicht.

tig, da $N_2O$ mit $NaNH_2$ in der Weise reagiert, daß $N_3Na$ entsteht, das Natriumsalz der Stickwasserstoffsäure, eine hochexplosive Verbindung, in der den Stickstoffatomen eine höhere Wertigkeit zukommt. Bleiazid $Pb(N_3)_2$ ist ein Initialzünder (I, 46).

Außer den genannten gibt es noch zahlreiche Stickstoffverbindungen, von denen wegen ihrer Wichtigkeit in der organischen Chemie das **Hydroxylamin** $NH_2OH$ und das **Hydrazin** $H_2N — NH_2$ besonders zu erwähnen sind. Durch Einwirkung von Hypochlorit auf Ammoniak entsteht Chloramin. $NH_2Cl + NH_3 \rightarrow H_2N—NH_2$, HCl (salzsaures Hydrazin). In freiem Zustand (unter vermindertem Druck destilliert) ist Hydrazin eine bei $113{,}5^0$ siedende Flüssigkeit, eine starke Base. Als **Diamid** entspricht es dem Dihydroxyl, dem Wasserstoffsuperoxyd und neigt wie dieses als endotherme Verbindung zum freiwilligen Zerfall, welcher das Element und die stabile Wasserstoffverbindung liefert:

$$3 N_2H_4 \text{ (Pt)} \rightarrow N_2 + 4 NH_3 \text{ (vgl. S. 13 und III, 46!)}$$

Der im gasförmigen Zustand reaktionsträge Stickstoff zeigt demnach in seinen Verbindungen eine große Mannigfaltigkeit. — Synthetisches $NH_3$ und $HNO_3$ siehe S. 74! Hier ist noch nachzutragen, daß $NH_3$ auch aus Kalkstickstoff mit überhitztem Waserdampf erhalten werden kann:

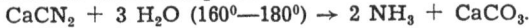

$$CaCN_2 + 3 H_2O \text{ } (160^0—180^0) \rightarrow 2 NH_3 + CaCO_3.$$

## 14. Exotherme und endotherme Vorgänge

Bisher haben wir hauptsächlich auf das Volumen und auf die Gewichtsverhältnisse (Atome in der Molekel) geachtet und als einen nur förmlichen Leitsatz dem chemischen Wert eines Elementes die Valenz (I, 33) zugrunde gelegt. Jedoch sind wir von selbst darauf gekommen, daß bei den stofflichen Umwandlungen Wärmemengen entstehen oder in das entstehende Produkt schlüpfen, und haben dies für die Beurteilung des Verhaltens der Stoffe mit herangezogen. **Die Wärmeerzeugung oder der Wärmeverbrauch wird als die Wärmetönung** des chemischen Vorgangs **bezeichnet** (I, 52). Die alltägliche Beobachtung, daß die Wärmeerzeugung von der Menge und der Reinheit des Brennstoffes abhängt, läßt erkennen, daß bestimmte, quantitative Beziehungen herrschen. Beim Brennmaterial ist die Kenntnis der Wärmemenge wichtig, die beispielsweise aus einem Zentner Anthrazit für die Beheizung geliefert wird. Wenn wir aber die Wärmetönung bei c h e - m i s c h e n Vorgängen vergleichen wollen, muß die Gewichtseinheit (Gramm) in Beziehung zur s t o f f l i c h e n Z u s a m m e n s e t z u n g gebracht werden, und dies tut die Grammolekel oder das Mol. Die Kalorienangaben werden daher in chemischen Gleichungen auf molare Mengen bezogen. $C + O_2 \rightarrow CO_2 + 97$ kcal. heißt: 12 g Kohlenstoff + 32 g Sauerstoff ergeben 44 g Kohlendioxyd und eine Wärmemenge von 97 000 Grammkalorien = 97 kcal.

Dividieren wir durch das Atomgewicht für C und gehen wir zum kg über, so kommen wir auf die für Heizzwecke übliche Angabe für die reinste fossile Kohle (I, 96): 1 kg Anthrazit (mit 97—98% Gehalt) liefert etwa 8000 kcal. Damit Anthrazit in Brand gerät, müssen Widerstände überwunden werden, die nicht nur in der Ablösung von C-Atomen aus dem festen Anthrazit liegen, sondern auch darin, daß im Luftsauerstoff die O-Atome zur Molekel verbunden sind.

Über die W ä r m e m e n g en, d i e z u r L ö s u n g d e s M o l e k e l -
v e r b a n d e s nötig sind und in der z u s ä t z l i c h e n E r h i t z u n g
a u f d i e Temperatur des Reaktionsbeginns (E n t z ü n d u n g s t e m -
p e r a t u r) sich bekunden, sagt die thermochemische Gleichung nichts
aus. Sie gibt n u r **die freie, überschüssige Wärme-Energie aller Teil-
vorgänge** an. Erinnern wir uns an die Wandelbarkeit der Energie
(mechanisches, elektrisches Wärmeäquivalent), so können wir feststellen, daß c h e m i s c h e  E n e r g i e in Wärme umgesetzt wird:
**exothermer Vorgang.**

Der gegenläufige Assimilationsvorgang hebt unter Zufuhr der
E n e r g i e des Sonnenlichtes das C-Atom der $CO_2$-Molekel unter Abgabe von $O_2$ und unter chemischer Mitwirkung des Wassers wieder
auf eine energiereichere Form durch Stärkebildung: **endothermer Vorgang.** Dabei wird für ein Mol $CO_2$ ein Lichtenergiebetrag aufgenommen, der 115 kcal. entspricht, von dem die Pflanzen, Tiere und auch
der Mensch bei ihren Lebensvorgängen zehren, I, 112!

Je mehr Wärme in Form von chemischer Energie in der Molekel auf-
gespeichert ist, desto wandlungsfähiger sind die Stoffe, z. B.: $N_2O$, NO,
$NO_2$, $N_2H_4$ besitzen als endotherme Stoffe eine große Reaktionsfähigkeit, die $N_2$-Molekel ist die energieärmste „Verbindung" des Stickstoff-
atoms und deshalb sehr reaktionsträg. Stoffe, welche einer besonders
hohen Wärmeaufnahme ihre Entstehung verdanken, sind als innerlich
gespannte Stoffe anzusehen, welche durch Auslösung dieser Spannung
bei einer geringen Zahl von Molekeln so viel latente, chemische Wärme
freigeben, daß die übrigen Molekeln in sehr kurzer Zeit, von ihnen
angesteckt, zum Zerfall gebracht werden: **Explosion,** z. B. $H_2O_2$ (S. 13)
oder $O_3$. Die Explosionen der Stoffgemenge Benzin und Sauerstoff
werden zur Umwandlung von chemischer Energie in mechanische Arbeit durch Verbrennungsmotoren angewandt. Vgl. auch I, 46 sowie
III, 56.

Im allgemeinen ist die Erzeugung von Wärme umso größer, je leichter die Verbindung sich bildet. Die Oxydationswärme des Aluminiums
ist doppelt so groß wie die des Eisens (vgl. den Thermitversuch, I, 65!).
Aluminium vermag „deshalb" sehr viele Metalloxyde zu reduzieren,
was zu der Annahme geführt hat, die Wärmetönung sei ein direktes
Maß für die Affinität. Der Stoff mit der größeren Wärmetönung sei
der stärkere, der verdrängende. Dann müßte aber auch bei hohen
Temperaturen der Stoff mit der größten Wärmetönung der beständig-
ste sein. Viele Beobachtungen zeigen aber, daß die A n n a h m e : V o n
m ö g l i c h e n  V o r g ä n g e n  w i r d  d e r j e n i g e  s t a t t f i n d e n,
d e r  d i e  m e i s t e  W ä r m e  e n t w i c k e l t, unrichtig ist. $CO_2$
(Wärmetönung 97 kcal.) beginnt bei 1500$^0$ merklich in CO (Wärme-

tönung 29 kcal.) zu zerfallen und bei der hohen Temperatur der elektrischen Entladung bildet sich nicht $NO_2$ (Wärmetönung — 8,1 kcal.), sondern der endothermere Stoff NO (Wärmetönung — 21,6 kcal.).

Der erste Hauptsatz der Physik, das Gesetz von der Erhaltung der Energie, legt die Beziehungen zwischen den einzelnen Energien fest (Äquivalente der mechanischen, elektrischen und Wärmeenergie). Er gibt an, daß der Vorgang der Sauerstoffbindung $2 Hg + O_2 = 2 HgO + 22$ kcal. umgekehrt für die Sauerstoffabspaltung ebenfalls 22 kcal. benötigt: $2 HgO + 22$ kcal. → $2 Hg + O_2$. — Der zweite Hauptsatz beschränkt die Möglichkeit der Energieumwandlung für freiwillige Reaktionen auf Druck-, Temperatur- und Spannungsgefälle und schließt aus, daß die höhere Energiestufe von selbst wieder erreicht wird. Schließlich erlaubt der Grundsatz von d'Alembert, Gauß und Le Chatelier die Art des Geschehens vorauszusagen: Eine im Gleichgewicht befindliche Zusammenstellung von Stoffen mindert einen von außen kommenden Zwang dadurch, daß Ereignisse eintreten, die den Zwang aufbrauchen. Deshalb sind bei hohen Temperaturen endotherme, Wärme verbrauchende Verbindungen begünstigt, weil sie der Temperatursteigerung entgegenwirken. Beim absoluten Nullpunkt im leeren Weltraum sind nach diesem Grundsatz nur exotherme Reaktionen möglich. Die Temperaturen der Erdoberfläche liegen ungefähr 300 ⁰ über dem abs. Nullpunkt. Es überwiegen deshalb die exothermen Vorgänge. — Die Ammoniaksynthese verläuft exotherm (+ 23,8 kcal.) nach S. 42 unter Volumenverminderung auf die Hälfte. Sie wird deshalb durch Druckerhöhung begünstigt. In der Technik werden aus diesem Grunde 200 at Druck angewandt.

## 15. Umkehrbare Vorgänge, Massenwirkung

Auch wenn man chemische Vorgänge unter anderen Bedingungen als bei Glühhitze betrachtet, wird man gezwungen, außer der Natur der Stoffe (Affinität) noch andere Umstände für die Ergebnisse der chemischen Wechselwirkung als bestimmend anzusehen. Die aufblühende chemische Technik wendete ihre Aufmerksamkeit den guten Ausbeuten zu. Vorgänge, bei denen die gewünschten Stoffe nur unvollständig entstanden, wurden lange Zeit nicht beachtet. Erst in den letzten Jahren hat die chemische Erforschung derartiger Gasumsetzungen zu gewaltigen technischen Erfolgen geführt.

NO-Gas zerfällt als endothermer Stoff an einem glühenden Eisendraht in Stickstoff und Sauerstoff: $2 NO → N_2 + O_2 + 43,2$ kcal. Bei den höchsten [1] erreichbaren Temperaturen (der elektrischen Funkenentladung) geht diese thermische Dissoziation sehr rasch vor sich, aber nicht vollständig. Bei 3200 ⁰ bleiben 5% NO dauernd

---

[1] Gegenüber dem normalen elektrischen Lichtbogen, der mit etwa 30 A betrieben wird, liegt im Hochstromlichtbogen (betrieben mit über 120 A/cm² Stromdichte) ein neuartiges Forschungsmittel für die Chemie hoher Temperaturen vor. In dem engen Entladungsschlauch («kontrahierte Bogensäule») herrscht bei einer Stromdichte von 1000—5000 A/cm² eine Temperatur von 10 000 ⁰, in der sogenannten Anodenflamme eine Temperatur von 5000⁰ bis 7000 ⁰. Die chemische Anwendung dieser hohen Temperaturen steht erst in den Anfängen. Z. B. wurde die Sublimationstemperatur des Kohlenstoffs als 3950 ⁰ bestimmt und spektroskopisch festgestellt, daß selbst bei dieser hohen Temperatur noch $C_2$-Molekeln vorliegen. Vgl. auch III, 25!

ü b r i g , weil umgekehrt g l e i c h r a s c h 5% NO aus $N_2 + O_2$ wieder gebildet werden. Von den z. B. aus 200 Molekeln NO gebildeten 100 Molekeln $N_2$ und 100 Molekeln $O_2$ reagieren je 5 Molekel umgekehrt, so daß wir schreiben dürfen:

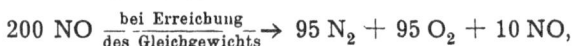

$$200 \text{ NO} \xrightarrow[\text{des Gleichgewichts}]{\text{bei Erreichung}} 95 \text{ N}_2 + 95 \text{ O}_2 + 10 \text{ NO},$$

oder wenn wir 10 NO auf die linke Seite bringen und durch 95 dividieren  $2 \text{ NO} \leftrightarrows N_2 + O_2$.

Wir haben diese Formulierung mit entgegengesetzten Pfeilen schon I, 75 angewandt, aber zunächst für auseinanderliegende Temperaturen: $SO_2 + H_2O \leftrightarrows H_2SO_3$, kalt: →; heiß: ←. I, 105 ist ein solcher Gleichgewichtsvorgang sogar dem Hundertsatz nach angegeben: $CO_2 + H_2O \rightleftarrows H_2CO_3$; bei 4$^0$ C: → 0,6%; umgekehrt: ← 99,4%. Auch bei Chlorwasser S. 16 und S. 20 haben wir ähnliche Verhältnisse angetroffen. Dort ist auch eine Methode angegeben, wie man die Reaktion zum Ablauf nach der einen oder anderen Seite zwingen kann.

Da es sich beim Gleichgewicht um Bedingungen handelt, unter denen die Stoffe aufeinander einwirken können und müssen, sind sie in s t ä n d i g e r   U m b i l d u n g begriffen, die sich so einstellt, daß die Geschwindigkeit in der einen oder der anderen Richtung bei **dauernder A n w e s e n h e i t   a l l e r   b e t e i l i g t e n   S t o f f e** gleich groß ist. Das Gleichgewicht ist also kein ruhendes, sondern ein „dynamisches". Wenn ein Partner ausscheidet, als Gas oder als Niederschlag oder durch eine s e k u n d ä r e , chemische Veränderung, so stellt sich das Gleichgewicht o h n e ihn ein. Für Ausscheiden können wir auch sagen, daß sich seine Konzentration dem Werte 0 nähert. Damit ist festgestellt, daß der Verlauf der Reaktion von den Mengenverhältnissen der Partner abhängt, und das ist der Inhalt des Massenwirkungsgesetzes: **Bei einer bestimmten Temperatur ist die Geschwindigkeit einer stofflichen Umsetzung proportional dem Produkt der Konzentrationen der umsetzungsfähigen Molekeln.** Unter Konzentration versteht man hier nicht einfach Gramm in der Volumeneinheit, sondern die Grammmolekel (Mol).

**Übg. 27:** Zu Zinksulfatlösung wird Schwefelwasserstoffwasser gegeben. Die Ausfällung des weißen ZnS ist unvollständig: Der Geruch des $H_2S$ verschwindet auch durch Zugießen eines noch größeren Überschusses von Zinksalzlösung nicht. Durch Versetzen mit $NH_4OH$ wird der Niederschlag vermehrt und der $H_2S$-Geruch verschwindet vollständig. Nimmt man statt $NH_4OH$ Natriumazetatlösung, so bemerkt man den Geruch nach Essigsäure und ebenfalls V e r m e h r u n g von ZnS.

$$ZnSO_4 \ (a) + H_2S \ (b) \rightleftarrows ZnS \ (c) + H_2SO_4 \ (d).$$

Wenn alle Reaktionspartner in einem abgegrenzten Raum bei einer bestimmten Temperatur vorhanden sind, ist der Reaktionsverlauf nie vollständig, sondern es stellt sich ein G l e i c h g e w i c h t des Verlaufes n a c h b e i d e n R i c h t u n g e n ein. Die Reaktionsgeschwindigkeit und somit die Zeit, in der das Gleichgewicht nach dem Zusammengeben der Stoffe erreicht wird, hängt von der Temperatur ab. Bei hoher Temperatur geschieht dies rascher als bei niedriger. Im Gleichgewicht ist die Konzentrationsänderung in der Zeiteinheit nach beiden Richtungen gleich groß.

Bezeichnet man die Geschwindigkeit der ZnS-Bildung mit $v$, die der ZnS-Lösung mit $v'$, so hat man nach dem Massenwirkungsgesetz: $v = a \cdot b \cdot k$ und $v' = c \cdot d \cdot k'$ wobei unter $a$, $b$, $c$, $d$ die K o n z e n t r a t i o n der Stoffe in Molen, hier überall je 1 Mol, also gleich je $6{,}06 \cdot 10^{23}$ Molekeln verstanden ist; $k$ und $k'$ sind von der Natur der Stoffe (**Affinität**) abhängige Konstanten, die für e i n e bestimmte Reaktionstemperatur gelten. Für $v = v'$ folgt:

$$a \cdot b \cdot k = c \cdot d \cdot k'; \text{ umgeformt: } \frac{a \cdot b}{c \cdot d} = \frac{k}{k'} = K,$$

da der Quotient zweier Konstanten wiederum konstant sein muß.

**Störung des Gleichgewichtes:** Wird die Konzentration $a$ durch überschüssige Zinksalzlösung vermehrt oder $b$ durch Einleiten von $H_2S$ bis zur Sättigung, so hat dies zur Folge, daß auch $c \cdot d$ größer wird. Denn sonst nimmt der Bruch einen anderen, von der K o n s t a n t e abweichenden Wert an. Der Eingriff kann aber auch am Nenner erfolgen. Wird $d$ vermehrt durch überschüssige $H_2SO_4$, so muß der andere Faktor $c$ kleiner werden: A u f l ö s u n g d e s N i e d e r s c h l a g s. Wird $d$ sehr klein dadurch, daß mit $NH_4OH$ nach der Gleichung: $H_2SO_4 +$ $2\,NH_4OH \rightarrow (NH_4)_2SO_4 + 2\,H_2O$, ein im G l e i c h g e w i c h t n i c h t v o r k o m m e n d e r S t o f f gebildet wird, so wird $H_2S$ (bei Überschuß von $ZnSO_4$) vollständig aufgebraucht. Die Zugabe von Natriumazetat ersetzt die starke Schwefelsäure durch die schwache Essigsäure, die ZnS kaum angreift. Infolge des starken Geruchs des $H_2S$ und der Essigsäure kann man bei der Übg. qualitativ die Störung des Gleichgewichtes ohne schwierige, quantitative Untersuchungen erkennen.

Abfiltriertes ZnS löst sich in verdünnter $H_2SO_4$ und HCl unter $H_2S$-Entwicklung.

Vom Standpunkt der später zu besprechenden Ionentheorie aus tritt bei obigen Eingriffen $NH_4\oplus$, ein reaktionsfremdes Ion an Stelle des $H\oplus$, — oder die Zahl der $H\oplus$-Ionen wird auf den 200. Teil herabgesetzt, da Essigsäure bei der elektrolytischen Dissoziation nur den 200. Teil der $H\oplus$-Ionen bildet wie $H_2SO_4$ bei gleicher, molarer Konzentration.

Nehmen wir für eine bestimmte Temperatur an, daß für 1 Mol $ZnSO_4$ und 1 Mol $H_2S$ die Ausbeute an ZnS 75% ist, so können wir die Konstante f ü r d i e s e A n n a h m e berechnen: Im Gleichgewicht ist dann $a = 1 - {}^3/_4$ und auch $b = 1 - {}^3/_4$; $c$ ist nach der Annahme ${}^3/_4$ und nach der chemischen Gleichung ist auch $d = {}^3/_4$ Mol. Durch Einsetzen der Werte erhält man für

$$K = \frac{{}^1/_4 \cdot {}^1/_4}{{}^3/_4 \cdot {}^3/_4} = {}^1/_9.$$

Rechnerisch durchgeführte Ausbeutebestimmung siehe III, 42 bei „Essigester"!

Wenn wir die bisher mit Gleichheitszeichen formulierten Reaktionen überblicken, so handelt es sich häufig um solche, bei denen Gase oder Niederschläge auftreten. Auch der allererste Vorgang I, 27: Fe + S = FeS verläuft deswegen vollständig, weil bei der erreichten Reaktionstemperatur die Geschwindigkeit der gegenläufigen Zersetzungsreaktion praktisch nahezu null ist und durch Abkühlung noch weiter sinkt.

**Salpetersäure aus Luft.** Bei der technischen Darstellung der Salpetersäure aus der Luft unter Ausnützung der NO-Bildung (S. 75) ist die Konzentration der Ausgangsstoffe durch die Zusammensetzung der Luft gegeben. An ihr etwas zu ändern, um die Ausbeute an NO zu erhöhen, hat technisch keinen Sinn. Es kann sich nur darum handeln, Temperaturen aufzusuchen, bei denen sich das Reaktionsgleichgewicht

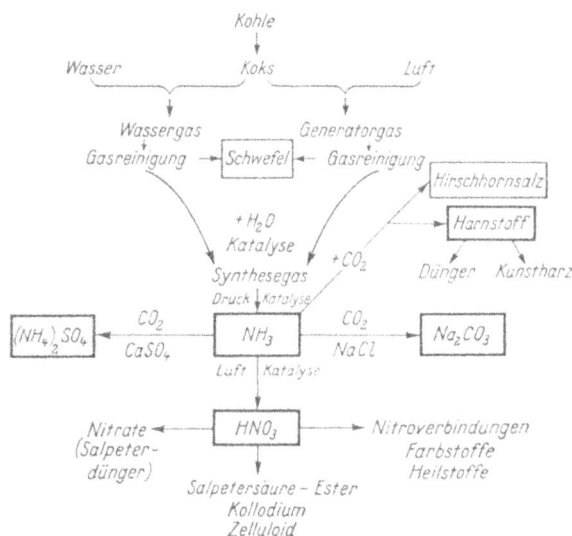

Bild 27
Ammoniak und mit ihm zusammenhängende Erzeugnisse; vgl. auch I, 87—89!

augenblicklich einstellt, und dies geschieht durch Verbringung auf die Temperatur der elektrischen Entladung.

Die NO-Bildung ist also weniger ein elektrischer als vielmehr ein thermischer Vorgang. Daher richtet die elektrische Ausgestaltung ihr Augenmerk darauf, möglichst alle Gasteilchen durch den Lichtbogen zu treiben, entweder durch wandernde Lichtbogen an Hörnerelektroden[1])

---

[1]) Wie sie im kleinen an Hochspannungsmasten als Blitzschutz angebracht sind.

oder durch Ausdehnung des Lichtbogens zu einem spiralförmigen Band [1]) oder durch flächenhafte Ausbreitung der elektrischen Entladung infolge magnetischer Kräfte. Durch Abfangen von NO bei diesen Temperaturen von über 3000° das Gleichgewicht zu verschieben, ist unmöglich. Es bleibt nur übrig, das entstehende NO-Gas möglichst rasch auf Temperaturen unter 1500° abzukühlen, wo die Geschwindigkeit der gegenläufigen Reaktion sehr langsam ist. Die Konzentration der nitrosen Gase erreicht aber trotzdem nur 2%.

Die Ausnützung der elektrischen Energie zur Erzeugung der hohen Temperaturen ist sehr schlecht (etwa 3%). Da aber die Gestehungskosten für eine Kilowattstunde in Norwegen nur 0,01 DM. betragen, wurde dort die Fabrikation bis in die letzten Jahre mit Erfolg betrieben. Nach der Gesamtgleichung $4 NO + 3 O_2 + 2 H_2O \rightarrow 4 HNO_3$ wurde das in dieser Weise hergestellte NO in Salpetersäure übergeführt, bzw. in ihr Kalksalz, den „Norge"-Salpeter. In Deutschland ist die Herstellung der Salpetersäure in die Ammoniakindustrie eingegliedert: Katalytische Oxydation, über welche das Wesentliche schon I, 88 gebracht wurde.

**Ammoniaksynthese.** Auch die bei 400° und 200 at Druck [2]) verlaufende, technische Gasreaktion der $NH_3$-Synthese ist ein unvollständiger Vorgang. Die rasche Erreichung des Gleichgewichtes wird hier

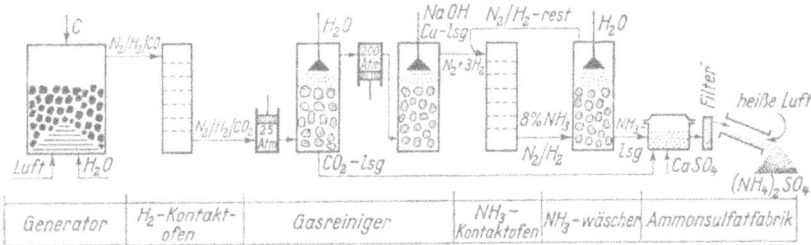

Bild 28
Ammoniaksynthese in den Hauptzügen. Das Waschen mit Natronlauge und Kupferlösung bezweckt die Entfernung der letzten Reste von Kohlendioxyd und Kohlenoxyd.

bei verhälnismäßig niedriger Temperatur durch die Anwesenheit eines Katalysators bewirkt: Eisen mit besonderen Zusätzen, bei Modellversuchen Z e r e i s e n. Das den „Kontakt" (= Berührung mit dem Katalysator) verlassende Gas enthält etwa 8% $NH_3$. Die 92% Gemenge werden nach Herausnahme des $NH_3$ in einem Kreislauf dem Kontakt wieder zugeführt (Bild 28).

Für die Wirtschaftlichkeit des Verfahrens ist trotz des Kreisprozesses die billige **Herstellung des Synthesegases** ausschlaggebend. Die Entfernung des Sauerstoffs aus der Luft wird durch einen katalytischen Prozeß mit der Wasserstoffherstellung verbunden. Ein von Schwefelverbindungen befreites Gemisch von Generatorgas ($N_2$ + CO [I, 108]) und Wassergas ($H_2$ + CO [I, 103]) wird mit Wasserdampf gesättigt, bei 500° über einen Chromeisenoxyd-Katalysator geleitet. Bei dieser verhältnismäßig niedrigen Temperatur reduziert er die unerwünschte Begleiter des Stickstoffs und Wasserstoffs in den

---

[1]) Durch Wirbelbewegung der zugeführten Luft.
[2]) Vgl. S. 7 und I, 88!

Ausgangsgasen, das CO, erneut das Wasser zu $H_2$ nach der Gleichung: $CO + H_2O = CO_2 + H_2 + 10,6$ kcal. Der aus den »Rohstoffen« Luft und Wasser zu entfernende Sauerstoff ist jetzt an das Kohlenstoffatom zu $CO_2$ gebunden und kann durch Einleiten in Wasser unter Druck aus dem Synthesegas leicht ausgewaschen werden, I, 105.

**Schwefelsäure nach dem Kontaktverfahren** (I, 77). Die Gasreaktion $2\,SO_2 + O_2 \rightleftarrows 2\,SO_3$ ist ebenfalls ein Gleichgewichtsvorgang. Durch den anwesenden Katalysator (außer Pt auch $V_2O_5$; $Fe_2O_3/CuO$) wird bei $400^0$ das Gleichgewicht technisch genügend schnell erreicht. Unter $400^0$ würde zwar die Ausbeute an $SO_3$ fast auf $100^0/0$ steigen, der Vorgang also nahezu vollständig in gewünschtem Sinne verlaufen. Die Beendigung der Umsetzung dauert aber bei tieferen Temperaturen für die technische Ausführung viel zu lang. Von $430^0$ an aufwärts macht sich die gegenläufige Reaktion durch Ausbeuteverschlechterung deutlich bemerkbar. Bei $1000^0$ ist der Zerfall in $SO_2$ und $O_2$ nahezu $100^0/0$: Abhängigkeit der Affinitätskonstanten von der Temperatur! Die $SO_3$-Synthese bedarf also einer genauen Temperaturregelung, zumal sie stark exotherm ist: $2\,SO_2 + O_2 = 2\,SO_3 + 45$ kcal.

**Übg. 28:** a) Zu farbloser $CaCl_2$-Lösung wird Natronlauge gegeben. Der sich bildende, weiße **Niederschlag** löst sich in HCl ohne Gasentwicklung. E r g e b n i s : Die starke Base „verdrängt" die schwächere Base: 1. $CaCl_2 + 2\,NaOH \rightarrow 2\,NaCl + Ca(OH)_2 \downarrow$;

  2. $Ca(OH)_2 + 2\,HCl \rightarrow CaCl_2 + 2\,H_2O$.

Auf Grund der eben erörterten Gleichgewichtsstörung ist der Ablauf der 2. Gleichung, die Lösung des Niederschlags zunächst unverständlich. Unter den Reaktionsprodukten müßte ein Stoff sein, der in irgendeinem Sinne noch fester zusammenhält als das in Wasser schwer lösliche $Ca(OH)_2$. Vom Standpunkt der Ionentheorie aus ist dies tatsächlich bei der Wassermolekel der Fall, wie im nächsten Abschnitt gezeigt wird.

b) Zu Sodalösung wird Kalkwasser gegeben. Der ausgefallene Niederschlag erweist sich nach dem Abfiltrieren bei der Prüfung mit HCl als $CaCO_3$.

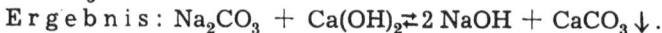

E r g e b n i s : $Na_2CO_3 + Ca(OH)_2 \rightleftarrows 2\,NaOH + CaCO_3 \downarrow$.

Diese irreguläre Reaktion, daß die schwächere Base die stärkere aus ihrem Salz frei macht, wird durch die Störung des Gleichgewichtes erkärt, nämlich dadurch, daß $CaCO_3$ unlöslich aus der Reaktion ausscheidet. Man erkennt, daß die „Verdrängung" ein unzuverlässiger **Maßstab für die Stärke von Basen und Säuren** ist. In Wirklichkeit ist die Verdrängung eine „Flucht"-Reaktion (s. a. Ionenlehre!). Als Beispiel für Säuren macht die schwache Schwefelwasserstoffsäure ($H_2S$) aus $CuSO_4$ die Schwefelsäure ($H_2SO_4$) frei, weil CuS in $H_2SO_4$ u n l ö s l i c h ist.

Die Methode des „Kaustisch"-machens von milden Alkalien ($Na_2CO_3$, $K_2CO_3$) durch gelöschten Kalk ist seit uralten Zeiten bekannt. Nach ihr wird auch heute noch ein großer Teil NaOH aus den Leblanc-Sodalaugen gewonnen, S. 53.

Bei der Reduktion von CuO (I, 62) hatten wir einen Wasserstoffstrom angewandt und dabei bemerkt, daß die Reaktion quantitativ verläuft und sogar zur Ermittlung der Zusammensetzung des Wassers benützt werden kann. Hätten wir statt CuO Eisenhammerschlag $Fe_3O_4$ genommen, so wäre dieses ebenfalls durch den Wasserstoffstrom zu Fe reduziert worden. Das dabei entstehende „Ferrum reductum" ist das feine Eisen-„pulver", welches schon oft bei Übungen verwendet wurde. $Fe_3O_4 + 4 H_2 \rightarrow 3 Fe + 4 H_2O$.

Vor etwa 160 Jahren hat Lavoisier dieselbe Reaktion in e n t g e g e n g e s e t z t e r Richtung zur Ermittlung der Zusammensetzung des Wassers benützt. Ein enges Eisenrohr von der Stärke eines Flintenlaufes — einen solchen hat Lavoisier tatsächlich verwendet — wird mit kleinen Tapezierernägeln gefüllt, in einem geeigneten Ofen auf dunkle Rotglut gebracht und Wasserdampf durchgeschickt. Der Dampfstrom wird in eine Wanne mit Wasser weitergeleitet, wo er mit knatterndem Geräusch kondensiert und im Auffangzylinder ein Gas aufsteigen läßt, das sich bei der Prüfung durch seine Entflammbarkeit als Wasserstoff erweist. Wir dürfen also schreiben:

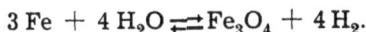

$$3 Fe + 4 H_2O \rightleftarrows Fe_3O_4 + 4 H_2.$$

Nur in einem **geschlossenen Reaktionsraum bei Anwesenheit aller 4 Partner** gilt diese Gleichgewichtsreaktion. Bei Überschuß von Wasserstoff und gleichzeitiger Entfernung des Wasserdampfes durch den Wasserstoffstrom ist der Verlauf von rechts nach links vollständig: **Wasserstoff reduziert $Fe_3O_4$.** Bei Überschuß von Wasserdampf und gleichzeitiger Entführung des gebildeten Wasserstoffs durch den Wasserdampf verläuft der Vorgang im entgegengesetzen Sinne: **Wasserdampf oxydiert das Eisen.** Nach dem Erkalten zeigen die Eisennägel einen Überzug von schwarzem $Fe_3O_4$.

Durch diese Reaktion wird auf Eisenblech eine schützende Schichte von $Fe_3O_4$ erzeugt, um die Verzinnung des Konservenbüchsenblechs zu ersparen.

Selbst der mit einer gewaltigen Wärmetönung unter Explosion verlaufende Vorgang: $2 H_2 + O_2 = 2 H_2O +$ 139 kcal. ist eine Gleichgewichtsreaktion und in diesem Sinne die Voraussetzung für die vorangehende Umsetzung des Fe mit $H_2O$.

In unmittelbarer Umgebung eines weißglühenden Platindrahtes wird Wasserdampf gespalten und wohl auch das dabei entstehende Knallgas wieder vereinigt, aber n u r b i s z u m G l e i c h g e w i c h t (Bild 29). Der strömende Wasserdampf treibt das Gasmenge vom Pt-Draht weg in ein

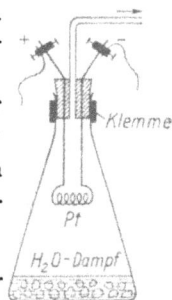

Bild 29
Wasserdampfzersetzung.

vorgelegtes, anfänglich mit Wasser gefülltes Rgl. in einer Wasserwanne. Das sich, allerdings langsam, ansammelnde Knallgas wird durch das schmetternde Geräusch beim Entzünden nachgewiesen.

Die thermische Spaltung der $H_2O$-Molekel bewirkt, daß die Knallgasflamme (I, 64) wegen der gegenläufigen, Wärme verbrauchenden Reaktion nur etwa 2350 ° heiß ist, während nach der Wärmetönung und der spezifischen Wärme der beteiligten Stoffe nahezu 10000 ° zu erwarten wären.

Eine praktische Folgerung ist, daß man weißglühende Gegenstände nicht mit Wasser bespritzen darf, I, 66. Die Verwendung des **Wassers als Feuerlöschmittel** gehört überhaupt in das Gebiet der Gleichgewichtsreaktionen und der Thermochemie. Bei Weißglut tritt nicht nur die eben· erwähnte thermische Spaltung, gegebenenfalls auch die Bildung von Wasserstoff an glühendem Eisen auf, sondern auch noch mit Kohlenstoff die Bildung von Wassergas: $C + H_2O \rightarrow H_2 + CO$, ein Gemenge brennbarer Gase, welches mit Luft gemischt unter Umständen zu Explosionen führt.

Kohle, Holz und andere brennbare Stoffe brennen deswegen weiter, weil die Wärmeproduktion (exotherm) größer ist als der Wärmeverbrauch zur Spaltung der Molekeln (endotherm) vor der eigentlichen Verbrennung. Kohlenglut erlischt rasch, wenn sie auf das vorgelegte Ofenblech fällt, weil Metall die exotherme, zum Weiterbrennen nötige Wärme ableitet und die glühenden Stücke **unter die Entzündungstemperatur** abkühlt. Auf dem schlechten Wärmeleiter Holz, das noch dazu sich leicht entzündet, ist das Gegenteil der Fall. Wenn man nun Wasser als Feuerlöschmittel verwendet, muß man die gefahrdrohenden Reaktionen beim Auftreffen der ersten Tropfen in Kauf nehmen. Aber dadurch, daß sie wärmeschluckende Reaktionen sind, wird schon eine **Abkühlung** erzielt und in der Regel spritzt man sehr große Wassermengen zu, so daß häufig am Brandherd der Wasserschaden größer ist als der Feuerschaden. Man kann dies jedoch nicht vermeiden, da man mit Hilfe der hohen Verdampfungswärme und der hohen spezifischen Wärme des Wassers den Brandherd unter die Entzündungstemperatur abkühlen muß. Schließlich spielt auch noch die **Abdrängung des Luftsauerstoffs** eine Rolle. Letztere wird besonders ausgenützt bei modernen Löschapparaten, die Kohlendioxydgas oder Kohlendioxydschaum erzeugen (Minimax-Handfeuerlöscher, Schaumlöschverfahren für Schiffe).

**Zusammenfassung:** Es gibt überhaupt keine absolut vollständig verlaufenden Vorgänge. Die chemische Reaktion ist ein ewiges Hin und Her der den einzelnen möglichen Elementenkombinationen zugeordneten stofflichen Wirkkräfte. Nur die Reaktionsumstände bewirken eine Auslese aus den Möglichkeiten. Dabei tritt **die Konstante des Massenwirkungsgesetzes** auf, die bei verschiedenen Temperaturen einen verschiedenen Wert besitzt u n d **die Affinität** als wesentlichen Bestandteil enthält, also auch bei verschiedenen Vorgängen und gleicher Temperatur verschiedene Werte hat. Dieses Ergebnis ist die Folge des atomaren und molekularen Feinbaus der Stoffe. Vgl. S. 42 und I, 30! Deshalb beherrscht das Massenwirkungsgesetz die chemischen Vorgänge im flüssigen, gasförmigen und gelösten Zustand. An festen Oberflächen ist die Reaktionsgeschwindigkeit durch Sonderumstände abgewandelt (Katalyse). Ein durch schnelleren Ablauf begünstigter Vorgang kann die o h n e  K a t a l y s e  gleich schnellen («gleich affinen») Konkurrenzvorgänge überwuchern und durch rasche Aufzehrung der Ausgangsmaterialien diese den konkurrierenden Reaktionen entziehen: Reaktionslenkung durch Katalyse.

## 16. Ionenlehre

In wäßriger Lösung haben wir Umsetzungen angetroffen, bei denen weder ein Niederschlag noch ein Gas entstanden ist, sondern sogar ein Niederschlag „verschwand": S. 76: $Ca(OH)_2 + 2\,HCl \rightarrow CaCl_2 + 2\,H_2O$ und S. 34: $CuO + H_2SO_4 \rightarrow CuSO_4 + H_2O$.

Bei $NaOH + HCl \rightarrow NaCl + H_2O$, wo keine Gleichgewichtsstörung direkt beobachtet werden konnte, mußten wir einen Anzeiger (Indikator) benützen, um das Ende der Umsetzung, das Verschwinden des Säurewasserstoffs und der Hydroxylgruppen erkennen zu können (I, 70). Wenn wir in diesen Gleichungen die bei der Elektrolyse (S. 48) als notwendig erkannten $H^{\oplus}$-Ionen und $(OH)^{\ominus}$-Ionen verwenden wollen, so ist zu untersuchen, ob sich die Ionen nicht bloß an elektrischen Vorgängen beteiligen, sondern auch an den c h e m i s c h e n U m - s e t z u n g e n in wäßriger Lösung, ob also **Änderungen in Ionengleichgewichten** die Ursache für den Ablauf des Vorganges sind.

Daß sich $Na^{\oplus}$- und $Cl^{\ominus}$-Ionen, vom elektrischen Ausgleich abgesehen, nicht stark beeinflussen, können wir daran erkennen, daß sie schon vor Beginn der Kochsalzelektrolyse in der wäßrigen Lösung vorhanden sind und dort durch die spaltende Kraft des Wassers (elektrolytische Dissoziation) freiwillig entstanden sind. Deshalb müssen es die bei der Neutralisation von Natronlauge durch Salzsäure beteiligten a n d e r e n I o n e n sein, die aufeinander einwirken: $H^{\oplus} + OH^{\ominus} \rightarrow$ $H_2O$. Damit ist das **Wesen der Salzbildung** vom Standpunkt der Ionentheorie aus erkannt, nämlich die **Bildung von (Wasser-)Molekeln,** die **undissoziiert** bleiben.

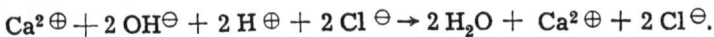

$$Ca^{2\oplus} + 2\,OH^{\ominus} + 2\,H^{\oplus} + 2\,Cl^{\ominus} \rightarrow 2\,H_2O + Ca^{2\oplus} + 2\,Cl^{\ominus}.$$

Eigentlich müßten wir die Gleichung: $Ca(OH)_2 \rightleftarrows Ca^{2\oplus} + 2\,OH^{\ominus}$ vorangehen lassen. Hier können wir die Hauptmenge des undissoziierten Anteils als unlösliches $Ca(OH)_2$ unmittelbar sehen. Aus der Art der Formulierung erkennen wir eine weitere Regel für die chemische Kurzschrift bei Ionenreaktionen:

**Nicht dissoziierte Stoffe werden als Molekel** ohne elektrische Zeichen **geschrieben,** auch die unlöslichen Stoffe oder Niederschläge, da die Dissoziation nur für gelöste Stoffe in Betracht kommt.

Dabei ist es gleichgültig, ob eine elektrische Entladung der Ionen oder nur ein enges Zusammenrücken in den zu bildenden Molekelverband des Kristalls unter Fortbestand der Ionenladungen angenommen wird. Bei den Säuren, Basen und Salzen und auch bei den Metalloxyden ist die elektrische Theorie der Affinität, die schon Berzelius ausgesprochen hatte, zulässig. Die Molekel wird durch elektrische Kräfte zusammengehalten, z. B.: $(SO_4)H_2$; $(NH_4)Cl$; $(PO_4)H_3$; $(Cu,4H_2O)(SO_4,H_2O)$. Bei den Nichtelektrolyten führt die von Berzelius vermutete s t a t i s c h e Elektroaffinität zu Widersprüchen (s. S. 138 und 146!).

Wenn wir die Ionenlehre und Gleichgewichtslehre zusammennehmen, so haben wir im ersten Augenblick bei der Zugabe von Salzsäure zu Natronlauge 4 Reaktionspartner: $Na^\oplus$, $OH^\ominus$, $Cl^\ominus$ und $H^\oplus$. Kommen die negativen $OH^\ominus$-Ionen zu positiven $Na^\oplus$-Ionen, so ziehen sie sich an und treten zu Molekeln zusammen. Das Gleichgewicht ist dann gegeben, wenn die Geschwindigkeit der Vereinigungsreaktion zu Molekeln gleich der Geschwindigkeit der Spaltungsreaktion in die Ionen ist: $NaOH \rightleftarrows Na^\oplus + OH^\ominus$. Das gleiche gilt für $HCl \rightleftarrows H^\oplus + Cl^\ominus$ und nach dem Zusammentreten von $H^\oplus + OH^\ominus \rightarrow H_2O$ für die zurückbleibenden Ionen: $Na^\oplus + Cl^\oplus \rightleftarrows NaCl$.

Die Gleichgewichtslage kann nun sehr leicht durch die Leitfähigkeitsmessung ermittelt werden, da letztere auf der Zahl der vorhandenen, elektrisch geladenen Teilchen beruht. Die Leitfähigkeitsmessungen haben ergeben, daß Neutralsalze sehr weitgehend in die Ionen gespalten sind, bei genügender Verdünnung nahezu vollständig. Salz- und Salpetersäure haben die gleiche Leitfähigkeit, Schwefelsäure eine etwas schwächere. Phosphorsäure ist eine mäßig „starke" Säure, bei der die Spaltung etwa 10% beträgt. Unterhalb von 1% liegen Kohlensäure und Schwefelwasserstoffsäure (s. I, 79!). Bei diesen Messungen ist erforderlich, daß die **Konzentrationen auf die Ionen-Mole bezogen** werden, was man **als Normalität** der Lösungen **bezeichnet.** Die einfach normale Salzsäure enthält 1 g $H^\oplus$ im Liter. Salzsäure, die 36,45 g HCl im Liter enthält, ist einfach normal = n HCl; wenn nur 3,645 g im Liter enthalten sind, ist sie 1/10 normal = n/10 HCl. Die konz. Salzsäure ($s = 1,19$) ist 38-proz.; sie enthält im Liter 443 g HCl und ist 12,15 n HCl. Eine Natronlauge mit 200 g NaOH im Liter ist 5 n NaOH, da sie $5 \cdot 17$ g $OH^\ominus$ im Liter enthält. Da die Schwefelsäure 2 $H^\oplus$ liefern kann $(SO_4)H_2$, enthält Normal-Schwefelsäure 98/2 g $H_2SO_4$ im Liter.

Bei der obigen Reihenfolge der Säuren nach der Leitfähigkeit ist auffallend, daß $H_2SO_4$ nach der Salpetersäure steht. $H_2SO_4$ hat aber ein stärkeres Salzbildungsbestreben, als nach ihrer elektrischen Leitfähigkeit vermutet werden darf. Daß sie Salzsäure austreibt, können wir durch die Gleichgewichtsstörung (Entweichen von HCl-Gas) erklären. Sie macht aber auch flüssiges $HNO_3$ aus $KNO_3$ frei. Wir haben I, 84 und II, 55 festgestellt, daß bei der Umsetzung mit NaCl und mit $KNO_3$ nur das primäre (saure) Salz entsteht. 1. $H_2SO_4 \rightleftarrows HSO_4{}^\ominus + H^\oplus$. D i e s e r Z e r f a l l i s t v o l l s t ä n d i g wie bei einer s t a r k e n e i n b a s i s c h e n S ä u r e. 2. $HSO_4{}^\ominus \rightleftarrows SO_4{}^{2\ominus} + H^\oplus$ erfolgt nur zu etwa 30%. Dies besagt noch nicht, daß die H-Atome ungleichartig in der u r s p r ü n g l i c h e n Molekel $H_2SO_4$ gebunden w a r e n. Für die Gruppe $HSO_4{}^\ominus$, welche als mittelstarke Säure reagiert, also $HNO_3$ nicht austreiben kann, muß man annehmen, daß das $H^\oplus$ von dem doppelt negativen Rest $SO_4{}^{2\ominus}$ stärker zurückgehalten wird. Näheres über die stufenweise Neutralisation s. bei Phosphorsäure, S. 92!

Säuren mit 2 ersetzbaren $H\oplus$ sind nicht doppelt so stark, Säuren mit 3 $H\oplus$ nicht dreimal so stark wie die einbasischen. Andererseits sind nicht alle Säuren mit der gleichen Anzahl von $H\oplus$ gleich stark. Vielmehr hängt die Stärke von dem Bau des Anions und vom Atombau der in demselben vorkommenden Elemente (S. 137) ab. Vgl. z. B. Schwefelsäure und Thioschwefelsäure, S. 35!

Die Ionengleichgewichte können nach dem Massenwirkungsgesetz beeinflußt werden. Ihr Vorhandensein kann also nicht nur auf elektrischem Wege, sondern auch c h e m i s c h nachgewiesen werden. Da man reine Ionen nicht getrennt zusetzen kann, muß man g l e i c h - i o n i g e Elektrolyte nehmen.

**Übg. 29:** Zu konz. Kochsalzlösung wird konz. HCl oder konz. NaOH gegeben. In beiden Fällen bekommt man eine weiße Fällung, die beim Verdünnen mit Wasser in Lösung geht und nur NaCl sein kann.

$NaCl \rightleftarrows Na\oplus + Cl\ominus$; Ansatz nach dem Massenwirkungsgesetz:

$$\frac{\text{Konzentration NaCl}}{\text{Konz.}\,Na\oplus \cdot \text{Konz.}\,Cl\ominus} = K.$$

E r k l ä r u n g : Vermehrt man durch Zugabe von konz. HCl die Zahl der $Cl\ominus$-Ionen, so muß die Konzentration der $Na\oplus$-Ionen sich vermindern, damit der Quotient den gleichen Wert behält, wie es das Massenwirkungsgesetz verlangt. Dies kann aber nur dadurch geschehen, daß undissoziierte Kochsalzmolekeln gebildet werden. Dadurch wird gleichzeitig der Zähler des Bruches in dem Maße vergrößert, als es die Konstante erfordert. Da die Lösungen ohnehin konzentriert waren, können die neugebildeten Kochsalzmolekeln nicht mehr molekular suspendiert bleiben, sondern fallen als weißer Niederschlag aus. Die gleiche Überlegung gilt für den Zusatz von $Na\oplus$-Ionen in Form von konz. Natronlauge. Daß hier bei Zugabe von dest. Wasser eine Trübung bleibt, wird durch Übg. 5, S. 18 erklärt.

Die **Fällungsreaktionen** sind ebenfalls **Ionenreaktionen** (I, 56). Die Formulierungen bei den Übg. 5 und 17 lauten in Ionenschreibweise:

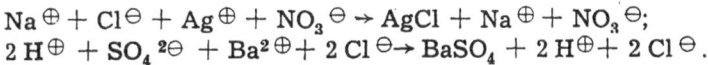

$$Na\oplus + Cl\ominus + Ag\oplus + NO_3\ominus \to AgCl + Na\oplus + NO_3\ominus;$$
$$2\,H\oplus + SO_4{}^{2\ominus} + Ba^{2\oplus} + 2\,Cl\ominus \to BaSO_4 + 2\,H\oplus + 2\,Cl\ominus.$$

Ist das $AgNO_3$ im Überschuß vorhanden, so wirkt es im Sinne einer vollständigeren Ausfällung, oder AgCl ist in $AgNO_3$-Lösung n o c h weniger löslich als im destillierten Wasser, was auch für alle Ionenreaktionen wechselweise zutrifft.

Kaliumchlorat ist ebenfalls ein Cl-haltiges Salz. Aber es enthält nicht das $Cl\ominus$, sondern das Chlorat-Ion. $ClO_3\ominus$ liefert mit $Ag\oplus$ keinen Niederschlag, da die Chlorat-Ionen andere chemische Eigenschaften besitzen als die Chlor-Ionen. Silberchlorat ist in Wasser leicht löslich. Entfernt man den Sauerstoff nach I, 45 (Übg.), so wird die Silbernitratreaktion des Rückstandes positiv, da nunmehr KCl vorliegt.

Auch die Vorgänge S. 22 können als Ionenreaktionen geschrieben werden: $2\,K\oplus + 2\,Br\ominus + Cl_2 \to 2\,K\oplus + 2\,Cl\ominus + Br_2$ und $2\,K\oplus + 2\,J\ominus$

$+ \text{Br}_2 \rightarrow 2\,\text{K}^{\oplus} + 2\,\text{Br}^{\ominus} + \text{J}_2$. Ursache dieser **Ionenumladung** ist die **„Affinität" zur elektrischen Ladung,** die physikalisch als die bei der Elektrolyse anzulegende Spannung **(elektromotorische Kraft)** in Erscheinung tritt; s. Spannungsreihe S. 140!

**Übg. 30:** Kupferoxyd und Quecksilberoxyd lösen sich bei gelindem Erwärmen in verd. HCl, und zwar CuO mit grünblauer Farbe, HgO farblos:

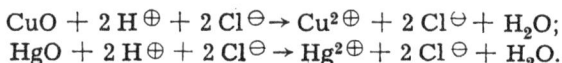

$$\text{CuO} + 2\,\text{H}^{\oplus} + 2\,\text{Cl}^{\ominus} \rightarrow \text{Cu}^{2\oplus} + 2\,\text{Cl}^{\ominus} + \text{H}_2\text{O};$$
$$\text{HgO} + 2\,\text{H}^{\oplus} + 2\,\text{Cl}^{\ominus} \rightarrow \text{Hg}^{2\oplus} + 2\,\text{Cl}^{\ominus} + \text{H}_2\text{O}.$$

Von den Gleichungen aus betrachtet, übernehmen hier die Metalle die Ladungen der Wasserstoffionen. Jedoch ist bei Oxyden und Hydroxyden das Ion schon im festen Stoff vorhanden: $\text{Cu}^{2\oplus}\,\text{O}^{2\ominus}$, so daß also wieder das Bestreben, undissoziiertes Wasser zu bilden, die Ursache für die Lösung ist.

**Metalloxyd + Säure = Wasser + Salz** (vgl. I, 71!).

Versetzt man die erhaltenen Lösungen mit Natronlauge, so erhält man Fällungen, bei CuCl$_2$ hellblau, schleimig:

$$\text{Cu}^{2\oplus} + 2\,\text{Cl}^{\ominus} + 2\,\text{Na}^{\oplus} + 2\,\text{OH}^{\ominus} \rightarrow \text{Cu(OH)}_2 + 2\,\text{Na}^{\oplus} + 2\,\text{Cl}^{\ominus};$$

Überschuß von NaOH begünstigt vollständige Fällung (s. S. 81!): **Die starke Base macht die schwache und unlösliche Base aus ihrem Salz frei.**

Erhitzt man die Suspension des „gequollenen" Cu(OH)$_2$ bei Gegenwart von überschüssiger Natronlauge zum Sieden, so wird der Niederschlag schwarz und feinpulvrig: Ähnlich wie schwache Säuren (S. 60) neigen auch **schwache Basen** zur **Wasserabspaltung (Anhydrisierung):**

$$\text{Cu(OH)}_2 \longrightarrow \text{CuO} + \text{H}_2\text{O} \text{ (vgl. I, 63!).}$$

Versetzt man die f a r b l o s e HgCl$_2$-Lösung mit NaOH, so bekommt man einen g e l b e n Niederschlag, der hauptsächlich aus HgO besteht. Die Anhydrisierung der Base des Schwermetalles Quecksilber geht schon bei gewöhnlicher Temperatur vor sich:

$$\text{Hg}^{2\oplus} + 2\,\text{Cl}^{\ominus} + 2\,\text{Na}^{\oplus} + 2\,\text{OH}^{\ominus} \longrightarrow \text{HgO} + \text{H}_2\text{O} + 2\,\text{Na}^{\oplus} + 2\,\text{Cl}^{\ominus}.$$

**Die Ionen sind also identisch mit den bei chemischen Reaktionen umgesetzten Atomgruppen.**

Die Neutralisationsreaktion starker Basen (NaOH, KOH, Ca(OH)$_2$) mit starken Säuren (HCl, HNO$_3$, H$_2$SO$_4$) besitzt die gleiche Wärmetönung 13,7 kcal, weil ihr die gleiche Reaktion: $\text{H}^{\oplus} + \text{OH}^{\ominus} \rightarrow \text{H}_2\text{O} +$ 13,7 kcal. zugrunde liegt.

Bei starken Basen und schwachen Säuren ist der Wert geringer. Es sieht aus, als ob für eine schwache Säure eine geringere Menge OH$^{\ominus}$ zur Neutralisation genügend wäre. Kristallwasserfreie Soda besitzt aber die sicher nachgewiesene Formel Na$_2$CO$_3$. Löst man jedoch dieses „Neutralsalz" in Wasser, so bekommt man gegen Lackmus alkalische

Reaktion, als wenn das Salz überalkalisiert wäre. Die Aufklärung dieser Widersprüche ergibt sich aus der Erörterung der Ionenverhältnisse. Neben dem Ionengleichgewicht $Na_2CO_3 \rightleftarrows 2\ Na^{\oplus} + CO_3^{2\ominus}$ ist, da auch Wasser spurenweise in seine Ionen zerfällt, noch ein zweites Ionengleichgewicht in Betracht zu ziehen: $H_2O \rightleftarrows H^{\oplus} + OH^{\ominus}$. Wenn nun $H^{\oplus}$ durch eine c h e m i s c h e Reaktion verbraucht wird, so kann letzteres Gleichgewicht zuungunsten der Wassermolekeln verschoben werden (nach rechts). Schon bei der Schwefelsäure haben wir festgestellt, daß das $SO_4^{2\ominus}$-Ion ein Wasserstoffion stärker zurückhält. Das ist nun in sehr hohem Maße beim $CO_3^{2\ominus}$ der Fall, zumal der Kohlenstoff die Zuordnungszahl 4 besitzt. Wir haben also **die chemische Reaktion der Salzionen mit den Wasserionen,** welche **als hydrolytische Spaltung bezeichnet** wird: $2\ Na^{\oplus} + CO_3^{2\ominus} + H^{\oplus} + OH^{\ominus} \rightleftarrows 2\ Na^{\oplus} +$ $(HCO_3)^{\ominus} + \mathbf{OH^{\ominus}}$, d. h. einen Überschuß an OH-Ionen, der so groß ist, daß sich gegen Phenolphthalein als Indikator die Kohlensäure wie eine e i n b a s i s c h e Säure verhält [1]. Wir müssen also $CO_2$ bis zur Bildung von $NaHCO_3$ einleiten oder mit einem Röhrchen ausgeatmete Luft einblasen, um die Entfärbung des Phenolphthalein zu bewirken.

Die neutrale Reaktion des Hydrogenkarbonates ist auch der Grund für seine medizinische Verwendung (z. B. gegen Sodbrennen).

Umgekehrt wirkt Alaun in wäßriger Lösung sauer: $2\ SO_4^{2\ominus} + K^{\oplus}$ $+ Al^{3\oplus} + H^{\oplus} + OH^{\ominus} \rightleftarrows K^{\oplus} + Al(OH)^{2\oplus} + H^{\oplus} + 2\ SO_4^{2\ominus}$. Hier verursacht die Hydrolyse der schwachen Aluminiumbase die saure Reaktion. **Beim Eindampfen der wäßrigen Salzlösungen auf einem Wasserbade geht die hydrolytische Spaltung immer mehr zurück, bis das „Neutralsalz" auskristallisiert.**

Eine andersartige, chemische Umsetzung von Ionen mit dem Wasser a l s   G a n z e m   wurde schon S. 45 erwähnt. In Kupfervitriol- und Eisenvitriollösungen liegen „hydratisierte" Ionen vor: blaue $[Cu(OH_2)_4]^{2\oplus}$ und blaßgrüne $[Fe(OH_2)_6]^{2\oplus}$. Auch in der wäßrigen Salzsäure und Schwefelsäure sind hydratisierte Ionen vorhanden. Bei Formulierungen werden sie aber nicht berücksichtigt.

Die Lage des Gleichgewichts $H^{\oplus} + OH^{\ominus} \rightleftarrows H_2O$ ist genau bekannt, und zwar sind in 1 $l$ des „neutralen" Wassers $^1/_{10000}$ mg $H^{\oplus}$-Ionen sowie die dem elektrischen Ausgleich entsprechende Zahl von $OH^{\ominus}$ vorhanden. In Gramm ausgedrückt sind dies $10^{-7}$ g $H^{\oplus}$-Ionen. Wenn man nun die chemische Neutralität angeben will, so schreibt man den Logarithmus dieser Zahl hin und läßt das Minuszeichen weg: $p_H = ^{\prime}$ **7 ist demnach die Kennzeichnung für „neutral".** $p_H = 4$ bedeutet die um 3 Zehnerpotenzen größere (schwach sauer), $p_H = 13$ die um 6 Zehnerpotenzen kleinere Zahl von $H^{\oplus}$-Ionen (stark alkalisch).

---

[1] Vgl. auch III, 62!

Übg. 29 erklärt diese zunächst überraschende Kennzeichnung der a l -
k a l i s c h e n  Reaktion durch $H^\oplus$-Ionen. Wenn man überschüssige
$OH^\ominus$-Ionen in Form einer Lauge zusetzt, so hat man die Beeinflussung
der 2 Gleichgewichte: $H_2O \rightleftarrows H^\oplus + OH^\ominus$ und $KOH \rightleftarrows K^\oplus + OH^\ominus$ in
der Richtung, daß aus den im Wasser vorhandenen $10^{-7}$ g $H^\oplus$ jetzt
m e h r  W a s s e r m o l e k e l n  gebildet werden. Dadurch erniedrigt
sich die Zahl der $H^\oplus$-Ionen im Liter noch weiter, was im Steigen des
negativen Logarithmus zum Ausdruck kommt. Daß die Grenze bei 14
liegt, ist dadurch begründet, daß man nicht mehr $OH^\ominus$-Ionen zusetzen
kann, als man durch die stärkste überhaupt vorhandene Base (CsOH) in
das Wasser hineinbringt.

Da dann die Konzentration der OH-Ionen gleich 1 gesetzt werden darf,
folgt nach dem Massenwirkungsgesetz: $x [H^\oplus] \cdot 1 [OH^\ominus] = 10^{-14}$, d. h. die
Konzentration der $H^\oplus$-Ionen (x) ist in diesem Fall $= 10^{-14}$; in der $p_H$-
Schreibweise: $p_H = 14$. Die $p_H$-Zahl gibt also an, wie das aus dem Massenwirkungsgesetz folgende Ionenprodukt des Wassers (s. obige Gleichung!)
durch zugesetzte $H^\oplus$- bzw. $OH^\ominus$-Ionen beeinflußt wird. Deshalb ist sie
praktisch zwischen 0,1 und 13,9 eingegrenzt. Der Wert für $1 = 10^0$ oder $p_H$
$= 0$ (bei 1 g $H^\oplus$-Ion im Liter) wird deshalb nicht ganz erreicht, weil die Zahl
der  f r e i e n  $H^\oplus$-Ionen bei sehr starken Säuren infolge von „Schwarm"-
bildung zurückgedrängt wird. Die durch die elektrischen Anziehungskräfte
verursachten Zusammenballungen von Ionen bestehen dabei nicht aus abgegrenzten, stöchiometrisch einfach zusammengesetzten Molekeln. Schon
durch Verdünnung auf das Zehnfache werden die „Schwärme" weitgehend
aufgelöst, so daß die rechnerische $p_H$-Zahl $= 1$ für $^1/_{10}$ normal fast erreicht
wird. Für sehr starke Basen gilt Entsprechendes. Bei schwachen Elektrolyten
tritt in Normallösungen keine Schwarmbildung auf. Letztgenannte zerfallen ohnehin, eben wegen ihrer schwachen Ionisationsfähigkeit nur in geringem Betrage in Ionen, z. B. Essigsäure $p_H > 2$.

Eisen-III-Chloridlösung $p_H = 2$; Alaunlösung $p_H = 3,2$; Kupfersulfatlösung $p_H = 4$; Sodalösung $p_H = 11,5$. Das Leben ist zwischen
die $p_H$-Zahlen 5,5 und 8,5 eingegrenzt. Höhere und niedrigere $p_H$-
Zahlen werden von unserem Körper nicht vertragen. Blut: $p_H = 7,32$
bis 7,35; Harn: $p_H = 6,5—5,3$. Nur im Magensaft herrscht die lebens-
feindliche, für die im Magen sich abspielende Verdauung benötigte
$p_H$-Zahl $= 1,73$ (!). Darauf ist die bakterientötende Wirkung des
Magensaftes zurückzuführen.

Die Bestimmung geschieht entweder durch eine besonders zusammen-
gestellte Farbenreaktionenskala (Indikatoren) oder durch Leitfähigkeitsmessungen (elektrometrische Geräte). Vgl. I, 68!

**Abstumpfung von Essigsäure durch essigsaures Salz; „Pufferung".**
1 n Essigsäure-Lsg. ist zu 0,4% dissoziiert, d. h. in 1 Liter sind 0,996 Mol
$CH_3CO_2H$-Molekeln enthalten, 0,004 Mol $H^\oplus$-ionen und 0,004 Mol $CH_3CO_2^\ominus$-
ionen, da 0,4 % von einem Mol $= 0,004$ Mol.

$$k = \frac{0,004 [H^\oplus] \cdot 0,004 [CH_3CO_2^\ominus]}{0,996 [CH_3CO_2H]} = \frac{0,004^2}{0,996} = 0,000016 \ (1)$$

0,996 darf $= 1$ gesetzt werden, weil der dadurch begangene Fehler nur 0,4 %
der berechneten Konstanten beträgt.

Löst man nun in 1 Liter der 1 n Essigsäure 1 Mol Na-Azetat, so hat man in dieser kombinierten Lsg. wegen der vollständigen Abspaltung der Na $\oplus$-ionen des Salzes 1 Mol $CH_3CO_2\ominus$-Anion und 1 Mol Na$\oplus$-Kation. Letzteres kommt in Gl. (1) nicht vor. Der Nenner (**undissoziierte** Essigsäure) kann höchstens auf 1,0 steigen. Demnach ist in Gl. (1) eingesetzt:

$$\frac{x\,[H\oplus]\cdot 1}{1} = 0{,}00\,00\,16;\, x_1 = 1{,}6\cdot 10^{-5}\,(2),$$

d. h. durch die Salzzugabe ist der H$\oplus$-ionenwert von 0,004 auf 0,000016, also den 250-sten Teil gesunken: „Abstumpfung".

Man setzt zu 100 ccm dieser Lsg. 1,0 ccm konz. Salzsäure (1,19). In 100 ccm **reinem** Wasser würde dieser Zusatz eine 0,1215 n HCl ergeben. Die H$\oplus$-Ionen müssen aber gemäß der Dissoziationskonstanten der Essigsäure (Gl. [1]) mit den in der kombinierten Lsg. vorhandenen $CH_3CO_2\ominus$-Anionen zu undissoziierten Essigsäuremolekeln sich vereinigen. Dadurch steigt der Nenner von 1 auf 1,1215 Mol und im Zähler nimmt die molare Anzahl der $CH_3CO_2\ominus$-Anionen auf 1,0 minus 0,1215 = 0,8785 ab. Man hat demnach:

$$\frac{0{,}8775\cdot x\,[H\oplus]}{1{,}1215} = 0{,}000016;\, x_2 = 2{,}04\cdot 10^{-5}\,(3),$$

d. h. die H$\oplus$-kationenkonzentration ist nur von 1,6 · $10^{-5}$ auf 2,04 · $10^{-5}$ angestiegen statt auf 0,1215. Oder — die pH-Zahl bleibt zwischen 4 und 5 auf etwa der gleichen Höhe stehen, ohne auf die einer 0,1215 n HCl entsprechende p$\overline{H}$-Zahl = 0,9 anzusteigen (der negative Logarithmus der H$\oplus$-Ionenkonzentration = pH). Der „Puffer" hat die Wirkung der zugesetzten konz. Salzsäure aufgenommen, so daß sich die H$\oplus$-kationenkonzentration praktisch nicht verändert hat. Vgl. auch S. 99!

**Puffer sind Stoffgemenge** (schwache Säuren bzw. Basen + deren Neutralsalze), **welche plötzliche und weitgehende Änderung des p H verhindern, wenn starke Säuren oder Basen zugesetzt werden**; z. B. essigsaures Natrium/Essigsäure im sauren oder Salmiak/Ammoniumhydroxyd im alkalischen Gebiet.

# 17. Osmose

Die Ionen führen in wäßriger Lösung ein selbständiges Dasein und sind keineswegs eine bloß erdachte, elektrische Unterteilung, die sich bei der Erklärung der Reaktionen in wäßriger Lösung sehr gut bewährt, I, 56, Kleingedrucktes. Dies kann man durch eine u n a b - h ä n g i g e Methode beweisen, welche erlaubt, die in der Lösung vorhandenen Teilchen eines gelösten Stoffes zahlenmäßig zu beurteilen. Dabei ist folgender Gedankengang zugrunde gelegt: Wenn den Lösungen von gleicher, molarer Konzentration ein bestimmter Wert zukommt, dann muß dieser Wert sich beim Zerfall in zwei selbständige Teilstücke verdoppeln, bei drei verdreifachen.

I, 23 wurde durch Vergleich von Beobachtungen bei der Lösung mit der Lehrmeinung über die Stoffe im gasförmigen Zustand der Schluß gezogen, daß die „g e l ö s t e n" Teile in des Wortes eigentlicher Bedeutung freibeweglich vorhanden sind. Da nun Gasmolekeln auf die Grenzflächen durch ihren Anprall den Gasdruck verursachen, müßten auch die gelösten Teile auf die Grenzfläche zwischen der Lösung und dem reinen Lösungsmittel einen Druck ausüben. Für die Gase bedeutet jedes andere Gas und auch das Vakuum ein „Außerhalb", in das sie übertreten wollen und können. Für die gelösten Molekeln gibt es meistens nur dann ein „Außerhalb", wenn sie an das reine Lösungsmittel grenzen.

Aus der flüssigen, molekularen „Suspension" der Lösung können einige Stoffe in den gasförmigen Zustand übertreten, wenn sie selbst ein hinreichendes Ver d a m p f u n g s b e s t r e b e n (I, 26) zeigen, z. B. Brom aus Bromwasser oder Äther aus wäßriger Ätherlösung (III, 47), Alkohol aus starken Likören.

Da sich aber durch die Diffusion die Grenze zwischen Lösung und Lösungsmittel fortwährend verschiebt, kann man an dieser wankenden Grenze keine Messungen ausführen. Man muß deshalb eine Wand einschieben, die für das reine Lösungsmittel durchlässig ist, nicht aber für die gelösten Molekeln. Vgl. I, 24 und I, 21 (Diffusion)!

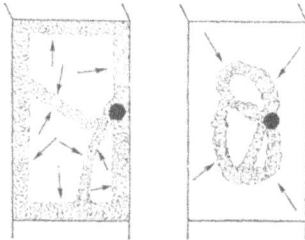

Bild 30

Plasmolyse. Links Normalzustand, rechts nach dem Einlegen in eine konzentrierte Lösung. Die Pfeile geben die Druckrichtung des stärkeren osmotischen Druckes an.

Die Forschungen über die Druckzustände innerhalb von Lösungen gingen von biologischen Beobachtungen aus. Die „Plasmolyse" durch eine konz. Salz-Lsg. erweckt den Eindruck, es sei aus dem Zellinhalt wie aus einem Schwamm Wasser ausgepreßt worden.[1] Die Zellulosewände sind nicht zusammengedrückt, da die den Druck ausübenden Salz-Ionen durch sie hindurchdringen können. Dagegen stimmt der Vergleich mit dem Schwamm für den protoplasmatischen Belag der Zellwände. Dieser ist für Wasser durchlässig, für die anprallenden Molekeln jedoch schwer durchdringbar.

Wenn nun a u ß e r h a l b der Zellen sich das r e i n e L ö s u n g s m i t t e l (Wasser) befindet, so drücken die im Zellsaft gelösten Molekeln die Protoplasmahaut auseinander und würden sie zum Platzen[2] bringen, wenn nicht die Stützung der Zellulosewand vorhanden wäre (turgor). Der Fachausdruck für Durchlässigkeit ist: **Permeabilität**, die Schwerdurchlässigkeit wird als **Semipermeabilität** bezeichnet.

Letztere erlaubt die Aufnahme von gelösten Bodensalzen in die Wurzelhaare durch Diffusion (I, 24), deren Ursache der Druck der gelösten Salzmolekeln ist. Man kann daraus folgern, daß Überdüngung — zu konzentrierte Lösungen der Bodensalze — in den Zellen der Wurzelhaare Plasmolyse bewirkt, das Gegenteil der ursprünglichen Absicht, verbunden mit schweren Schädigungen.

Salzfleisch ist deswegen vor dem Verderben geschützt, weil darauf fallende Bakterien durch den gewaltigen osmotischen Druck der feuchten Außenschicht (konz. NaCl-Lösung) „erdrückt" werden.

Der Druck der gelösten Molekeln wird als **osmotischer Druck** bezeichnet. **Die Osmose ist eine besondere Art der Diffusion durch eine halbdurchlässige Wand.**

-------

[1] Vgl. „Salzen" von geschnittenem Rettich oder auch Zuckern von Erdbeeren!

[2] Reifes Steinobst mit dünner Schale platzt nach Beregnung. Ein weiteres Beispiel ist das Platzen von Würsten beim Heißmachen in Wasser.

Statt des pflanzlichen Protoplasmas eignen sich für Versuche in größerem Maßstab e n t f e t t e t e tierische Häute, die man über geeignete Gefäße bindet, noch besser aber eine künstliche Haut aus Ferrozyankupfer in einer Tonzelle.

Zu Kupfersulfatlösung wird eine Lösung von gelbem Blutlaugensalz gegeben. Man bekommt eine rotbraune, s c h l e i m i g e Ausfällung:

$$2\,Cu^{2\oplus} + 2\,SO_4{}^{2\ominus} + 4\,K^{\oplus} + Fe(CN)_6{}^{4\ominus} \rightarrow Cu_2Fe(CN)_6 + 4\,K^{\oplus} +$$

$2\,SO_4{}^{2\ominus}$. Man geht so vor, daß man einen Tonzylinder durch Auskochen von adsorbierter Luft befreit, in den nassen Zylinder etwa 1-proz. $K_4Fe(CN)_6$-Lösung einfüllt und bis zum Rand in 1-proz. $CuSO_4$-Lösung stellt. Nach etwa 2 Tagen trennt man die Salzlösungen sorgfältig ab und spült durch Diffusion mit reinem Wasser. Der braune, schleimige Niederschlag, dessen Anwesenheit in der Mitte der Tonwand durch Anfeilen nachgewiesen werden kann, entspricht der Protoplasmaschichte der Zellwand, der Tonzylinder selbst der Zellulosehaut; die das Zerreißen verhindert. Man erhält so eine linear mehr als 10 000-fach vergrößerte (osmotische) Z e l l e. Dann verschließt man mit einem doppelt durchbohrten Stopfen, damit man Lösungen bequemer einfüllen kann [1]).

Um biologische Verhältnisse nachzuahmen, füllt man konz. Traubenzuckerlösung ein. Das Strömen von Wasser kommt dann zum Stillstand, wenn die Höhe der Wassersäule im Steigrohr gleich dem osmotischen Druck ist. Man kann die Anordnung des Bildes 31 in bezug auf das Lösungsmittel als „kommunizierende Röhren" auffassen: ein weites „Rohr" (der Wasserbecher) und ein enges Rohr (die sich nach oben verjüngende osmotische Zelle, wie durch die gestrichelten Linien angedeutet).

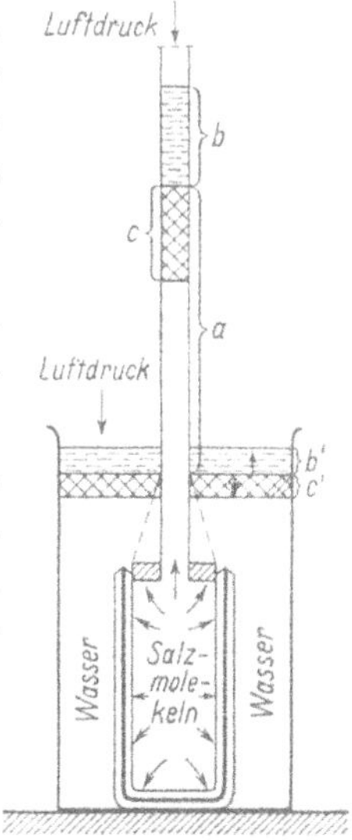

In einer Flüssigkeit pflanzt sich der ausgeübte Druck (hier der Druck der Molekeln auf die Ferrozyankupferwand) nach allen Seiten, also auch nach oben fort. Das langsame Steigen wird durch angeklebte Markierungsstreifen verfolgt: das »Wasser fließt bergan«.

Der Druck wird keinesfalls vom Wasser ausgeübt. Denn f ü r W a s s e r ist Ferrozyankupfer d u r c h l ä s -s i g, es kann hinein und heraus. In Bild 31 ist für einen sehr niedrigen osm. Druck das Gleichgewicht dann erreicht, wenn der Salzdruck den Atmosphärendruck

Bild 31
Osmotische Zelle.

---

[1]) Vgl. auch S. 98, Übg. 35, c! Der dort beschriebene Versuch ist auch mit einem $CuSO_4$-Kristall und $K_4Fe(CN)_6$-Lösung durchführbar.

um die Flüssigkeitssäule **a** übertrifft. Schütten wir in das Steigrohr die Wassersäule **b** zu, so läuft das Wasser aus der osmotischen Zelle und erhöht den äußeren Wasserstand um **b'**. — Wird aus dem Steigrohr die Flüssigkeitssäule **c** entnommen, so dringt das umgebende Wasser in die Zelle bis zur ursprünglichen Höhe (**a**) und erniedrigt den Wasserstand um **c'**.

Die Vorwölbung von tierischen Häuten, in welche eine Salzlösung eingeschlossen ist, bleibt zwar an der L u f t aus, obwohl auch hier der osmotische Druck vorhanden ist. Die tierische Haut sinkt sogar etwas ein, weil Lösungswasser verdunstet. Aber in Wasser eingesenkt, steht ein stofflicher Vermittler zur Verfügung, in dem der „Druck" der g e l ö s t e n Molekeln, der osmotische Druck, vorwölbend wirksam wird.

Könnten wir mit einer sehr feinen Nadel die Ferrozyankupferhaut anbohren, so könnte nunmehr auch Traubenzuckerlösung herausströmen und die Wassersäule würde sinken. Wären die Löcher in einem Ausmaße vorhanden, daß die Strömungsgeschwindigkeit des Wassers durch die Ferrozyankupferhaut die Ausströmungsgeschwindigkeit der Traubenzuckerlösung durch die „Löcher" überwiegt, so hätten wir eine halbdurchlässige Haut hergestellt als Modell für den Protoplasmabelag der Zellwand.

An Stelle des Steigrohres, das den Leitungsbahnen der Pflanze entspricht, wurde bei den ersten Untersuchungen ein Quecksilbermanometer verwendet:

1. Bei gleichen Volumen ist der osmotische Druck proportional der aufgelösten Menge (= Konzentration) oder bei **gleicher Menge des** gelösten Stoffes **umgekehrt proportional dem Volumen der Lösung.**

2. Bei gleichem Volumen und gleicher Konzentration steigt der osmotische Druck mit der Temperatur.

3. **Gleich molare Lösungen üben bei gleicher Temperatur den gleichen Druck aus.** Vgl. die Gasgesetze S. 41, Fn. 1!

Nach Satz (3) müßten 58,45 g Kochsalz (NaCl) in einem Liter denselben osmotischen Druck besitzen wie 180 g Traubenzucker ($C_6H_{12}O_6$). Man erhält aber für 58,45 g Kochsalz einen h ö h e r e n osmotischen Druck, der nicht ganz das D o p p e l t e des erwarteten beträgt, weil der Zerfall in die Ionen nur bei sehr starker Verdünnung vollständig ist. Damit ist der **Beweis** erbracht, daß die **Ionen** wirklich schon **beim Lösen in Wasser** unter Zerreißung des Molekelverbandes **frei** werden.

Durch Messung des osmotischen Druckes gelöster Stoffe kann man deren Molekulargewicht in ähnlicher Weise bestimmen wie bei Gasen (S. 42). Jedoch ist die genaue Messung ein umständliches und experimentell schwieriges Verfahren. Viel bequemer ist die **Bestimmung der mit dem osmotischen Druck parallel gehenden Siedepunktserhöhung und Gefrierpunktserniedrigung.** Je größer die Zahl der gelösten Teilchen ist, desto stärker wird eine Flüssigkeit am Verdampfen und Gefrieren gehindert.

Kennt man die molare Siedepunktserhöhung oder Gefrierpunktserniedrigung eines Lösungsmittels für 1000 g (z. B. Wasser oder Phenol), so bestimmt man die durch eine bestimmte Menge eines Stoffes mit unbekanntem Molekulargewicht hervorgerufene Temperaturänderung. Der Quotient: (molare Gefrierpunktserniedrigung (K) durch beobachtete (Δ)) ist gleich dem Quotienten (gesuchtes Molekulargewicht (M): angewandte Substanzmenge (G)), vorausgesetzt, daß 1000 g Lösungsmittel genommen wurden, wie es für K erforderlich ist. Unter Benutzung der in Klammer beigesetzten Abkürzungen ist dann $M = \dfrac{K \cdot G}{\varDelta}$ Löst man in einer anderen Gewichtsmenge (L), so hat man mit $\dfrac{1000}{L}$ zu multiplizieren und erhält dann

$$M = \frac{K \cdot G \cdot 1000}{\varDelta \cdot L}$$

Diese Methode wurde auf das feinste ausgebaut unter Benützung von Thermometern, die Bruchteile von Celsiusgraden zuverläsisg anzeigen (Beckmann, III, 8).

## 18. Phosphor und Phosphorverbindungen

Das V o r k o m m e n von P-Verbindungen in der lebenden Zelle, ferner als Stoffwechselprodukt im Harn wurde schon I, 92 erwähnt. Dort wurde auf die Wichtigkeit der Phosphoritlagerstätten hingewiesen und auch auf die Phosphatgewinnung in Form von Thomasschlacke (I, 126).

Die D a r s t e l l u n g ging, abgesehen von dem alchimistischen Verfahren, früher vom Kalziummetaphosphat aus (S. 94), jetzt aber vom Phosphorit selbst, dem tertiären Kalziumorthophosphat. Bei der sehr hohen Temperatur des elektrischen Flammenbogens ist die Kieselsäure in ihrer Anhydridform ($SiO_2$) die stärkere, so daß sich Ca-Silikat bildet:

1. $Ca_3(PO_4)_2 + 3\,SiO_2 \rightarrow 3\,CaSiO_3 + P_2O_5$ (Salzumbildung).

Bei der Reduktion des Phosphorsäureanhydrids durch Kohlenstoff entsteht wegen der hohen Temperatur (s. S. 70!) und der Anwesenheit von Phosphor CO statt des bei anderen Reduktionen auftretenden $CO_2$:

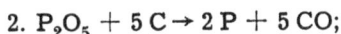

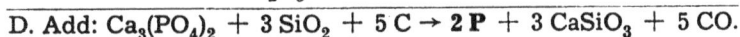

2. $P_2O_5 + 5\,C \rightarrow 2\,P + 5\,CO$;

D. Add: $Ca_3(PO_4)_2 + 3\,SiO_2 + 5\,C \rightarrow \mathbf{2\,P} + 3\,CaSiO_3 + 5\,CO$.

Der mit dem CO abdestillierende weiße Phosphor wird unter Wasser aufgefangen. Jährliche Produktion etwa 500 t.

Erhitzt man weißen Phosphor unter Wasser im Wasserbad, so schmilzt er bei etwa 45 °. Leitet man nun $O_2$ zu, so tritt bei etwa 60 ° in der einen Phosphortropfen berührenden Gasblase die helle P-Flamme auf. Weitere Wärmezufuhr ist jetzt unnötig, da in der Umgebung des heißen Wassers sich direkt Phosphorsäure mit starker Wärmeentwicklung bildet. Durch diesen in einem dunklen Raum sehr eindrucksvollen Versuch wird bewiesen, daß der Entzündungspunkt bei 60°, auch wenn die Temperatur nicht genau beobachtet werden kann, mindestens unter dem Kp. des Wassers liegt. Der Versuch ist in einem Abzuge auszuführen, da Phosphor mit den Wasserdämpfen flüchtig ist (Bild 32).

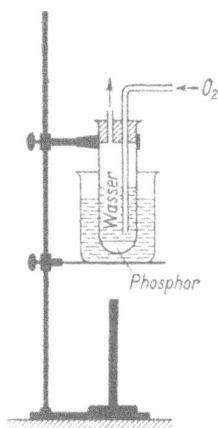

**Bild 32**

Verbrennung von
Phosphor und
Wasser.

Schon bei Jod haben wir bemerkt, daß im Wasser unlösliche Stoffe mit den Wasserdämpfen entweichen,
wenn sie an sich ein Verdampfungsbestreben besitzen.
Hierbei wirkt Wasser nicht als Lösungsmittel, sondern
beim Sieden nur als heiße Gasblase, in welcher der P
schneller verdunstet.

Darauf gründet sich ein Nachweis für den g i f t i -
g e n Phosphor. Der nach Bild 33 aus dem zu untersuchenden Material mit den Wasserdämpfen entweichende Phosphor ruft an der Kondensationsstelle
infolge von Berührung mit der Luft im Kühlerrohr ein
grünliches Leuchten hervor.

Neben dem r o t e n , u n g i f t i g e n P hat man
eine weitere „Modifikation", den **hellroten, auch ungiftigen P** aufgefunden. — Nach den Feststellun-
gen auf S. 29 ist die Umwandlung des weißen P in
den roten besser verständlich. Weißer P muß auf
den Umwandlungspunkt 260⁰ erhitzt werden. Dann
vollzieht sich die Umwandlung als exotherme Reaktion; vgl. auch I, 91!

Wegen der Leichtentzündlichkeit kann dies nur in verschlossenen Röhren geschehen. Durch Belichtung wird die Umwandlung schon bei gew.
Temperatur o b e r f l ä c h l i ch ausgelöst.

Da die Flamme des weißen P an der Luft eine verhältnismäßig niedrige Temperatur besitzt, entsteht bei Abkühlung von verspritztem, mit etwas
Phosphorsäure eingehülltem P in geringen Mengen roter P, der auf Schalen
und Asbestplatten beim Verbrennen von weißem P zurückbleibt und durch
Ausglühen zu vernichten ist.

Wird roter P auf Temperaturen über 300⁰ bei Abwesenheit von O
gebracht, so geht er unter Wärmeverbrauch in den weißen P über.

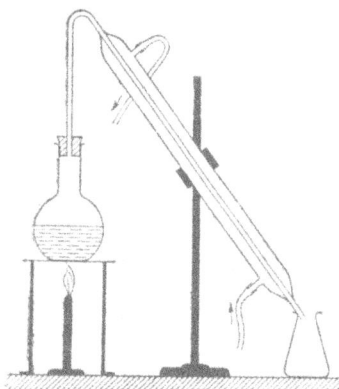

**Bild 33**

Nachweis von giftigem Phosphor.

Diese endotherme Reaktion sagt der Grundsatz von Le Chatelier voraus (S. 71).

**Zündmittel.** Zeiten ohne Zündhölzer können wir uns schlecht vorstellen. Zwar hat
sich in den letzten Jahren die alte Feuer-
steinmethode in verbesserter Form (Z e r -
e i s e n) wieder eingebürgert. Aber früher
mußte man sich redlich plagen, bis man
eine offene Flamme hatte. Schwefelfäden
und mit Salpeter getränkter Zunder-
schwamm mußten mithelfen.

Auch die alten, aus dem Jahre 1832 stam-
menden Phosphorhölzer hatten noch einen
Schwefelbelag unterhalb des Zündholzkopfes
(weißer P mit $KNO_3$ oder $KClO_3$ und Binde-
mittel). Sie konnten an jeder Reibfläche entzündet werden und erfreuten
sich namentlich auf dem Lande einer großen Beliebtheit. 1903 wurden sie

gesetzlich verboten, weil ihre hohe Giftigkeit und Leichtentzündlichkeit zu Unfällen und Mißbrauch führten und auch ihre Herstellung die Gefahr von gewerblichen Vergiftungen in sich barg.

Die **Sicherheitszündhölzer** wurden 1848 von dem Deutschen B ö t t - c h e r erfunden, aber lange Zeit wegen des Fabrikationslandes schwedische Zündhölzer genannt. Sie enthalten keinen Phosphor im Zündholzkopf, sondern nur eine Mischung von Kaliumchlorat und Schwefelantimon ($Sb_2S_3$) mit so viel Bindemittel, daß sie sich nur an einer mit r o t e m P, Schwefelantimon und Glaspulver überzogenen Reibfläche entzünden lassen, wobei spurenweise weißer P e n t s t e h t, am grünlichen Leuchten der Reibfläche beim Anstreichen im Dunkeln erkennbar. Gegenwärtig werden wieder Zündhölzer fabriziert, die sich an jeder Reibfläche entzünden lassen, jedoch unter Verwendung von u n - g i f t i g e m P im Köpfchen sowie sauerstoffreichen Verbindungen mit Bindemitteln (vgl. I, 46!).

An den Sicherheitszündhölzern ist kein Schwefelüberzug, sondern das Holz ist zur leichteren Entflammbarkeit mit Paraffin getränkt. Noch eine weitere Forderung müssen diese Hölzchen erfüllen, nämlich nicht nachzuglimmen. Dies wird durch Tränkung mit Ammonsalzen bewirkt. Beide entgegengesetzte Maßnahmen müssen sorgfältig aufeinander abgestimmt werden. Sie wirken sich dahin aus, daß ein brennendes Zündholz nur verkohlt, aber nicht vollständig zu Holzasche verglimmt.

In diesem Zusammenhang ist wichtig, daß man bei Holz durch Tränkung Feuer- und Flammensicherheit erzielen kann. Wasserglaslösung wird seit alten Zeiten für Bühnenkulissen zu diesem Zwecke angewandt. In den letzten Jahren werden zahlreiche anorganische Salze, meistens in Gemengen dafür verwendet, die technische Namen führen wie I n t r a m m o n und L o k r o n, ferner der C e l l o n feuerschutz. Die Wirkung beruht darauf, daß sich aus den damit getränkten Stoffen feuererstickende Gase bilden (z. B. Ammonsalznebel) und auch der Entzündungspunkt und die Verbrennungsgeschwindigkeit herabgesetzt werden, so daß erstere besser sich auswirken, oder auch, wie Borate, Phosphate und Silikate, die Ausbreitung der Entflammung hindernde Schmelzen liefern.

Nach den einleitenden Bemerkungen ist es naheliegend, daß am Anfang des 19. Jahrhunderts mit den fortschreitenden chemischen Kenntnissen und Entdeckungen auch andere Zündmittel versucht wurden, so das Tunkfeuerzeug (Chancel 1812), bei dem die Zündung durch Einwirkung von konz. $H_2SO_4$ (vom Asbest aufgesaugt) auf den $KClO_3$-Zündholzkopf bewirkt wurde (vgl. S. 22!) oder die Döbereinersche Zündmaschine, die eben als „Maschine" unhandlich und noch dazu teuer war (S. 12, Bild 5).

**Phosphorwasserstoff** $PH_3$ ist die dem Ammoniak entsprechende P-Verbindung. Sein Geruch ist allgemein als Azetylengeruch bekannt. Da der zur Herstellung von Karbid verwendete Kalk spurenweise Phosphorit enthält, entsteht aus diesem durch Reduktion $Ca_3P_2$, das mit

Wasser hydrolytisch gespalten wird: $Ca_3P_2 + 6 H_2O \rightleftarrows 3 Ca(OH)_2 +$
$2 PH_3 \uparrow$, welch letzteres Gas dem an sich angenehm riechenden Azetylen den bekannten, üblen Geruch verleiht. $PH_3$ ist im Gegensatz zu
$NH_3$ in Wasser unlöslich. Auch hat es viel schwächere basische Eigenschaften. Das schön kristallisierte Phosphoniumjodid $PH_4J$ wird durch
$H_2O$ vollständig in seine Teilstücke $PH_3$ und $HJ$ zerlegt.

Aus größeren Mengen von $Ca_3P_2$ hergestelltes $PH_3$ ist selbstentzünd-
lich, weil es geringe Mengen von $P_2H_4$, dem „selbstentzündlichen" Phosphorwasserstoff enthält. Wegen der hohen Giftigkeit und der Selbst-
entzündlichkeit ist bei diesen Stoffen größte Vorsicht am Platze.

Die Cl-Verbindungen $PCl_3$ **Phosphortrichlorid** Kp. $76^0$ und $PCl_5$ **Phos-
phorpentachlorid,** hellgelbe, glänzende Kristalle, die über $140^0$ sublimieren,
werden in der organischen Chemie vielfach verwendet. Diese durch das
Gleichgewicht $PCl_5 \rightleftarrows PCl_3 + Cl_2$ untereinander in Zusammenhang stehenden Stoffe haben in der Erörterung des Avogadroschen und des Massenwirkungsgesetzes eine Rolle gespielt. Mit Wasser vollständige Hydrolyse nach
den Gleichungen: $PCl_3 + 3H_2O = H_3PO_3$ (phosphorige Säure) $+ 3HCl +$
64 kcal und $PCl_5 + 4H_2O = H_3PO_4 + 5HCl + 123$ kcal.

**Übg. 31: Orthophosphorsäure** ($H_3PO_4$) färbt, wie auch Salz- und
Salpetersäure den alkalisch gelben Indikator Methylorange rot. Um
einen bestimmten Fall herauszugreifen, nehmen wir an, daß 5 ccm
einer $H_3PO_4$-Lösung von unbekannter Konzentration beim Zutropfen
aus einer Bürette 3,3 ccm n NaOH verbrauchen, bis Rot eben nach
Gelb umschlägt. Die Lösung sollte Phenolphthalein röten. Die Farbe
bleibt jedoch nach Zugabe eines Tropfens der Indikatorlösung unverändert gelb; sie reagiert also gegen Phenolphthalein sauer (Entfärbung).
Wir fahren deshalb mit dem Neutralisieren fort und bekommen nach
weiteren 3,3 ccm n NaOH Phenolphthaleinrötung. Würden wir jetzt
eindampfen, so bekämen wir ein Salz von der Zusammensetzung
$Na_2HPO_4$ statt des erwarteten „Neutralsalzes". Das letztere ($Na_3PO_4$)
bekommen wir erst dann, wenn wir ein drittes Mal 3,3 ccm n NaOH
zusetzen.

E r g e b n i s : $H_3PO_4$ wird stufenweise neutralisiert. Der Vorgang
verläuft also nicht in der angegriffenen Molekel zu Ende, indem
deren 3 H-Atome, eines nach dem andern, durch Na ersetzt werden,
sondern zunächst wird in allen Molekeln das erste H-Atom ersetzt,
dann in allen Molekeln das zweite H-Atom und schließlich das dritte
H-Atom beim Eindampfen zur Kristallisation. Zuerst bildet sich
$NaH_2PO_4$. Den Endpunkt gibt der Indikator Methylorange, welcher
selbst eine starke Säure ist, durch Gelbfärbung an. Die Beendigung der
2.Stufe zeigt Phenolphthalein an, selbst eine schwach saure Verbindung
Für die 3. Stufe wäre ein besonderer Indikator erforderlich.

Weiterhin haben wir ein Beispiel für eine $p_H$-Bestimmung durch Indikatoren. Der Farbumschlag rot nach gelb (Methylorange) zeigt das Sinken unter $p_H = 4{,}5$ an, die Rötung von Phenolphthalein das Sinken unter $p_H = 8{,}5$. Das tertiäre $Na_3PO_4$ wirkt also in Wasser wie eine Base ($p_H = 12{,}5$) und wird ähnlich wie Soda ($p_H = 11{,}5$) verwendet. Da es wie Seife Fette emlugiert (I, 14), wird es Putzmitteln zugesetzt, z. B. Imi.

Die verwendete Phosphorsäure war $\dfrac{3{,}3 \cdot 3}{5} = \dfrac{9{,}9}{5} = 2n\ H_3PO_4$,

wobei 1 n $H_3PO_4$ 98/3 g im Liter enthält (3-basische Säure). Nach dem Ergebnis dieser Rechnung ist diese Übg. ein Beispiel eines besonderen, analytischen Verfahrens der **Maßanalyse**, d. h der **Gehaltsbestimmung** eines in Lösung befindlichen Stoffes durch Umsetzung mit einer abgemessenen Lösung eines zweiten, hierfür geeigneten Stoffes, dessen Gehalt (titre) an wirksamer Substanz bekannt ist. Außer der Säuremessung **(Azidimetrie)** wird die Maßanalyse noch für andere chemische Vorgänge vielseitig angewandt, weil sie viel rascher zum Ziel führt als das umständliche, gewichtsanalytische Verfahren. Übg. 15 ist bei Verwendung von Normallösungen ein Beispiel für die **Jodometrie**, bei welcher durch chemische Umsetzungen

Bild 34
Gerät für Maßanalyse (Bürette).

verbrauchte oder freigelegte Jodmengen mit Thiosulfat „**titriert**" werden (S. 36).

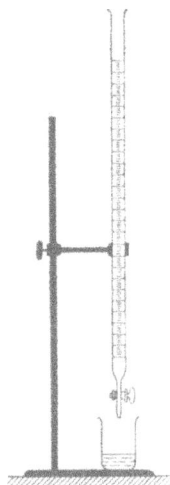

Der Grund dafür, daß z. B. $Na_2HPO_4$ auf Methylorange wie freie Natronlauge wirkt, ist die hydrolytische Spaltung. Es gibt aber eine Methode, um das allerdings sehr schwach von dem 3-fach negativ geladenen $PO_4^{3\ominus}$-Rest abdissoziirende $H^{\oplus}$-Ion des formelmäßig sauren Salzes nachzuweisen. Statt des Dinatriumhydrogenphosphats untersuchen wir das Ammoniumnatriumhydrogenphosphat, auch ein sekundäres (saures) Salz, weil es in der analytischen Chemie eine größere Bedeutung besitzt als ersteres.

**Übg. 32:** a) Die wäßrige Lösung von $NH_4NaHPO_4$ reagiert gegen Lackmus alkalisch. Da dieser Indikator ($p_H = 7$) dem Methylorange nahesteht, zeigt er die hydrolytische Spaltung an: $Na^{\oplus} + NH_4^{\oplus} + HPO_4^{2\ominus} + H^{\oplus} + OH^{\ominus} \rightleftarrows Na^{\oplus} + NH_4^{\oplus} + H_2PO_4^{\ominus} + OH^{\ominus}$. Wir setzen nun Silbernitratlösung in reichlichen Mengen zu und überzeugen uns vorher, daß $AgNO_3$ lackmusneutral reagiert. Wenn wir aus der Umsetzungslösung eine Tüpfelprobe mit Lackmuspapier machen, bekommen wir **saure** Reaktion. Der **gelbe** Niederschlag hat die Zusammensetzung $Ag_3PO_4$, Silberorthophosphat: $Na^{\oplus} + NH_4^{\oplus} + H_2PO_4^{\ominus} + OH^{\ominus} + 3Ag^{\oplus} + 3NO_3^{\ominus} \rightarrow H_2O + Ag_3PO_4 + H^{\oplus} + 3NO_3^{\ominus} + Na^{\oplus} + NH_4^{\oplus}$. Die jetzt freien $H^{\oplus}$-Ionen waren der „Säurewasserstoff" des in wäßriger Lösung alkalisch reagierenden Salzes. Setzen wir zu dem Niederschlag $HNO_3$, so geht er farblos in Lösung unter Rückbildung von $H_3PO_4$ und $AgNO_3$.

Wir stellen also fest, daß $Ag_3PO_4$ gegen sehr verdünnte $HNO_3$ unempfindlich ist, weiterhin, daß $Ag_3PO_4$ durch seine Unlöslichkeit in Wasser gegen die hydrolytische Spaltung geschützt ist[1]). Zur Kontrolle setzen wir zu $Na_3PO_4$-Lösung $AgNO_3$ im Überschuß. Wenn wir reines $Na_3PO_4$ hatten, wird die anfänglich stark alkalische Lösung neutral gegen Lackmus.

b) Festes $NH_4NaHPO_4$, $4 H_2O$ wird in einem Porzellantiegel erhitzt. Beim Schmelzen bemerkt man Aufblähen und $NH_3$-Geruch. Rotes Lackmuspapier wird stark gebläut. Der schließlich ruhig glühenden Schmelze entnimmt man mit einem Glasstab einen Tropfen und löst ihn nach dem Erkalten durch Umrühren in kaltem Wasser. Mit $AgNO_3$ liefert diese Lösung einen **weißen** Niederschlag. Dieser löst sich in $HNO_3$ und wird dadurch als verschieden von dem ebenfalls weißen Silberchlorid erkannt.

E r g e b n i s : Vor dem Glühen war die Silberreaktion gelb; nach dem Glühen ist sie weiß. Es muß sich also ein neues Ion aus dem $PO_4{}^{3\ominus}$ gebildet haben.

Beim Glühen ist $NH_3$ entwichen und, im Porzellantiegel nicht erkennbar, Wasserdampf: $NH_4NaHPO_4$ minus $NH_3$ minus $H_2O$ = $NaPO_3$ (Natriummetaphosphat). Das $PO_3$-Ion gibt die weiße Silberfällung:
$$NaPO_3 + AgNO_3 \rightarrow AgPO_3 + NaNO_3.$$

Würde man $AgPO_3$ mit der berechneten Menge von HCl verreiben, so bekäme man abfiltrierbares AgCl und (als Filtrat) eine wäßrige Lösung von $HPO_3$. Diese in der stöchiometrischen Formel mit $HNO_3$ übereinstimmende **Meta-Phosphorsäure** ist vor $H_3PO_4$, abgesehen von den verschieden gefärbten Silbersalzen, dadurch ausgezeichnet, daß sie mit Eiweißlösungen Fällungen liefert.

Von der glühenden $NaPO_3$-Schmelze wird CuO nach folgender Gleichung aufgenommen: $NaPO_3 + CuO = NaCuPO_4$; Erstarren mit blaugrüner Farbe. Das Salz der m-Säure ist in ein Salz der o-Säure übergegangen. Schmilzt man an einer Platindrahtschleife eine Phosphorsalzperle an, so kann man damit orientierende Prüfungen ausführen. Mn liefert violette, Co tiefblaue, Cr grüne Färbung wie in den Glasflüssen der gefärbten Gläser. Die ein ähnliches Verhalten zeigenden borsauren Salze (z. B. Borax = $Na_2B_4O_7$, Natriumtetraborat) werden übrigens neben Phosphaten auch als Zusätze für Spezialgläser verwendet.

Neuere Untersuchungen schreiben den m-Phosphaten die Formel $Na_3(P_3O_9)$ zu mit einem 6-Ring aus abwechselnden O- und P-Atomen, welcher in wäßriger Lsg. zum Ion einer 5-basischen Säure $Na_3P_3O_{10}{}^{2\ominus} + 2 H \oplus$ aufspaltet.

**Trinatriumphosphat** $Na_3PO_4$, $10 H_2O$ wird in großen Mengen als schützender Zusatz für den Betrieb von Dampfkesseln verwendet. Es beseitigt die bei der Vorenthärtung (z. B. „alkalisch/thermisch") verbleibende Resthärte. Die in Flocken ausfallenden Phosphate des Ca und Mg adsorbieren andere Verunreinigungen und geben auch mit

---

[1]) Deshalb erscheint das ausgestoßene „Hydrolyse"-Wasser auf der rechten Seite obiger Ionengleichung.

Kieselsäure k e i n e n festen Kesselstein, sondern können durch „Abschlammen" entfernt werden. Auf dem Kesselblech selbst bildet sich eine dünne Schutzschicht von Eisenphosphat.

Die alkalische Reaktion wird in engen Grenzen gehalten und durch tägliche Untersuchung überwacht (Härte des Speise- und Kesselwassers (mit Seifenlösung), spezifisches Gewicht (Aräometer mit $^1/_{10}$ Baumé-Graden), Bestimmung der m-Zahl mit $^1/_{10}$ n HCl). Zu hohes Ansteigen der Alkalität hat Laugenbrüchigkeit zur Folge, Sinken unter $p_H = 9$ Korrosion durch $CO_2/O_2$ (aus der Luft). Die Bestimmung des Phosphatgehalts, kolorimetrisch (Molybdänblaureaktion) oder titrimetrisch, erfordert genauere Kenntnisse. Bei der Phosphatenthärtung kann aber aus bestimmten m-Werten auch der Phosphat-Gehalt ungefähr beurteilt werden.

1. 100 ccm Kesselwasser werden mit $^1/_{10}$ n HCl unter Zusatz von 3 Tropfen **Phenolphthalein-Lsg.** bis zur Entfärbung titriert. Die Zahl der verbrauchten ccm ist der **p-Wert**.

2. 100 ccm Kesselwasser werden unter Zusatz von 3 Tropfen Methylorange-Lsg. mit $^1/_{10}$ n HCl bis zur beginnenden Rotfärbung titriert. Die Zahl der verbrauchten ccm ist der **m-Wert**.

Bei (1) ist der Umschlagspunkt erreicht, wenn NaOH durch HCl neutralisiert und $Na_2CO_3$ in $NaHCO_3$ umgewandelt ist:

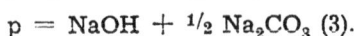

$$p = NaOH + ^1/_2\ Na_2CO_3\ (3).$$

Beim Umschlagpunkt (2) ist außer NaOH auch $Na_2CO_3$ vollständig in NaCl übergeführt, da der Indikator Methylorange auf die schwache Kohlensäure nicht anspricht und erst das Steigen der $p_H$-Werte über 4,5 durch Rötung anzeigt. Für ihn liegt also der Bereich $p_H = 4{,}5{-}8{,}5$ im alkalischen Gebiet im Gegensatz zu Phenolphthalein, für welches der genannte Bereich schon „sauer" ist.

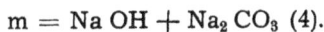

$$m = Na\,OH + Na_2\,CO_3\ (4).$$

Zieht man (3) von (4) ab, so erhält man: $m - p = ^1/_2\ Na_2CO_3$ oder **$Na_2CO_3 = 2\ (m - p)$ (5).** Zieht man (5) von (3) ab, so erhält man: **$2p - m = NaOH$ (6).** Durch Neutralisieren mit 2 verschiedenen Indikatoren kann man demnach den Gehalt an NaOH und $Na_2CO_3$ als Ausrechnung von 2 Gleichungen mit 2 Unbekannten ermitteln, wenn man die gefundenen ccm-Werte mit dem Äquivalentgewicht multipliziert: $NaOH = (2p - m) \cdot 40$; $Na_2CO_3 = 2\ (m - p) \cdot ^1/_2 \cdot 106 = (m - p)$ 106. Da 1 ccm $^1/_{10}$ n HCl 4 mg NaOH anzeigt und 100 ccm vorgelegt waren, geben die aus den beiden letzten Gleichungen berechneten Zahlen mg in Liter an. Aus dem Angeführten erkennt man die Brauchbarkeit des titrimetrischen Verfahrens, ohne daß auf die weitere Erörterung für den Kesselbetrieb eingegangen zu werden braucht.

Technische **Kennzeichnung der Wasserhärte:**

10 mg CaO im Liter = 1 deutscher Härtegrad; MgO-Anteile sind, im stöchiometrischen Verhältnis umgerechnet, einbezogen.
10 mg $CaCO_3$ in 0,7 Liter Wasser = 1 englischer Härtegrad.

In Deutschland werden folgende Stufen unterschieden: bis 5°: sehr weich; 5°—10°: weich; 10°—20°: mittelhart; 20°—30°: hart; über 30°: sehr hart. 1° deutscher Härte macht pro cbm Wasser 160 g Seife unwirksam.

**Übg. 33:** Zum analytischen Nachweis der o-Phosphorsäure verwendet man Magnesiamixtur: $MgCl_2$ + $2\,NH_4OH$ ⇄ $2\,NH_4Cl$ + $Mg(OH)_2$. Setzt man Salmiak zu, so löst sich der Niederschlag klar auf. Für Ammoniaklösung gilt ein doppeltes Gleichgewicht: 1. $NH_3$ + $H_2O$ ⇄ $NH_4OH$; und 2. $NH_4OH$ ⇄ $NH_4^\oplus$ + $OH^\ominus$. Die Zugabe von $NH_4^\oplus$ in Form von Salmiak drängt die elektrolytische Dissoziation soweit zurück, daß die kombinierte Base ($NH_4Cl$, $NH_4OH$) schwächer wird als $Mg(OH)_2$, also nunmehr der Vorgang umgekehrt verläuft. Durch diesen Kunstgriff bekommt man eine klare ammoniakalische Magnesiamixtur, die mit Spuren von Phosphaten den Niederschlag von Magnesium-ammoniumphosphat liefert: $Mg(NH_4)PO_4$, $6\,H_2O$. Diesen Niederschlag kann man zur gewichtsanalytischen Bestimmung der Phosphorsäure verwenden, da er bei dunkler Rotglut in die genau wägbare Form des Pyrophosphats übergeht. $2\,MgNH_4PO_4$ → $Mg_2P_2O_7$ + $2\,NH_3$ + $H_2O$ (vgl. die Regel I, 63!).

Sehr empfindlich ist folgender Nachweis: Ammonium-Molybdat-Lsg. $(NH_4)_6(Mo(MoO_4)_6)$, $4\,H_2O$ wird tropfenweise mit $HNO_3$ (s = 1,30) versetzt, bis der Molybdänsäureniederschlag sich wieder gelöst hat. Auf Zugabe der mit $HNO_3$ angesäuerten Phosphat-Lösung: Gelbfärbung, beim Erwärmen gelber Niederschlag von der Zusammensetzung $(NH_4)_3(P(Mo_3O_{10})_4)$, der durch Titrieren mit NaOH quantitativ bestimmt werden kann.

**Pyro-** und **Metasäure** sind auch ohne den Umweg über die Salze **direkt** durch Wasserabspaltung **aus Orthophosphorsäure** darstellbar, und zwar durch Erhitzen der letzteren auf bestimmte, genau einzuhaltende Temperaturen: $2\,H_3PO_4$ — $H_2O$ → $H_4P_2O_7$; $H_3PO_4$ — $H_2O$ → $HPO_3$. Die S a l z e der Orthophosphorsäure vermögen noch eine weitere Oxydmolekel eines II-wertigen Metalls zu addieren: $Ca_3(PO_4)_2$ + CaO → $Ca_4P_2O_9$. Dies geschieht z. B. bei den hohen Temperaturen in der Thomasbirne (I, 126). Die Thomasschlacke ist als wichtiges Düngemittel bekannt. Die zugehörige 8-basische Phosphorsäure ist in wäßriger Lösung unbeständig.

Die zu einem feinen, dunklen Staub gemahlene Schlacke besitzt ein sehr hohes spez. Gewicht und enthält die Phosphorsäure in zitratlöslicher Form, sowie Beimengungen von Mg-, Mn- und Fe-Silikaten u. a. Vor dem „Superphosphat" hat sie den Vorzug, daß sie den Boden nicht „säuert". Nach

Porzellanherstellung

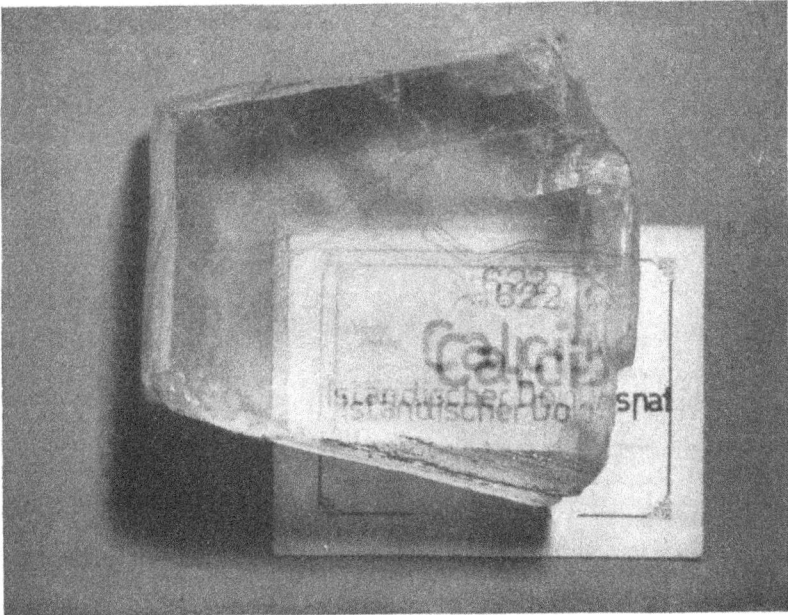

Isländischer Doppelspat

Künstliche Düngung

ihrer Entstehung könnte man sie zu den Schmelzphosphaten rechnen, deren Hauptvertreter das Rhenaniaphosphat ist: Ca-(PO$_4$)-Ca-(PO$_4$)Na$_2$, hergestellt durch Schmelzen der Rohphosphate mit Quarzsand und Soda.

Aus der Darstellungsgleichung des Phosphors (S. 89) ist der Grund erkennbar, warum in der Bessemerbirne, bei welcher zur Auskleidung SiO$_2$ (!) verwendet wird, der Phosphor aus dem Roheisen nicht abgetrennt werden kann.

Biochemisch ist die Orthophosphorsäure deswegen unentbehrlich, weil sehr viele Stoffwechselvorgänge, z. B. die III, 123 genannten über organische Orthophosphorsäure-Ester ablaufen. Vgl. auch III, 134!

## 19. Quarz und Silikate; Kolloide

V o r k o m m e n : Quarz ist ein Oxyd des Elementes **Silizium,** welches in der Gewichtsanteiltabelle (I, 129) dem Sauerstoff folgt. Im elementaren Zustand kommt es nicht vor, weil die Verbrennung des Siliziums beinahe mit der gleich hohen Wärmetönung wie bei Kohlenstoff erfolgt und weil andererseits ein gegenläufiger Prozeß fehlt, wie es beim Kohlenstoff der Assimilationsvorgang ist. Die Siliziumverbindungen und ihre Wandlungen durch die Verwitterung sind neben dem Kalk der Boden, auf den die lebende Natur gestellt ist. Aus ihnen hat der Mensch frühzeitig gelernt, Rohstoffe für sein Handwerk herauszuholen.

Das amorphe Silizium ist ein braunes, in Wasser unlösliches Pulver (s = 2,35). Das kristallisierte Silizium (s = 2,39) glänzt metallisch, ist undurchsichtig dunkel und ein guter Leiter für Wärme und Elektrizität, wie Graphit, aber sehr hart (Härte 7) [1]. Es wird in großen Stücken durch Reduktion im elektrischen Ofen hergestellt. Auch im Hochofenprozeß entsteht Silizium und bildet einen wichtigen Bestandteil des Roheisens. Mit sehr vielen Metallen bildet es direkt **Silizide,** die metallurgische Bedeutung haben. Der Siliziumstahl ist sehr hart und säurefest. Ähnlich wertvolle Eigenschaften besitzen siliziumhaltige Leichtmetallegierungen. Ein sehr wichtiges technisches Produkt ist das Siliziumkarbid (SiC) oder Karborund (Härte 9,5), das nicht nur für Schleifsteine verarbeitet wird, sondern auch zur Herstellung von elektrischen Widerständen und Heizkörpern.

D a r s t e l l u n g : 1 Teil Kieselgur und 2 Teile Magnesium brennen als „Blitzlicht" ab. Das zunächst entstehende Silizium verbrennt dabei wieder mit Luftsauerstoff zu **Magnesiumsilikat.** Durch Milderung der Reaktion (Überschuß von Quarzpulver statt der Kieselgur, 40 Teile auf 10 Teile Magnesium) läßt sich die Reduktion in einem schwer schmelzbaren Rgl. durchführen (Einleiten der Reaktion durch Anglühen wie I, 26). Nach dem Erkalten Behandlung mit HCl (Entfernung von MgO) und Schlämmen (Trennung von SiO$_2$ und Si):

$$SiO_2 + 2\,Mg \rightarrow Si + 2\,MgO.$$

---

[1] Vgl. die allotropen Formen des Kohlenstoffs I, 96!

Eine auffallende Umsetzung ist die Einwirkung des amorphen Siliziums auf Wasser bei Gegenwart von Alkali (vgl. auch S. 115!) $Si + 2\,H_2O \rightarrow SiO_2$[1]) $+ 2\,H_2\uparrow$ , wobei schon mit 28 g Silizium 44,8 $l$ Wasserstoff gewonnen werden können. Verwendung von $SiCl_4$ s. III, 147!

**Übg. 34:** In einem Porzellantiegel wird in geschmolzenes $NaKCO_3$[2]) die ungefähr berechnete Menge von feinkörnigem Quarzsand in kleinen Portionen eingetragen: Lösung im Schmelzfluß unter deutlicher Gasentwicklung. Wenn man etwas zu viel $SiO_2$ auf einmal einträgt, sind teigige Aufblähungen gut erkennbar.

E r g e b n i s : Bei hoher Temperatur ist die Kieselsäure in der Anhydridform eine sehr starke Säure (Verdrängung):

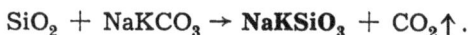

$$SiO_2 + NaKCO_3 \rightarrow \textbf{NaKSiO}_3 + CO_2\uparrow.$$

Trägt man in den Glasfluß wie bei Übg. 32 b Metalloxyde ein, so treten die gleichen Färbungen auf: Grundversuch für gefärbtes Glas (vgl. I, 119).

Die Ursache für die Aufnahme des Metalloxydes ist der Übergang des metakieselsauren Salzes in ortho-kieselsaures: $NaKSiO_3 + CuO \rightarrow NaKCuSiO_4$ (blaugrün). Daß tatsächlich „Wasserglas" entsteht, kann man durch Auskochen der erkalteten Masse mit $H_2O$ und Prüfung nach Übg. 35, b nachweisen.

**Übg. 35:** a) Wasserglaslösung reagiert alkalisch. Erklärung wie bei Soda S. 83. Man gibt etwa 2 n HCl bis zum vollständigen Verschwinden der alkalischen Reaktion zu (Umrühren mit einem Glasstab) und läßt stehen. Nach einiger Zeit bildet sich eine gallertige Masse, in der bei genügender Konzentration der Wasserglaslösung der Glasstab steckenbleibt: $KNaSiO_3 + 2\,HCl \rightarrow KCl + NaCl + \textbf{H}_2\textbf{SiO}_3$. Diese Formel ist nur aus der Umsetzung abgeleitet. Ein $SiO_3{}^{2\ominus}$-Ion ist wegen der vollständigen hydrolytischen Spaltung nicht nachweisbar; vgl. auch S. 99! Beim Versetzen mit überschüssiger Natronlauge und anhaltendem Kochen wird wieder Natriumsilikat zurückgebildet unter Lösung der Gallerte. Um nicht zu viel Flüssigkeit zu haben, nimmt man dafür nur einen Teil der Gallerte.

b) Versetzt man Wasserglaslösung mit $CaCl_2$, so bekommt man eine gallertige Fällung, die in NaOH unlöslich ist und aus Na-Ca-Silikat besteht, in stofflicher Hinsicht das gleiche wie Fensterglas, jedoch im physikalischen Zustand grundverschieden.

c) Übergießt man Cu- und Fe-Vitriolkristalle oder auch $FeCl_3$-Kristalle mit 10—15-proz. Wasserglaslösung, so entstehen an der Grenzfläche der Kristalle gallertige Silikate und wegen der hydrolytischen Spaltung des Wasserglases auch Hydroxyde, durch die das Lösungs-

---

[1]) S. S. 99, Fn. 1!
[2]) Das dieser Formel entsprechende Gemisch schmilzt bei niedrigerer Temperatur als reine Soda und reine Pottasche.

wasser diffundiert und den Kristall im Innern der Gallerte in konzentrierte Lösung überführt. Der hohe osmotische Druck dieser konzentrierten Salzlösung bringt die Silikatgallerthülle zum Platzen, die konz. Lösung fließt aus und umhüllt sich wieder mit Gallerthülle usw.

Diese an das organische Wachstum erinnernde Erscheinung hat eine Zeitlang größtes Aufsehen erregt, bis man erkannt hat, daß es sich nur um eine äußerliche Ähnlichkeit handelt, weil Diffusion, Osmose und Haarröhrchenwirkung auch zu den physikalisch-chemischen Vorgängen in Lebewesen gehören. Das organische Wachstum ist von diesem Verdünnungswachstum konz. Salzlösungen in Gallerthüllen grundverschieden.

Der bei der Untersuchung des **Diffusionsvermögens** sich darbietende Zustand der Stoffe führte Graham 1861 dazu, die Stoffe in diffundierende, echte Lösungen liefernde **Kristalloide** und in schlecht diffundierende, nach ihrem hauptsächlichen Vertreter benannte **Kolloide** einzuteilen. Die **Kolloidchemie** blieb lange Zeit vernachlässigt. Erst um die Jahrhundertwende wurde sie auf die ihr gebührende Stellung gehoben, wozu besonders die Entdeckung des Ultramikroskops beitrug (vgl. auch I, 25!).

Wenn auch heute noch die Unfähigkeit, zu diffundieren, als Kennzeichen für ein Kolloid gilt, so führt doch die Einteilung der Stoffe in Kristalloide und Kolloide zu Widersprüchen. Wir wissen, daß grundsätzlich jeder Stoff in kolloide Verteilung gebracht werden kann, sogar das Kochsalz in Flüssigkeiten, in welchen es sich nicht löst (Petroleum). Es ist also zweckmäßig von einem **kolloiden Zustand** zu sprechen, ebenso wie vom kristallisierten, flüssigen und gasförmigen.

Weil es sich um den Verteilungsgrad handelt, hat man die Kolloidchemie als die Chemie der „dispersen" (= zerteilten) Gebilde bezeichnet mit den Unterscheidungen:

1. Das Gebiet der **echten Lösungen,** bei denen die Größe der Einzelmolekeln kleiner als 1 Millionstel ($10^{-6}$) mm ist.

2. Die **kolloiddisperse Verteilung** mit der Teilchengröße der Molekelpakete von $10^{-6}$ bis $10^{-4}$ mm: kolloide Lösungen.

3. Die **grobdisperse Verteilung**: die Teilchen sind größer als $10^{-4}$ mm und können mit dem gewöhnlichen Mikroskop vom Verteilungsmittel unterschieden werden: **Suspensionen,** I, 14.

Die im Mikroskop unsichtbaren Molekelpakete (I, 25) der kolloiden Lösungen sind kleiner als die Poren der gewöhnlichen Filter. Sie können aber im Ultramikroskop erkannt werden und auch durch Ultrafiltration zurückgehalten werden. Solche Ultrafilter bestehen selbst aus kolloiden Stoffen, die echte Lösungen durchlassen oder, aus dem Fachausdruck übersetzt, „durchlösen" = dialysieren. Graham wendete die Dialyse an, um kolloide Kieselsäure[1]-Lösungen von der Fällungs-

---

[1] Genau genommen gibt es keine Kieselsäureformel, da die Ausscheidung wechselnde Mengen Wasser enthält. Die „Kieselsäure" ist also kolloides $SiO_2$-Gel. (S. 101).

säure und den Salzen zu trennen. Der Dialysator ist nichts anderes als ein Becher mit einem kolloiden Boden aus Pergamentpapier oder einer dünnen, tierischen Haut (Schweinsblase), der in reines Wasser gehängt wird. Dieses wird entweder hie und da erneuert oder es fließt zu und ab. Wenn wir bei der photographischen Entwicklung „wässern", machen wir grundsätzlich nichts anderes, als daß wir das Kolloid des Film- oder Plattenbelags durch „Dialyse" von den eingedrungenen Entwicklungs- und Fixierstoffen befreien.

Die Zahl der in einer kolloiden Lösung vorhandenen Teilchen ist absolut genommen zwar sehr groß, jedoch infolge des Beieinanders zahlreicher Molekeln in einem Paket in demselben Maß kleiner als die Zahl der Molekeln in einer echten Lösung. Da aber die Bestimmung des osmotischen Druckes, des Siedepunktes und des Gefrierpunktes auf die Zahl der störenden Teilchen anspricht, müßten die Beobachtungsmethoden, wenn 1000 Molekeln im Paket vereinigt sind, 1000mal verfeinert werden, damit die störende[1]) Wirkung der Molekelpakete genau ermittelt werden könnte: Kolloide Lösungen besitzen also praktisch weder osmotischen Druck, noch Gefrierpunktserniedrigung, noch Siedepunktserhöhung. Kontrolle: Bestimmung der Siedepunktserhöhung einer Kochsalzlösung und einer Stärkelösung (vgl. S. 24, Übg. 11!).

Die kolloide Verteilung bringt es mit sich, daß die disperse Stoffmenge gegenüber dem Gas oder der Flüssigkeit, in deren Volumen sie verteilt ist, eine riesige Grenzfläche aufweist, so daß die Oberflächenkräfte eine gewaltige Steigerung erfahren.

Ein Würfel von 1 mm Kantenlänge besitzt eine Oberfläche von 6 qmm. In eine Billion Würfelchen mit einer Kantenlänge von 0,0001 mm zerteilt, weisen diese für die gleiche Stoffmenge eine Oberfläche 60 000 qmm = 6 qdm auf.

Seifen- und Eiweißlösung haben eine geringere Oberflächenspannung als reines Wasser. Beide liefern mit Luft einen bleibenden Schaum, der bei Seife leicht in große Blasen gedehnt werden kann. Wegen der geringen Oberflächenspannung dringt auch Seifenlösung schneller in Gewebe ein als reines Wasser, benetzt besser. Vgl. III, 63 und 98!

Die gegenseitige Anziehung der Molekelpakete wird durch die Viskosität (Zähigkeit) des Verteilungsmittels behindert und ferner durch **elektrische Ladungen der Molekelpakete,** welche aber nicht konstant sind, sondern von dem Grad der Verteilung und dem Verteilungsmittel abhängig sind.

Unter Umständen können sie auch den elektrisch entgegengesetzten Sinn annehmen, gewissermaßen innere Reibungselektrizität.

Zum Unterschiede von der Ionenwanderung hat man für die „Wanderung" der elektrisch geladenen kolloiden Teilchen zu den Elekroden einen anderen wissenschaftlichen Fachausdruck eingeführt: **Kataphorese**[2]). Zusatz von Elektrolyten befördert durch deren Ionenladungen eine Entladung dieser Kolloidelektrizität, so daß in der **kolloiden Lösung = „Sol"** sich immer mehr Kolloidteilchen zusammen-

---

[1]) Sie liegt an der Fehlergrenze oder unter derselben.
[2]) Z. B. Kieselsäure „wandert" zur Anode.

ballen und eine **Ausflockung** [1]) oder Gerinnung (**Koagulation**) [2]) zustande kommt: „**Gel**" (im Anklang an Gelatine) [3]). Den letzteren Ausdruck gebraucht man aber in der Regel nur dann, wenn es sich um lösungsliebende **(lyophile) Kolloide** handelt. Bei ihnen ist der Zustand Sol $\rightleftarrows$ Gel umkehrbar [4]). Entwässerte Gele, ein Gelatine-„Blatt" oder ein Stück Knochenleim oder auch Stärke (Übg. 11) quellen und gehen schließlich in Lösung; vgl. III, 140!

Bei den lösungsfremden **(lyophoben) Kolloiden** ist in der Regel die Ausflockung nicht umkehrbar. Durch einfachen Zusatz von Verteilungsmitteln gehen diese nicht mehr in kolloide Lösung über. Z. B. sind Goldlösungen je nach dem Verteilungsgrad rot [5]) bis blau. Durch NaCl gefällt, können sie nicht mehr in das Sol zurückverwandelt werden.

Eine Darstellungsmethode für Kolloidmetalle ist die „Verstäubung" durch einen elektrischen Flammenbogen unter reinem Wasser zwischen dünnen Metalldrähten. Durch „umkehrbare" Schutzkolloide (Gelatine, Kasein, Tragantgummi) kann man nicht umkehrbare, kolloide Metalllösungen beständiger machen.

Die kolloiden Teilchen der nur sehr geringe elektrische Ladungen tragenden Schutzkolloide umgeben die stark geladenen Metallkörnchen wie mit einem schützenden Mantel, der die ausflockende Annäherung behindert. Das in der Medizin verwendete „Kollargol" ist eine mit Schutzkolloid stabilisierte kolloide Silberlösung. Aber letzten Endes ist der kolloide Zustand unbeständig. Auch Gelatine oder Kollodium-Gel zeigen bei langem Stehen Veränderungen („Alterung"), die auf Entmischung hinauslaufen. Die ständige Bewegung der Molekeln des Verteilungsmittels läßt die Kolloidteilchen nie zur Ruhe kommen (Brownsche Bewegung) und bewirkt einerseits das scheinbar schwerkraftfreie Schweben derselben, andererseits haben die Molekelstöße auch Zusammenprall der Kolloidteilchen selbst zur Folge. Wenn die Verklumpungen groß genug sind, können sie durch die Molekelstöße nicht mehr bewegt werden. Die Schwerkraft bewirkt nunmehr die Trennung. Viel schneller entmischt sich die kolloide Verteilung von Tröpfchen und Stäubchen in Gasen, worauf schon bei den Nebeln hingewiesen wurde.

Der Bereich der Kolloidchemie ist unermeßlich groß. Wenn wir an das Protoplasma der lebenden Zellen, den eiweißartigen Urbildungsstoff denken, so sind die Kolloide der Urgrund alles Lebens. Aber auch in der anorganischen Natur treten uns vielfach Kolloide entgegen. Im Ackerboden ist eine große Zahl lösungsfremder oder schwach lösungsliebender Kolloide (als kolloider „Niederschlag") vorhanden, die durch die ungeheure Oberfläche ihrer

---

[1]) Beispiel: $H_2S$ in wäßrige Lösung von arseniger Säure eingeleitet, ergibt nur gelbe Färbung in kolloider Lösung. Auf Zugabe von Salzsäure fällt $As_2S_3$ aus.

[2]) Auch heftige mechanische Bewegung ruft Koagulation hervor (Verbutterung der Milch).

[3]) Im großen geschieht dies im Brackwassergebiet der Flußmündungen beim Zusammentreffen von Kolloiden in „Süß"-Wasser mit den zahlreichen Ionen des „Salz"-Wassers.

[4]) $H_2S$ in konzentrierte $SO_2$-Lsg. eingeleitet, ergibt zunächst keine Fällung. Erst Zugabe von NaCl fällt den Schwefel aus, der mit reinem Wasser wieder in Lösung geht (s. S. 37!).

[5]) Echtes Rubinglas ist eine e r s t a r r t e, kolloide Lösung von Gold in Glas.

Molekelpakete die Adsorptionsfähigkeit für die Nährsalze der Pflanzen sicherstellen, von denen alles tierische und menschliche Leben abhängt. Vgl. auch S. 163!

**Kieselsäure** kommt in der Natur als amorphes Mineral kolloiden Ursprungs vor. Der **edle Opal** verdankt sein lebhaftes Farbenspiel den Interferenzfarben seiner zahlreichen Spalten und Risse, die beim Erstarren aus gel-artiger Kieselsäure entstanden sind. Der **gemeine Opal** (Holzopal) wird zu Schmuckgegenständen verarbeitet. Der **Feuerstein** ist ein Gemenge von Quarz mit gemeinem Opal. Wegen seiner Härte, Festigkeit und seines scharfkantigen Bruchs war er ungezählte Jahrtausende lang der wichtigste Werkstoff des Urmenschen für die Herstellung von Schabern, Beilen, Sägen und Waffen und auch für die Erzeugung des Feuers. Seine Benützung lieferte die Grundlage für die Überlegenheit des Menschen im Kampf mit der Natur; I, 7, Abb. 1.

Der vielverbreitete **Quarz** ist in neuerer Zeit wieder ein wichtiger **Werkstoff** für die Industrie geworden, seit man gelernt hat, ihn zu schmelzen und aus ihm Geräte für die Industrie zu formen.

Ein Rgl. aus Quarz ist zwar noch sehr teuer, etwa 6 DM., aber es hält die größten Temperaturdifferenzen aus[1]). Rotglühend in kaltes Wasser getaucht, bleibt es vollkommen unverändert, während ein gewöhnliches Rgl. dabei in kleinste Splitter zerspringt. Eine weitere wichtige Eigenschaft der Quarzgefäße ist die Durchlässigkeit für ultraviolettes Licht.

Außerdem ist Quarzsand der **Rohstoff** für die Industrie der Silikate (Glas I, 118; Porzellan) und des Eisens (als Zuschlag für die Verhüttung I, 122, vgl. auch II, 97!).

Neben dem farblosen **Bergkristall**[2]) kommt eine braune (R a u c h - t o p a s), violette (A m e t h y s t) und gelbe Form dieser Halbedelsteine vor (Z i t r i n). Dichter (fein kristallinischer) Quarz tritt als **Rosenquarz** und M i l c h q u a r z auf; mikrokristallin als **Jaspis** (gelb bis braunrot), K i e s e l s c h i e f e r (schwarz und undurchsichtig, Probierstein der Goldarbeiter), **Chalzedon** (grau), **Karneol** (rot), **Chrysopras** (grün). **Achat** und **Onyx** sind aus vielen verschieden gefärbten Schichten aufgebaut.

Die Kieselsäure des Bodens und des Wassers wird trotz der nur spurenhaften Löslichkeit von Pflanzen und niederen Tieren gespeichert: Riedgräser und Schachtelhalme (Zinnkraut). Diatomeen und Radiolarien tertiärer, diluvialer und alluvialer Ablagerungen liefern **Kieselgur** oder Infusorienerde, z. B. in der Lüneburger Heide, vielseitig verwendet als Isolier- und Verpakkungsmaterial und zum Aufsaugen gefährlicher Flüssigkeiten (Dynamit, III, 56). Gesinterte und gekörnte Kieselgur wird als D i a t o m i t bezeichnet. Die sog. Neuburger Kreide des Donautales ist ebenfalls fossile Kieselsäure, welche, durch Schlämmen aufbereitet, die Hauptmasse vieler Putzmittel (Ata, Imi) ausmacht.

---

[1]) Wegen des sehr kleinen Wärmeausdehnungskoeffizienten.

[2]) krystallos = Eis; die alten Griechen hielten den Bergkristall für nicht auftaubares Bergeis; Bildtafel I, 48.

Von den gesteinsbildenden **Silikatmineralien** enthalten die m-Silikate den II-wertigen $SiO_3$-Rest, die o-Silikate den IV-wertigen $SiO_4$-Rest oder Vereinigungen beider Reste unter Wasserabspaltung (Polysilikate).

**Metasilikate:** Der Wollastonit $CaSiO_3$ entspricht dem Kalkspat $CaCO_3$. Die **Augite** besitzen die Härte 5—6, $MgCa(SiO_3)_2$, das noch Fe, Mn und Al enthält; monokline, grünlich-schwarze Kristalle mit 8-eckigem Umriß. Ungefähr dieselbe chemische Zusammensetzung besitzen die Mineralien der **Hornblende**gruppe, gekennzeichnet durch den 6-eckigen Umriß; Härte 5—6. Zu ihnen gehört der Tremolith (Strahlstein) und der N e p h r i t.

Beide wurden wie der Feuerstein in der Frühzeit des Menschen verwendet. Aus Nephrit verstanden die alten Ägypter, heute noch bewunderte Skulpturen herzustellen.

Ferner gehören hierher der **Serpentin** und der vielfach verwendete **Asbest,** auch der **Talk** ($Mg_3H_2(SiO_3)_4$), „Schneiderkreide" und seine dichte Abart, der **Speckstein.** Dieses sehr weiche Mineral (Härte 1—2) kann leicht bearbeitet und mit sehr feinen Bohrungen versehen werden. Durch „Brennen" (siehe die Formel!) wird er sehr widerstandsfähig (Knöpfe, Azetylenbrenner). Reiche Lager im Fichtelgebirge.

**Orthosilikate:** O l i v i n $MgFeSiO_4$, im Basalt als Einschlußkristalle. „Wasserhaltige" Silikate sind die G l i m m e r (Härte 2—2,5). Kaliumglimmer $= KH_2Al_3(SiO_4)_3$ (Muskowit); Magnesiumglimmer (Biotit) ist dunkel gefärbt. Wegen des metallähnlichen Glanzes werden die Glimmer im Volksmund als Katzensilber bezeichnet. An sie schließen sich die Grünschiefer (C h l o r i t e) an. Die **Granat**gruppe besitzt Edelsteinhärte (7—8): $Al_2Fe_3(SiO_4)_3$ ist Almandin (dunkelrot). In isomorpher Vertretung sind auch andere Metalle enthalten. Der Grossular ist grün bis braun, der Pyrop (böhmischer Granat) blutrot. Die Granate kommen manchmal in Riesenkristallen (Rhombendodekaeder, reguläres System) vor (Bild 13).

Die **Feldspatgruppe** gehört zu den **Polysilikaten.** Der monokline Kaliumfeldspat (Orthoklas) [1]), $KAlSi_3O_8$ ist zusammen mit dem Kaliglimmer das Ausgangsmineral, aus dem durch Verwitterung der Kaligehalt unserer Ackererde stammt. Man gewinnt in Amerika sogar durch „künstliche" Verwitterung des Kaliumfeldspates Kalidüngersalze. Der trikline [2]) Natriumfeldspat ist ein Hauptbestandteil der Syenite und Gneisgesteine. Ein Kalknatronfeldspat ist besonders zu nennen: der **Labradorit** (Schillerstein), weil er von feinsten Rissen durchsetzt ist, deren bläulich-leuchtendes Farbenspiel an geschliffenen Steinverkleidungen großstädtischer Läden häufig zu sehen ist.

---

[1]) Rechtwinkelig spaltend (Bild 17).
[2]) Schiefwinkelig spaltend (Plagioklas).

Der **Topas** ist ein F-haltiges Al-Polysilikat. Der Beryll enthält die seltene Beryllerde, das Oxyd des Leichtmetalls **Beryllium** (A. G. 9,1). Es ist sehr hart (6—7) und besitzt ein niederes spez. Gew. (1,84). Beryll kommt in der Nähe von Bodenmais (Bayer. Wald) vor. Seine im Glimmerschiefer eingewachsene, spaltenfreie Abart ist einer d e r wertvollsten Edelsteine: **Smaragd** (grün) und **Aquamarin** (hellblaugrün).

## 20. Nutzung der Silikate; Tonwaren

Abgesehen vom Quarzitfels (Pfahl im Bayer. Wald) bilden die genannten Mineralien keine einfachen Gesteine. Die zusammengesetzten Silikatgesteine, die aus glutflüssigem Gesteinsbrei (M a g m a) entstanden sind, werden als **Eruptivgesteine** bezeichnet. Je nach dem Mineralbestand, dem geologischen Alter und den besonderen Bildungsbedingungen werden sie in Tiefengesteine und Ergußgesteine eingeteilt. Harz, Riesengebirge, Fichtelgebirge und Schwarzwald sind alte Gebirgsstöcke, deren Deckgebirge im Laufe der geologischen Entwicklung durch Verwitterung zerstört worden ist, so daß die Eruptivgesteine in verschiedenartiger Zusammensetzung zutage treten.

**Tiefengesteine:** Die **Granite** (K-Feldspat, Quarz und Glimmer mit zahlreichen Begleitmineralien) liefern wertvolle Bausteine wegen ihrer Härte und Schleifbarkeit. Die Bauten der alten Ägypter sind nicht zuletzt wegen ihres edlen Materials (sehr viel Granit) bis in die heutige Zeit erhalten geblieben. Die **Syenite,** in welchen der am Fettglanz makroskopisch erkennbare Quarz fehlt, werden wie die Granite verwendet, häufig zu Pflaster, von denen das Granit- und Syenitkleinpflaster besonders widerstandsfähig ist und bei den Autobahnen in den betreffenden Gebieten als Deckenbelag verwendet wird. Syenitbrüche im Odenwald und in der Gegend von Meißen. Zu den Tiefengesteinen zählt noch der dunkle **Gabbro** (Odenwald, Sachsen, Zentralalpen).

Ältere **Ergußsteine** sind die **Porphyre** und die grünlichen Diabase (Fichtelgebirge, Thüringen). In der einheitlichen mikrokristallinen Grundmasse der Porphyre sind größere, wohlausgebildete Kristalle enthalten.

Jüngere Ergußgesteine sind die **Trachyte** (Siebengebirge) und die **Basalte** (Eifel, Vogelsberg, Rhön und Oberpfalz), die häufig als Straßen und Eisenbahnschotter verwendet werden.

Das empordringende glühende Magma der Tiefen- und Ergußsteine hat seine Spuren in den Nachbargesteinen durch Mineralneubildung und sogar durch weitgehende Umbildung derselben hinterlassen. Solche „**Kontakt**"-Mineralien sind Zinnerz, Magnetit, Granat, Topas, Turmalin u. a.
Durch unterirdische Umwandlung von Eruptivgesteinen und Sedimenten (Gebirgsdruck, geothermische Wärme, physikalische und chemische Beeinflussung durch benachbarte vulkanische Herde) sind die **kristallinen Schiefer** entstanden: Gneis, Glimmerschiefer und Urtonschiefer (Zentralalpen, Spessart, Schwarzwald).

Ein Ergebnis der Verwitterung (I, 129) des Granits und auch der übrigen Eruptivgesteine sind die der weiteren Verwitterung größeren Widerstand leistenden Sandkörnchen, die nicht nur als Baumaterial, sondern auch als Industrierohstoff benützt werden. Wo besonders reiner Sand zur Ablagerung kam, haben sich z. B. im Jura, in Thüringen und im Bayer. Wald **Glashütten** angesiedelt, wenn das zweite Rohmaterial für Glas, der Kalk, leicht zu beschaffen war. Zudem war bis in das 19. Jahrhundert hinein Holz das Heizmaterial für diese Zwecke und auch die Potasche (I, 107) ein weiteres Rohmaterial. Die fein geschliffenen optischen Gläser sind wirklich, was Güte und auch den Preis anbelangt, zu „Edelsteinen" geworden. Glasherstellung s. I, 118!

Der aus Verwitterungssand mittels Kieselsäure verkittete **Sandstein** enthält meist noch Glimmerschüppchen, z. B. die z. Zt. häufig als Pflastermaterial verwendeten Weser-Sandsteinplatten.

**Tonwaren** [1]): Der Feldspat verfällt an primärer Lagerstätte einer besonderen Art der Verwitterung, der **Kaolinisierung**. Der Alkalisilikatteil wird in Karbonat verwandelt, das von Wasser weggelöst in den Boden gelangt mit einem großen Teil ebenfalls gelöster Kieselsäure. Das **Aluminiumsilikat** geht in Ton über $Al_2H_4Si_2O_9$; getrennt geschrieben ist diese Verbindung höherer Ordung leichter einzuprägen: $Al_2O_3$, $2 H_2O$, $2 SiO_2$. Im reinen Zustand ist Kaolin eine weiße, erdige Masse. Aus verwitterten Begleitmineralien durch Fe-Verbindungen verunreinigt ist er graugelb bis rotbraun gefärbt, namentlich an sekundärer Lagerstätte.

Die mikrokristallinen Tonmineralien (glimmerartige des Ackerbodens, Kaolinit besonders für keramische Zwecke, Montmorillonit als Hauptbestandteil der Bleicherden) besitzen geschichteten Bau. Aus Si- und O-Ionen aufgebaute regelmäßige 6-Ecke setzen die unter dem Elektronenmikroskop erkennbaren Kristallplättchen zusammen, bei welchen durch Einlagerung eines monomolekularen Wasserfilms zwischen die einzelnen Schichten ihr Abstand reversibel vergrößert wird. Bei diesen 2-dimensionalen, anorganischen Großmolekeln (III, 140) ist der Flächendurchmesser 100-mal größer als die Dicke, so daß sie in unregelmäßiger Verteilung noch zusätzlich sehr viel Wasser eingeschlossen enthalten. Durch Erhitzen geht die innerkristalline Quellungsfähigkeit verloren.

Reiner weißer Ton (Bolus alba) wird in der Heilkunde[2]) wegen seiner Adsorption zur Darmdesinfektion verwendet. Modellversuch: Mit Ton geschüttelte Kongorot- und Methylenblau-Lsg. werden entfärbt. Die Aufsaugungsfähigkeit des trockenen Tons stellt den Pflanzen „Quellungswasser" und adsorbierte Nährsalze zur Verfügung. — Mit Wasser vermengt ist Ton durch Kneten formbar und im gepreßten Zustand wasserundurchlässig[3]). Deshalb bestimmen Tonschichten den Stand des Grundwassers (Quellhorizont). Vielleicht hat der vorgeschichtliche Mensch an den Fußspuren in feuchtem Lehm die Formbarkeit erkannt, vielleicht auch beobachtet, daß unter einer Feuer-

---

[1]) Keramik von Keramis gr. = Tonwaren.
[2]) Zur Zeit nimmt man für diesen Zweck meist aktive Kohle (Carbo medicinalis).
[3]) Vgl. S. 54!

stelle auf tonigem Boden nach einem Regen sich keine Fußabdrücke mehr
bildeten, und hat dann geformte und getrocknete Gefäße „gebrannt". So etwa
kann man sich das Auftauchen der ersten Tonwaren nachträglich erklären,
die für die Sammeltätigkeit und Speisenaufbewahrung des primitiven Menschen einen großen Fortschritt bedeuten. Das freie „Aus-der-Hand-Formen"
wurde dann durch die Töpferscheibe abgelöst, die sich mit dem Fußantrieb
bis in die neueste Zeit erhalten hat und erst jetzt durch maschinelle Formung
abgelöst wird. Die Formgebung und Verzierung der Töpferwaren dient zur
Erkennung und Einteilung der vorgeschichtlichen Zeitabschnitte und ihres
kulturellen Standes (I, 120).

Für Tongesteine ist der „Tongeruch" nach dem Anhauchen kennzeichnend.

Bei den in der Natur vorkommenden Tonen unterscheidet man:

1. Kaolin oder Porzellanerde; brennt sich weiß und ist sehr feuerbe-
   ständig. Auch bei den höchsten Ofentemperaturen wird der „Scherben" zwar hart, bleibt aber porös (Schamotte).

2. Feuerfester Ton schwach gefärbt; praktisch unschmelzbar; für Steinzeug.

3. Töpferton; brennt sich in verschiedenen Farben von gelb bis braun;
   ist bei hoher Temperatur schmelzbar; für gewöhnliche Töpferwaren
   und Ofenkacheln.

4. Lehm oder Letten, noch stärker verunreinigt. Ausgansmaterial für
   Ziegelsteine und Dachplatten.

5. Mergel; kalkhaltiger Ton; Ausgangsmaterial für die Herstellung von
   Zement: 76—78% $CaCO_3$ + 22—24% Ton.

**Unterscheidung der Tonwaren nach der Beschaffenheit des „Scher-
bens".** A. Die Grundmasse ist gefrittet (etwas geschmolzen), hart und
nicht porös; sie glänzt wie Seide; darüber die „Glasur" mit Glasglanz.

1. **Steinzeug** (Bierkrüge, altdeutsches Geschirr, säurefeste Gefäße der
   Industrie) wird in e i n e m Brand bei etwa 1300⁰ hergestellt.

2. Für **Porzellan** (härter als Glas und Stahl) werden reine Ausgangsstoffe verwendet: Kaolin mit Feldspat, manchmal auch Quarzzusatz.
   Der geformte Gegenstand wird zunächst an der Luft getrocknet. Ganz
   reiner Ton ist zwar sehr gut formbar, zeigt aber starke Schwindrisse,
   was durch Zusatz von Magerungsmitteln (Quarz) vermieden wird. Die
   Formbarkeit ist abhängig von der Zeitdauer der Berührung mit dem
   Wasser: Einsumpfen bei Gegenwart von faulenden, organischen Stoffen. Der Brand erfolgt in z w e i Stufen.

Durch den **Rohbrand** bei 900⁰ [1]) entsteht eine poröse Masse. Auf diese werden die **Unterglasurfarben** gemalt (Metalloxyde s. Übg. 34, S. 98!). Dann
wird mit der aus Feldspat- und Marmorpulver in wäßriger Suspension be-
stehenden Glasurmasse übergossen und nochmals bei etwa 1450⁰ gebrannt.
Da beim **Garbrennen** das Porzellan etwas erweicht, werden die Gegenstände,
auch zum Schutz gegen Feuerungsstaub, in feuerfeste Schamottekapseln eingeschlossen. Die Glasur wird an den aufruhenden Stellen entfernt, um ein

---

[1]) Temperaturbestimmung durch „Seger"kegel, deren Umsinken im Ofen
die Temperatur angibt, hergestellt aus Kaolin mit Zusätzen, welche die
Schmelzpunkte in regelmäßigen Abständen herabsetzen.

Anschmelzen an der Kapsel zu verhüten. Diese rauhen Stellen sind für Porzellanwaren kennzeichnend. Die Goldverzierungen und **Überglasurfarben** (leicht schmelzbare, gefärbte Gläser) werden in einem 3. Arbeitsgang aufgetragen und bis zum Schmelzen eingebrannt. Da sie etwas hervorragen (durch Befühlen erkennbar) nützen sie sich rasch ab.

Unglasiertes Porzellan wird als Biskuitmasse [1]) bezeichnet und findet in der **Elektroindustrie** weitgehende Verwendung als **Isolator**. Manche Porzellanfabriken besitzen eigene elektrische Prüflaboratorien für Hochspannungen. Die Beheizung geschieht meist mit Generatorgas (I, 108), das sehr heiße, beliebig große und flugsaubarme Flammen liefert.

Das Porzellan wurde seit dem 6. Jahrhundert in China hergestellt und kam von dort im 16. Jahrhundert nach Europa. Die Herstellung der sehr teuren Importware wurde am Anfang des 18. Jahrhunderts durch Tschirnhausen aufgefunden und durch den Alchimisten Böttger dem sächsischen Hofe bekannt, der 1710 in Meißen die erste Porzellanmanufaktur errichtete (Arkanisten). Die übrigen Fürstenhöfe folgten bald nach, soweit ihnen die Porzellanrohstoffe verfügbar waren. Die Mittelpunkte der gegenwärtigen **Porzellanindustrie** liegen in Sachsen und Nordostbayern. Ein ebenfalls in Porzellanfabriken hergestelltes Produkt ist Ultramarin, ein schwefelhaltiges Aluminiumsilikat, das mit dem Namen Lasurstein (Lapislazuli) als seltenes Mineral vorkommt. Ultramarin ist nicht „säureecht", d. h. es wird von Säuren unter Entwicklung von $SH_2$ entfärbt.

B. Die Grundmasse ist porös; der Bruch sieht matt aus.

3. **Steingut.** Die Grundmasse ist gelblich brennender, feuerfester Ton, der im Rohbrand auf 1200⁰ gebracht wird. Der 2. Brand bezweckt hier nur die Aufbringung einer leicht schmelzbaren Glasur, hauptsächlich Bleigläser. Der Gehalt an dem giftigen Blei ist durch Gesetzesvorschriften so geregelt, daß keine Gesundheitsschäden auftreten können.

Die Brenntemperatur ist, umgekehrt wie bei Porzellan, beim Garbrand des Steingutes niedriger als im Rohbrand, so daß die Gegenstände keine Formveränderung mehr erleiden, weshalb es besonders für Kunstgegenstände verwendet wird. Steingutwaren werden beim Garbrand auf dornenartige Vorsprünge gesetzt und sind deshalb allseitig glasiert. Der poröse Scherben hat bei Gebrauchsgeschirr zur Folge, daß die Farbstoffe·von Tee und Kaffee durch Glasurrisse, nicht mehr abspülbar, aufgesaugt werden.

Die Kunsttöpferei wurde im Altertum von den Griechen zu hoher Vollendung gebracht und während des Mittelalters hauptsächlich von den Arabern in Spanien auf der Insel Majorka ausgeübt. Von ihren italienischen Namen kommt die Bezeichnung **Majolika**. In Italien (Faenza) hergestellte Kunstgegenstände wurden als **Fayence** bezeichnet. Der gefärbte Scherben wird durch eine undurchsichtige, zinnhaltige Glasur [2]) verdeckt. Zu den Majoliken gehören auch die **Ofenkacheln**.

---

[1]) Zweimal „gebacken". Für technische Zwecke werden neuerdings auch weite und enge Porzellanrohre hergestellt.

[2]) **Email** ist ein leicht schmelzendes, meist borsäurehaltiges Glas, das ebenfalls durch Zinnzusätze oder auch durch Knochenasche undurchsichtig ist und als Rostschutzüberzug über Eisenblech allgemein bekannt ist. Emailarten waren schon im alten Byzanz bekannt.

4. **Gemeine Töpferwaren** sind aus stark gefärbten Tonen bei verhältnismäßig niedriger Temperatur hergestellt. Sie erhalten eine Glasur
von niedrig schmelzenden Silikaten (durch Bestreuen mit Bleiglätte
oder Kochsalz). Blumentöpfe oder Terrakotta [1]) bleiben unglasiert.

5. **Ziegelsteine** werden aus unreinen, oft kalkreichen Tonen porös gebrannt. Die Verwendung von Ringöfen (seit 1860) führte zu sehr bedeutenden Brennstoffeinsparungen und ermöglichte so eine billige Mas-
senproduktion.

Ziegelsteine wurden bereits von den alten Römern für ihre Grenzkastelle
im alten Germanien verwendet, meistens aber nicht horizontal gemauert,
sondern schräg nach dem „Fischgrätenmuster". **Klinker** sind scharf gebrannte
Ziegel aus besser bearbeitetem Rohmaterial. Da sie kein Wasser aufsaugen,
sind sie auch ohne Verputz witterungsbeständig.
In den direkt beheizten **Schachtöfen**, welche nicht nur für die Eisenher-
stellung (I, Bild 28 und 29), sondern auch beim Kalkbrennen verwendet
werden, nützt man in **kontinuierlichem** Betrieb die Abwärtsbewegung der
Beschickung infolge der Schwerkraft in vertikaler Richtung aus. Ohne besondere Durchmischungsvorrichtungen verläuft, entgegengesetzt der fallen-
den Beschickung, die Aufwärtsbewegung der heißen Heizgase. Auch bei den
**Drehöfen** (Bildtafel 1) wird nach dem Gegenstromprinzip verfahren. Während bei **Herdöfen** (I, Bild 29, Puddel- und Martinofen) die Durchmischung
des Reaktionsgutes durch Diffusion in der Schmelze oder durch zusätzliches
Rühren erzielt wird, sorgt die Neigung der in Amerika erfundenen, etwa
30 m langen „Drehöfen" mit etwa 2 m Durchmesser durch Abrutschen an
der sich drehenden inneren Zylinderfläche (— wie an einer Böschung —) für
die Durchmischung und für die Fortbewegung des Reaktionsguts. Die Tem-
peraturabstufungen (— heißeste Zone am unteren, Vorwärmzone am oberen
Ende des Drehofens —) werden trotz der im Vergleich zum Schachtofen geringen Höhendifferenz sehr wirksam ausgenützt. Die in Ziegeleien verwendeten **Ringöfen** besitzen eine z e n t r a l e Generatorgasfeuerung bei ellipti-
scher Anordnung von etwa 16 Erhitzungskammern. Bei jeweils 4 nebeneinander liegenden Kammern wird der Zutritt der Heizgase durch Schieber ver-
schlossen und die Zugangstüren werden zum Zwecke der Entnahme und
Füllung geöffnet. Dafür müssen die An- und Abtransportvorrichtungen außen um den ganzen Ringofen herumführen. Auch hier gestattet das allmäh-
liche Herumwandern der in der Ellipse herumgesteuerten Beheizung in den
16 Kammern des „Rings" eine vollständige Ausnützung des Temperatur-
gefälles und die Vorwärmung der Verbrennungsluft unter Abkühlung der Erzeugnisse für die Entnahme. In den **Kanalöfen** von Porzellanfabriken wandert eine drehbare Erhitzungsbühne durch den feststehenden Heiztunnel mit
Entnahme und Aufbringung des Reaktionsguts (— hier in Schamottekapseln —) an einer zwischen den Tunnelenden befindlichen Arbeitsstelle.

## 21. Kalkstein; Düngelehre

Der Kalkstein ist neben Ton und (Quarz-)Sand das hauptsächliche
Sedimentgestein. Der dichte, unter dem Mikroskop als kristallisiert erkennbare Kalk verdankt meistens der Tätigkeit niederer Meereslebe-
wesen mittelbar oder unmittelbar seine Entstehung (organogenes Sedi-
ment,I, 129). Schön gefärbte und politurfähige Vorkommen werden als
„sogenannter" M a r m o r verwendet. Sie enthalten häufig mitange-

---

[1]) Gebrannte Erde (ital.).

schliffene versteinerte Gehäuse von Weichtieren; aus den Brüchen im Alpengebiet: Untersberger und Kiefersfeldener Marmor.

Der körnig-kristallinische, im Bruch wie Schnee schimmernde „echte" Marmor wird in der Bildhauerei verwendet. Der grob-kristallisierte Marmor der Urgebirge ist dafür wenig geeignet. Große einheitliche Kristalle führen den Namen **Kalkspat** (Kalzit, hexagonal-rhomboedrisch). Wasserhelle Riesenkristalle kommen auf Island vor und heißen wegen der starken Doppelbrechung des Lichtes isländischer **Doppelspat** (s. Bildtafel). — Auch **Kalktuffe** und **Tropfsteine** sind kristallinisch. Letztere sind durch Verdunsten kalter Lösungen von $Ca(HCO_3)_2$[1]) entstanden, die sich beim Durchsickern $CO_2$[2])-haltigen Wassers durch die klüftereichen Kalkgebirge gebildet haben; vgl. S. 51!

Aus heißen Lösungen, z. B. der Mineralquellen, scheidet sich Kalziumkarbonat in anderer Kristallform ab, nämlich als rhombischer **Aragonit** (Dimorphie s. S. 31!).

Das Element **Kalzium** bildet mit **Strontium** und **Barium** die Gruppe der **Erdalkalien**, die im elementaren Zustand ($s > 1$) bei gew. Temp. Wasser zersetzen, wenn auch nicht so heftig wie die **Alkalien** (I, 67). Sie sind gekennzeichnet durch schöne Flammenfärbungen (orange, rot, grün), liefern schwerlösliche Sulfate (Übg. 17), schwerlösliche Karbonate und Phosphate, leichter lösliche Hydrogenkarbonate. Die schwerlöslichen Hydroxyde sind starke Basen. Vgl. I, 107!

Unter Legierung mit Zn und anderen Metallen wird Kalzium-Metall als feines Pulver dem Zement zugemischt. Der damit hergestellte Beton wird infolge der $H_2$-Entwicklung mit dem Anrührwasser porös: Leichtbeton.

Kalziumchlorid und Kalziumkarbid s. III, 6 (Bild 1) und 22; Chlorkalk S. 21; Kalziumsulfid S. 55; Kalziumphosphat S. 89 und I, 92; Kalziumsilikate S. 103; Kalziumoxalat III, 66! Bariumsalze s. Übg. 17, S. 38!

**Übg. 36:** Ein Stückchen Marmor wird (befeuchtet) mit Lackmuspapier geprüft: neutral; als „unlöslicher" Stoff gegen Hydrolyse geschützt. In eine Zange eingeklemmt, wird es ein paar Minuten in der rauschenden Bunsenflamme geglüht. Nach dem Erkalten erwärmt es sich beim Befeuchten mit Wasser „von selbst" und reagiert stark alkalisch. Durch das Erhitzen ist gebrannter Kalk entstanden, der mit Wasser gelöschten Kalk gebildet hat.

Ein größeres Stück käuflicher **gebrannter Kalk** wird in einer Porzellanschale mit Wasser befeuchtet. Unter starker Erwärmung (wodurch viel Wasser verdunstet) und unter Aufblähen zerfällt es in ein lockeres, weißes Pulver. Rührt man es zu einem dicken Brei an und läßt diesen (bedeckt) einige Tage stehen, so erhält man eine sulzige Masse, wie sie der Maurer aus seinen

---

[1]) Vgl. I, 107! In dieser Form werden ständig gewaltige Mengen aus den Kalkgebirgen herausgelöst und durch das Flußwasser dem Meere zugeführt.
[2]) Bodenbakterien erzeugen große Mengen von $CO_2$.

Kalkgruben mit der Schaufel heraussticht. Eine dünne Suspension liefert ein klares Filtrat: **Kalkwasser** (siehe I, 106!). Die Lösung ist etwa $1/20$ normal und nahezu vollständig ionisiert. Trotz der sehr geringen Löslichkeit eignet sich gelöschter Kalk vorzüglich zur industriellen Verwendung als **billigste, starke Base**. Man braucht ihn nur als Kalkbrei anzurühren, um eine hohe Konzentration zu erreichen (vgl. S. 56 und Übg. 28, S. 76!).

Ergebnis: 1. $CaCO_3 \rightleftarrows CaO + CO_2$. Über 850⁰ verschiebt sich das Gleichgewicht nach rechts. Die Spaltung wird vollständig. $CaCO_3$ zerfällt beim Brennen nicht, sondern bleibt sehr fest. In groben Stücken bietet der gebrannte Kalk bei gewöhnlicher Temperatur dem Kohlendioxyd und dem Wasserdampf der Luft nur eine geringe Oberfläche dar, so daß er ohne besondere Vorsichtsmaßregeln bei trockenem Wetter transportiert werden kann.

2. „Lösch"-Gleichung: $CaO + H_2O \rightarrow Ca(OH)_2 + 15{,}5$ kcal.

Durch diesen Vorgang kann man mit kaltem Wasser ohne Flamme Wärme erzeugen. Da das Kalklöschen seit vielen Jahrhunderten im Baugewerbe ausgeführt wird, ist es die am meisten bekannte exotherme chemische Umsetzung. Die **Mörtelbereitung** aus einem Teil eingesumpftem Kalkbrei und 3—4 Teilen Sand wurde schon I, 121 erörtert.

Zu den **Wassermörteln** gehört der S. 47 besprochene Gips. Letzterer wird für leichte Trennungswände (Gipsdielen, Rabitz) auch als Baumaterial verwendet (Barock- und Rokokobauten).

**Zement** (I, 120). Ein „Brennen" tonhaltiger Kalke kann sich in der Natur durch vulkanische Hitze vollziehen. Die Puzzuolanerde vom Golf von Neapel (Vesuv) wurde schon von den alten Römern zu Hafenbauten verwendet. Der Hersteller des ersten künstlichen Zementes in England wählte die Bezeichnung Romanzement, um darauf hinzuweisen, daß er dem altrömischen Wassermörtel in seinen Eigenschaften gleicht. Wegen des Gehaltes an freiem CaO bindet der Romanzement sehr schnell ab und ist als Pulver unbeständig. Deshalb bildete der ebenfalls in England 1820 erfundene Portlandzement einen großen Fortschritt. Durch Brennen von Kalk mit tonhaltigen Stoffen (Mergel) bei 1400⁰ werden steinharte „Klinker" hergestellt, die zu feinstem Pulver zermahlen werden. Solange es nicht mit flüssigem Wasser in Berührung kommt, ist Portlandzementpulver sehr beständig; Anrührwasser etwa 26 % des Zementgewichtes.

Die Bezeichnung der Zementsilikate ist von Buchstaben abgeleitet unter Anfügung der „Mineral"-endsilbe: Alit = $3 CaO \cdot SiO_2$, Belit = $2 CaO \cdot SiO_2$; seine ß-Form ist die Ursache für das Zerrieseln schwach gebrannter Klinker; Celit ist $4 CaO \cdot Al_2O_3 \cdot Fe_2O_3$. Ferner Trikalziumaluminat $3 CaO \cdot Al_2O_3$ und andere. Trikalziumsilikat (Alit) wird als maßgeblich für die Erhärtung angesehen. Mit Wasser tritt Hydrolyse ein, wozu Wasser verbraucht wird: Der Zement bindet ab. Es scheidet sich kolloide Kieselsäure und aus dem Aluminat kolloides Aluminiumhydroxyd aus, welche unter Wasserabgabe erhärten. Hydrolyse und Erhärtung des gelatinösen Bindemittels dringen weiter in das Innere vor. Die Festigkeit hängt von den verkitteten kristallinen Bestandteilen ab, während die Wasserbeständigkeit von den kolloiden Gel-Massen verursacht ist.

Besonders hochwertige Zemente sind die Tonerde- und Schmelz-Zemente, welche bei sehr hoher Temperatur im elektrischen Ofen hergestellt werden. Bei einem Gehalt von 30% Hochofenschlacke spricht man von Eisenportlandzement, bei mehr Schlacke von Hochofenzement. Die Erz-Zemente mit wenig $Al_2O_3$ aber viel $Fe_2O_3$ sind besonders widerstandsfähig gegen Salzlösungen. Durch stark salzsaure Lsg. von $CaCl_2$ kann die Abbindezeit beträchtlich verkürzt werden.

**Beton** ist ein Gemenge von Sand, Kies oder Steinbrocken mit Zement, das beim Erhärten einen selbständigen Baukörper bildet. Das Abbinden (ohne Volumenänderung) dauert etwa 2 Tage, die Verfestigung mehrere Wochen. Da Eisen und Zement den gleichen Wärmeausdehnungskoeffizienten besitzen, ist die Verwendung der beiden sehr zähen Stoffe miteinander möglich. Der Eisenbeton ist das Material für die modernen Hochbauten. Vgl. I, 78 und 120!

Beim Hochofenprozeß fallen in der Schlacke Ca-Al-Silikate an, die durch zusätzliche Behandlung auf das richtige Verhältnis Ca : Al im Portlandzement gebracht werden und dann den Schlackenzement oder Eisenportlandzement liefern.

Zur Zeit versucht die chemische Technik das althergebrachte Verfahren des Ziegelmauerwerks durch „**künstliche**" **Steine** zu ergänzen und durch Verkittung von billigem Rohmaterial in bezug auf Festigkeit und Wetterbeständigkeit günstige und billige Fabrikate zu erzielen. Eine Umstellung des Bauwesens ist jedoch bisher nicht eingetreten, obwohl zahlreiche künstliche Steine in den Handel gebracht wurden.

Die **Verwendung** des gebrannten und gelöschten Kalks ist nicht auf die chemische **Industrie** und das **Baugewerbe** beschränkt. Auch in der **Landwirtschaft** ist Kalk für die Urbarmachung kalkarmer und saurer Böden unentbehrlich. Seine Ätzwirkung desinfiziert und führt die Fäulnis in die biologisch günstigere Vermoderung über. Kalk ist also auch ein wichtiger künstlicher Dünger. Bei den Kalisalzen (S. 56), bei Stickoxyd (S. 64) und schon I, 87, 89, 93, 126 und 130 wurde auf die Wichtigkeit der künstlichen Düngung hingewiesen.

Eine weitverbreitete Voreingenommenheit ist, daß die Gemüsepflanzen durch künstliche Düngung gesundheitsschädlich werden könnten. Die Haltlosigkeit dieses Vorurteils sieht man ein, wenn man den Weg der Düngesalze in die Pflanze verfolgt. Der Dünger wird in Form von wäßrigen Lösungen durch Diffusion nach den osmotischen Gesetzen und durch vielfältige Ultrafiltration aufgenommen (vgl. S. 99). Als lebendes Wesen nimmt die Pflanze nicht einfach Gifte auf und gibt sie an den sich davon ernährenden Menschen weiter, sondern sie reagiert auf ihr ungemäße Stoffe (Gifte) und sucht sich das aus, was in ihren biologischen Stoffumtrieb hineinpaßt. Eine Vergiftung der Pflanze würde das Gegenteil des Zweckes der Düngung bewirken, nämlich eine Schwächung des Wuchses oder Eingehen.

Diese Überlegung zeigt auch, daß der Mensch mit künstlicher Düngung nicht gewaltsam verfahren kann. Er kann nicht beliebige Stoffe in die Pflanzen hineinstopfen, um eine gute Ausbeute zu mästen, sondern er kann nur der Pflanze günstige Bedingungen für ein üppiges Wachstum schaffen. Vor der Düngung ist überhaupt erst festzustellen, was dem Boden fehlt, falls man nicht von der Ernte her weiß, was hauptsächlich mit dieser dem Boden weggenommen wurde. Die S. 57 erwähnte, durch Liebig festgestellte Abhängigkeit der Pflanzen von dem in geringster Menge anwesenden Nährstoff zeigt klar, daß man ohne diese Voraussetzung zu Fehldüngungen kommt. Ferner ist wichtig zu wissen, was noch alles im Boden vorhanden ist. Denn wir reichen den Dünger nicht den Kulturpflanzen, sondern dem Boden dar. Nach mechanischer Beseitigung des Unkrautes bleibt noch die mikroskopische Bodenflora zurück, die auch auf den Dünger anspricht. Die Ammoniumverbindungen in Nitrate umwandelnden Nitrifikationsbakterien wirken günstig. Die zu elementarem Stickstoff abbauenden Denitrifikationsbakterien können Stickstoffdüngung geradezu gegenstandslos machen. Ihr Vorhandensein verursacht für den Kreislauf des Stickstoffs von seiner organischen Bindung zur Ackererde und wieder zurück in Organismen beträchtliche Verluste. (S. 162, Bild 44, ferner I, 86 und 89).

Die Düngung greift in ein biologisches Wechselspiel ein und bewirkt eine Steigerung des Ertrags und eine Veränderung in der Lebensgemeinschaft des Bodens, zu der auch die tierische Besiedlung gehört (Protozoen, Würmer, Insekten). Mißerfolge in der Anwendung der Düngemittel werden dadurch hervorgerufen, daß das Ineinandergreifen vielfältiger chemischer und biochemischer Vorgänge nicht genügend berücksichtigt wird, deren Aufhellung eine Organisationsfrage der landwirtschaftlichen Beratung ist. **Wirkstoffe** sind I, 130 erwähnt.

**1. Kopfdüngung.** Schnell wirkende Dünger, die auf das schon bebaute Land aufgebracht werden, wobei genaue Bedingungen einzuhalten sind, um Schädigung der Pflanzen zu vermeiden, bis der Dünger den Weg in den Boden gefunden hat. Wiesen und Weiden können nur mit Kopfdüngern bearbeitet werden, wobei sich herausgestellt hat, daß dadurch Änderungen im Bestand der Wiesengräser und anderer Wiesenpflanzen (Blumen) eintreten, die in erwünschte Richtung gelenkt werden können.

**2. Grunddüngung.** Hier müssen langsam wirkende Dünger verwendet werden. Man kann auch im frischen Zustand für die Pflanzen giftige Dünger (z. B. Kalkstickstoff) zur Desinfektion und Schädlingsbekämpfung verwenden, die durch chemische Veränderungen bis zur Aussaat der Pflanzen in ungiftigen Dünger übergehen.

**3. Gründüngung:** s. I, 87!

Nach der chemischen Zusammensetzung unterscheidet man hauptsächlich Phosphatdünger (S. 97, ferner I, 93 und 126, Stickstoffdünger (I, 89) und Kalidünger (S. 57).

## 22. Magnesium

Das V o r k o m m e n von Magnesiumverbindungen ist schon bei den Kalisalzen und bei den Silikaten erwähnt worden. Eine sehr große Menge organisch gebundenen Magnesiums ist im Chlorophyllfarbstoff der grünen Pflanzen enthalten. Zuführung in Form von Dünger ist jedoch nicht nötig, da ausreichende Mengen von Magnesiumverbindungen in der Ackererde stets vorhanden sind.

V e r w e n d u n g : In Österreich befinden sich große Lager von **Magnesit** $MgCO_3$, welcher $CO_2$ bei bedeutend niedrigerer Temperatur als $CaCO_3$ abspaltet und deshalb zur Herstellung von $CO_2$ und $MgO$ (für feuerfeste Materialien) gebraucht wird. Eine isomorphe Mischung von $MgCO_3$ und $CaCO_3$ liegt im **Dolomit** vor, der für Straßenschotter, als verwitterungsbeständiges Baumaterial und für die Auskleidung von Thomasbirnen (I, 126) Verwendung findet. Gebrannter Dolomit $CaO$, $MgO$ wird als „Schwarzkalk" bezeichnet.

Das in den norddeutschen Kaliwerken massenhaft anfallende $MgCl_2$ liefert mit $MgO$ und Sägspänen zusammengebracht den Magnesiazement (Bodenbelag), mit feineren Füllmitteln (Baumwollfasern oder Holzschliff) den „Elfenbeinersatz". $MgSO_4$, $7 H_2O$ heißt wegen des Geschmacks „Bittersalz".

D a r s t e l l u n g : Durch Schmelzelektrolyse unter Zusatz von Flußspat wird aus $MgCl_2$ das Leichtmetall Magnesium gewonnen, das in Form von Legierungen eine stetig steigende Verwendung findet.

Seine Darstellung hat lange Zeit große Schwierigkeiten bereitet, da das Mg bei höherer Temperatur fast alle Oxyde reduziert. Z. B. brennt ein Magnesiumband sogar in reinem $CO_2$ mit niedrigerer Temperatur und geringerer Lichtaussendung als an der Luft. Nach dem Weglösen der weißen „Asche" mit 20-proz. Salzsäure kann man den Ruß deutlicher sehen. Magnesium reduziert also $CO_2$ zu Kohlenstoff: $CO_2 + 2 Mg \rightarrow 2 MgO + C$. Mg „unedler" als Zn: s. Übg. 47a, S. 141!

Die Verwendung des Magnesiums für die Darstellung von Silizium wurde schon S. 97 erwähnt. Die Mischung mit O-reichen Verbindungen zu Blitzlicht wird wegen des lästigen MgO-Rauches mehr und mehr durch den Vakublitz, dünne Al-Folie in reinem Sauerstoffgas verdrängt. Für Magnesiumfackeln, Leuchtkugeln und Raketen ist Mg unersetzlich, da es bei seiner hohen Verbrennungstemperatur außerordentlich viel Licht aussendet. Dabei bildet sich auch zum Teil Magnesiumnitrid $Mg_3N_2$.

An der Luft überzieht sich Magnesium mit einem grauen Oxydbelag, welche das darunter liegende Metall vor weiterer Einwirkung schützt. Aus dem eben genannten Grunde zersetzt Mg das Wasser bei gewöhnlicher Temperatur nicht zum Unterschied von den Erdalkalien. Beim Kochen mit Wasser tritt dagegen stark alkalische Reaktion auf. Der Wasserstoff entweicht mit dem Wasserdampf:

$$Mg + 2 H^{\oplus} + 2 OH^{\ominus} \rightarrow Mg^{2\oplus} + 2 OH^{\ominus} + H_2 \uparrow \text{ (vgl. S. 96, Übg. 33!).}$$

Die **Elektron** genannte Legierung (90 % Mg, 6 % Al, 3 % Zn, 0,8 %
Mn; s = 1,8) wird vielfach verwendet, seit man die Bearbeitungs-
schwierigkeiten (Entzündlichkeit) zu überwinden gelernt hat, weil sie
bei sehr niedrigem spez. Gewicht hohe Festigkeit besitzt.

Die Legierung mit Aluminium wird Magnalium genannt.

## 23. Aluminium

Der Name wurde von Davy aus der lateinischen Bezeichnung für
Alaun (alumen) für das damals noch hypothetische Metall abgeleitet, das
erstmalig von Wöhler 1827 hergestellt wurde.

**Übg. 37:** Alaunlösung[1]) gibt als Sulfat die $BaSO_4$-Fällung. An einem
Magnesiastäbchen wird die rauschende Bunsenflamme rotviolett gefärbt: Nachweis des Kaliums (Kontrolle durch ein Kobaltglas). Bei den
folgenden Umsetzungen ist das Kaliumion unbeteiligt.

Alaunlösung wird mit Ammoniak versetzt. Nach der Gleichung:
$K^\oplus + Al^{3\oplus} + 2 SO_4^{2\ominus} + 3 NH_4^\oplus + 3 OH^\ominus \rightarrow$ **Al(OH)₃** $+ K^\oplus + 3 NH_4^\oplus$
$+ 2 SO_4^{2\ominus}$ erhält man einen gequollenen, schleimigen Niederschlag, der
sich beim Kochen nicht löst, in HCl dagegen leicht löslich ist (Gl. s. auf
dieser Seite Zeile 3 von unten Gl. 1!).

Führt man die Fällung durch allmähliches Zutropfen von Natronlauge aus, so bekommt man zunächst den erwarteten Niederschlag von
$Al(OH)_3$. Die Formulierung ist die gleiche, nur statt des $NH_4^\oplus$ das $Na^\oplus$.
Aber im Überschuß der Lauge tritt klare Lösung ein. Die Bildung einer
wasserlöslichen Verbindung kann nur so erklärt werden, daß gegenüber der starken Base das $Al(OH)_3$ als Säure wirkt und **Aluminat** bildet.
$Al(OH)_3$ vermag also je nach der Beanspruchung durch eine starke Base
oder eine starke Säure zweierlei Ionen zu bilden: $Al^{3\oplus}$ und $AlO_2^\ominus$, in
der anhydrisierten Form geschrieben, eigentlich:

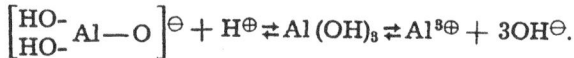

$$\begin{bmatrix} HO- \\ HO- \end{bmatrix} Al-O \end{bmatrix}^\ominus + H^\oplus \rightleftarrows Al\,(OH)_3 \rightleftarrows Al^{3\oplus} + 3 OH^\ominus.$$

Man spricht, wie diese Formulierung verdeutlicht, von einem beider-
seitigen Stoff: **amphoteres** Aluminiumhydroxyd verhält sich gegen eine
starke Säure wie eine schwache Base und gegen eine starke Base wie
eine schwache Säure:

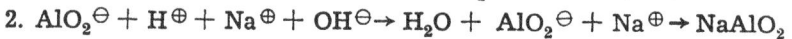

1. $Al^{3\oplus} + 3 OH^\ominus + 3 Cl^\ominus + 3 H^\oplus \rightarrow 3 H_2O + Al^{3\oplus} + 3 Cl^\ominus$

2. $AlO_2^\ominus + H^\oplus + Na^\oplus + OH^\ominus \rightarrow H_2O + AlO_2^\ominus + Na^\oplus \rightarrow NaAlO_2$

beim Eindampfen. Salze dieser „Aluminiumsäure" mit II-wertigen Me-

---

[1]) Verhalten beim Erhitzen s. S. 34, hydrolytische Spaltung S. 83!

tallen sind die in schönen Oktaedern kristallisierenden „Spinelle", zu denen auch in weiterem (isomorphem) Sinne der Magnetit gehört. Technische Verwendung als „Hartstoffe".

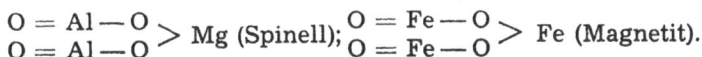

$$\begin{matrix} O = Al - O \\ O = Al - O \end{matrix} > Mg \text{ (Spinell);} \quad \begin{matrix} O = Fe - O \\ O = Fe - O \end{matrix} > Fe \text{ (Magnetit).}$$

Die Aluminiumsäure kommt auch als Mineral vor: $O = Al - OH$[1]) Diaspor. Bei der Verfestigung des Betons leitet die Ca-Aluminatbildung den Vorgang ein (Abbinden). Gefälltes Aluminiumhydroxyd $Al(OH)_3$ verhält sich im Dialysator ähnlich wie Kieselsäure, so daß man ihm eigentlich ebensowenig wie der Kieselsäure (Übg. 35, S. 98) eine bestimmte Formel zuschreiben dürfte, aber aus praktischen Formulierungsgründen doch anwendet, zumal $Al(OH)_3$ in der Natur als das Mineral Hydrargyllit vorkommt. $Al_2O_3 \cdot 2 H_2O$ ist, mit Fe-Verbindungen verunreinigt, der technisch wichtige **Bauxit** (vom Fundort Les Baux in Frankreich).

Die Aluminiumsäure ist eine sehr schwache Säure und vermag mit der mittelstarken Base $NH_4OH$ kein wasserbeständiges Salz zu bilden. Die Fällung $Al(OH)_3$, S. 114, ist also von diesem Gesichtspunkt aus als Hydrolyse erklärt. Wegen seiner Mittelstellung zwischen Base und Säure ist $Al(OH)_3$ aber auch eine schwache Base. Das Sulfat (Alaun) ist weitgehend hydrolytisch gespalten. Versetzt man Aluminiumlösung mit Soda, so möchte man Karbonatfällung erwarten. Aber die schwache Kohlensäure und die schwache Aluminiumbase halten in Gegenwart von Wasser nicht zusammen: Aus dem gequollenen $Al(OH)_3$-Niederschlag steigen $CO_2$-Basen auf (s. auch S. 135!).

**Übg. 38:** Die amphotere Natur ist auch der Grund dafür, daß Aluminium nicht nur mit Säuren sondern auch mit starken Basen Wasserstoff entwickelt. Primär entsteht der dabei auftretende Wasserstoff nicht aus der NaOH-Molekel, so daß man keinesfalls den Schluß ziehen darf, daß das Schema, I, 59, auf Natronlauge anwendbar sei. Hier reagiert Wasser als $H^\oplus$-Ionenspender:

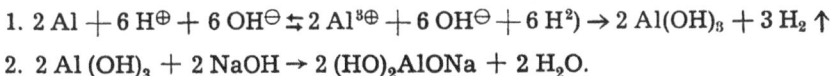

1. $2 Al + 6 H^\oplus + 6 OH^\ominus \leftrightarrows 2 Al^{3\oplus} + 6 OH^\ominus + 6 H^2) \rightarrow 2 Al(OH)_3 + 3 H_2 \uparrow$

2. $2 Al(OH)_3 + 2 NaOH \rightarrow 2 (HO)_2AlONa + 2 H_2O.$

Durch Add. folgt daraus die Gesamtgleichung. Der primäre Vorgang ist also eine Reaktion mit den Ionen des Wassers. Der 2. Vorgang ist eine reguläre Salzbildung (Aluminat) durch Natronlauge:

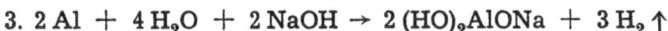

3. $2 Al + 4 H_2O + 2 NaOH \rightarrow 2 (HO)_2AlONa + 3 H_2 \uparrow$

---

[1]) Entspricht in der Zusammensetzung dem Goethit (I, 122).
[2]) Setzt man $KNO_3$ zu, so wird durch den Wasserstoff im Entstehungszustand wegen der alkalischen Reaktion quantitativ der gesamte Stickstoff in $NH_3$ übergeführt. Vgl. Übg. 26, S. 66!

Diese Formulierung einer Wasserstoffentwicklung als Hydrolyse mit
Umladung der Ionen (Übergang der Wasserstoffionladung auf das Metall) ist auch auf das Metall Natrium selbst anwendbar (s. Spannungsreihe S. 140!). Die Gleichung I, 69 müßte eigentlich geschrieben werden:

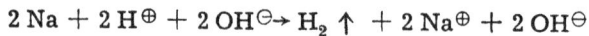

$$2\,Na + 2\,H^{\oplus} + 2\,OH^{\ominus} \rightarrow H_2 \uparrow \; + 2\,Na^{\oplus} + 2\,OH^{\ominus}$$

Im ersten Augenblick scheint dies für Aluminium sinnlos zu sein; denn wir
kochen täglich in Aluminiumgeschirren, ohne daß etwas „passiert". Das beruht auf einem winzigen Oxydhäutchen, welches das Metall vor den An-
griffen der Ionen des Wassers und der Elektroumladung mit Wasserstoffionen schützt und sich sofort wieder bildet, wenn es durch mechanische Bearbeitung zerrissen worden ist (vgl. auch Übg. 44, S. 134!). Wird das Oxydhäutchen durch Anätzen chemisch dauernd entfernt, so bricht die chemische
Reaktionsfähigkeit unaufhaltsam durch.
    Aluminiumblech wird durch Erwärmung mit NaOH angeätzt und für 2 bis
3 Minuten in $^1/_2$-proz. $HgCl_2$-Lösung gebracht. In dieser Weise wird an
Stelle des Oxydhäutchens ein dünner Quecksilber(Amalgam-)belag erzielt
(s. Spannungsreihe!). Schon beim Abspülen mit Wasser setzt die $H_2$-Ent-
wicklung ein. Derartig „aktiviertes" Aluminium entwickelt mit reinem
Wasser stürmisch Wasserstoff, wobei sich gequollenes $Al(OH)_3$ bildet (s.
obige Gl. 1!), und muß ähnlich wie die Alkalimetalle unter Benzin oder Petroleum aufbewahrt werden (vgl. I, 67).

Die außerordentliche Aktivität des Aluminiums in der Glühhitze
haben wir schon bei Thermit, I, 65, kennengelernt. Dort ist uns auch
schon das Aluminiumoxyd ($Al_2O_3$) entgegengetreten. In der Natur
kommt es als **Edelstein** vor: **Rubin** (rot), **Saphir** (blau), aber auch als der
durch $Fe_2O_3$ undurchsichtige Korund und noch stärker, auch durch
Quarz verunreinigt, als Schmirgel. In den besprochenen Aluminium-
silikaten und vielen anderen Mineralien liegen ungeheure Mengen von
**Aluminium** aufgestapelt, so daß Aluminium in der Gesteinsgeschichte
der Erde das häufigste metallische Element ist, I, 129. Trotzdem lernte
die Technik erst spät, daraus einen **Werkstoff ersten Ranges** zu gewinnen.

Bei seiner ersten technischen Herstellung (1854) war das von Napoleon III.
begehrte „Silber aus Lehm" so teuer wie Gold. Bis 1889 sank der Preis für
das Kilo auf 50 M. Aber erst unmittelbar vor der Jahrhundertwende gelang
die billige technische Großdarstellung, so daß der Preis 1912 auf 1.65 M. sank.
    Die Festigkeit des silberweißen Metalles entspricht der des Kupfers,
die elektrische Leitfähigkeit ist halb so groß wie bei Kupfer. Amerika,
das größte Rohstoffland für Kupfer, hat schon vor dem ersten Weltkrieg für seine elektrischen Fernleitungen mit bestem Erfolg Alumi-
niumdrähte verwendet. Wenn wir in der Elektrotechnik Aluminium-
drähte verwenden, so ist dies durchaus kein Notbehelf, wie das ameri-
kanische Vorgehen beweist. Beonders bearbeitete Legierungen mit
Kupfer und anderen Metallen haben eine hohe Elastizität und stahl-
artige Festigkeit. In bezug auf Legierungschemie der Leicht- und
Schwermetalle hat die Technik größte Erfolge erzielt. Duraluminium:
5% Cu, 1 % Mn, 0,5 % Mg, 93,5 % Al; Silumin: 13 % Si, 87 % Al.

Die Dehnbarkeit des Aluminiums kommt dem Silber und Gold nahe und hat die Herstellung von Blattaluminium ermöglicht, welches das Stanniol (Blattzinn) weitgehend verdrängt hat. Aus sehr feinen Flittern bestehendes Aluminiumpulver[1]) wird als Rostschutzanstrich für Eisen verwendet. Auch in der Eisen- und Stahlindustrie selbst wird es zur Erzielung eines dichten und blasenfreien Gusses in großen Mengen gebraucht.

Die Luftfahrtindustrie, die Autoindustrie und auch das Brauereigewerbe sind Großverbraucher für Aluminium. Die Anwendung als Küchengeschirr ist dadurch möglich, daß Aluminiumverbindungen in geringen Mengen für den Menschen ungiftig sind. Zum Bau von Schiffen ist Al ungeeignet, da es gegen das salzhaltige Meereswasser zu wenig beständig ist.

Weitgehende Anwendung findet das wasserfreie Aluminiumchlorid ($AlCl_3$) für Synthesen in der organischen Chemie. Im wasserhaltigen Zustand kommt ihm die Formel $Al(H_2O)_6Cl_3$ zu.

**Al-Darstellung:** Zunächst wird aus Bauxit auf dem Wege über das Natriumaluminat, Filtrieren, Ausfällen von $Al(OH)_3$ und Entwässern reines $Al_2O_3$ hergestellt. Außer Frankreich liefern Ungarn und Kroatien Hunderttausende von Tonnen dieses Minerals. In den letzten Jahren ist die Herstellung von billigem $Al_2O_3$ aus Ton angestrebt worden. Auch der Kryolith, der aus Grönland bezogen wird ($Na_3AlF_6$), kann synthetisch hergestellt werden. In die Schmelze von Kryolith und $Al_2O_3$ [2]) wird bei niedriger Spannung ein Strom von 14 000 Amp. geschickt. Um Leitungsverluste möglichst zu vermeiden, wird die Schmelzelektrolyse in unmittelbarer Nähe des Kraftwerkes durchgeführt und der Strom in einem Kupferkabel von gewaltigem Durchmesser zugeführt. Das Innwerk (Töging) verwendet Wasserkraft. Die norddeutschen Werke liegen in Braunkohlenrevieren, wo ebenfalls billig Elektrizität hergestellt werden kann, z. B. in Bitterfeld. Der gewaltige Stromverbrauch findet seine Erklärung in dem sehr niedrigen Äquivalentgewicht

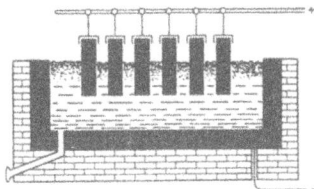

**Bild 35**
Aluminiumofen. Die Graphitkohleauskleidung des flachen Steintrogs bildet die Kathode, die blockförmigen Kohleelektroden sind die Anoden. Der elektrische Strom bringt die Füllmasse zum Schmelzen. Das durch Schmelzelektrolyse aus $Al_2O_3$ entstehende Aluminium sammelt sich am Boden an.

des Aluminiums: 27/3 = 9 (Bild 35). Der entstehende Sauerstoff verbrennt die Kohleelektroden bei der hohen Temperatur zu CO. Die thermochemische Gleichung gibt die benötigten Energiemengen in Kalorien an: $2 Al_2O_3 + 378$ kcal. $\rightarrow 4 Al + 3 O_2$. Vgl. S. 52, 3. Beispiel!

[1]) Irreführend als Aluminiumbronze bezeichnet.

[2]) Durch $Na_3AlF_6$-Zusatz erniedrigt sich der F. der Mischung auf 900°; F. des reinen $Al_2O_3$ : 2000°.

Aus Mansfelder Rückständen (S. 120) werden die seltenen Metalle **Gallium** und **Rhenium** gewonnen. Das dem Al nahestehende Ga besitzt den bemerkenswert niedrigen Schmelzpunkt von + 30 °. Preis 10,— DM für das Gramm.

## 24. Zink

V o r k o m m e n : Als ZnS Zinkblende, $ZnCO_3$ Zinkspat (Galmei) und Kieselzinkerz. Vor dem ersten Weltkrieg war Deutschland neben Amerika der Haupterzeuger von Zink.

D a r s t e l l u n g : Während Zinklegierungen mit Kupfer (Messing) schon im Altertum bekannt waren, gelang die Herstellung von gediegenem Zink erst im 18. Jahrhundert. Zur Reduktion des ZnO mit Kohlenstoff müssen nämlich sehr hohe Temperaturen angewandt werden, so daß das entstandene Zink [1]) verdampft und wieder zu ZnO verbrennt [2]), wenn man nicht die Luft abschließt. Dies wird durch „Muffeln" aus Ton erreicht, in welche das Zink hineindestilliert und sich dort als Zinkstaub (mit etwas Zinkoxyd) absetzt. Das Rohzink wird elektrolytisch gereinigt.

E i g e n s c h a f t e n : Bei gew. Temp. ist Zink nicht dehnbar, so daß sich Stangen leicht auseinanderbrechen lassen, zwischen 100° und 150° ist es geschmeidig, läßt sich walzen und ziehen. Früher wurde Zink vielfach für Badewannen u. ä. und im Dachdeckergewerbe verwendet, jetzt hauptsächilch zum Verzinken von Eisenblech und zur Herstellung von **Cu-Legierungen:** bis 18 % **Rotguß** (Tomback), 18—50 % **Gelbguß** (Messing) 50—80 % **Weißguß**.

Die keimtötende Wirkung wird ausgenützt für Tränkung von Holz $(ZnCl_2)$ und zu Zinksalben (ZnO). ZnS in Mischung mit $BaSO_4$ ist eine wichtige, weiße Malerfarbe (Lithopone).

**Übg. 39:** Eine bemerkenswerte Eigenschaft der Zinksalze ist die doppelte Spaltung in die Ionen $Zn^{2\oplus}$ und $(ZnO_2)^{2\ominus}$ (vgl. S. 114, Übg. 37!). Deshalb reagieren $ZnCl_2$- und $ZnSO_4$(Zinkvitriol)-Lösung infolge von Hydrolyse stark sauer. Aber auch die Salze der „Zinksäure" mit starken Basen sind hydrolytisch gespalten. **Natriumzinkat** entsteht beim Versetzen von Zinklösung mit Natronlauge im Überschuß: zunächst $Zn(OH)_2$-Fällung, dann Lösung. Eine weitere Folge ist, daß man mit Hilfe von Zn nicht nur in saurer Lösung (I, 59), sondern auch in alkalischer Lösung Wasserstoff entwickeln kann. Erklärung wie S. 115, Übg. 38!

Nach den Beobachtungen bei Aluminium dürfte beim Versetzen mit Ammoniak keine Lösung eintreten. Da dies trotzdem der Fall ist, beruht die Lösung nicht auf Ammoniumzinkatbildung, sondern auf der Ent-

---

[1]). F. 419 °, Kp. 920 °.

[2]) Vgl. die P-Darstellung S. 89, die Si-Darstellung S. 97 und ferner I, 41!

stehung eines zusammengesetzten $NH_3$-haltigen Ions: $[Zn(NH_3)_4]^{2\oplus}$. Diesem Verhalten werden wir noch bei Kupfer und Silber begegnen. Es ist nur durch die Zuordnung (S. 46) erklärbar.

Als Nebenprodukt der Zn-Herstellung wird **Kadmium** gewonnen; für Korrosionsschutz. Ferner **Jndium**, welches als bleiähnliches, zähes Metall für Legierungen verwendet wird, auch in der Zahnheilkunde.

## 25. Kupfer

Neben Gold ist Kupfer das vom vorgeschichtlichen Menschen am frühesten verarbeitete Metall, bis in das 4. Jahrtausend v. Chr. zurück. Die Überlegenheit der daraus gefertigten Geräte und Waffen über die aus Feuerstein und Knochen hergestellten hat das Suchen des Menschen nach metallischen Werkstoffen vielleicht erst ausgelöst. Das frühzeitige Auftreten ist dadurch erklärt, daß Cu als Edelmetall neben Gold, Silber und Platin in der Natur gediegen vorkommt und sicher in der europäischen Frühzeit auch reichlich gefunden wurde. Durch Beobachtungen beim Kupferschmieden lernte man das Cu aus seinen oxydischen Erzen durch Glühen mit Holzkohle herstellen. Von etwa 2500—1000 v. Chr. folgte dann die leichter schmelzbare Bronze, eine Legierung von etwa 94 % Cu und 6 % Zinn, die viel zäher als das Cu selbst ist.

Die Bezeichnung „zyprisches Erz" weist auf die antike Hauptgewinnungsstätte Zypern hin. Das alchimistische Zeichen ist dasselbe wie für den Planeten der zyprischen Venus, in die Biologie übernommen als Zeichen für weiblich ♀. Auch das alchimistische Zeichen für Eisen, gleichzeitig das astrologische Zeichen für den Planeten Mars, hat sich als das Zeichen für männlich ♂ erhalten.

Die Bronze führte in den Küstenländern des Mittelmeeres zum Aufbau einer Großindustrie beinahe im heutigen Sinne des Wortes. Die Erze wurden dafür durch Schiffstransport aus Spanien und sogar aus Britannien hergeholt (Cornwall), wo Kupferkies und Zinnstein nebeneinander vorkommen. Zweifellos hat die ausgedehnte Verarbeitung zu einer Bronzekrise geführt, wie wir heute sagen würden. Suchte man doch das Erz durch Weltreisen (für damalige Begriffe) einzuführen. Die Lösung brachte das Eisen, welches zuerst vielleicht Ersatz, dann aber der Bronze überlegen, der bestimmende metallische Werkstoff wurde und heute noch ist, bis er vielleicht durch eine Leichtmetallzeit abgelöst wird (S. 114 und 116).

Die über Jahrtausende sich erstreckende Cu- und Bronzezeit hat wohl auch zur Folge gehabt, daß durch „Ausmerzen", vielleicht auch durch Gewöhnung der Mensch „kupferfest" wurde. Der erwachsene Mensch kann 100 mg ohne Schaden ertragen. Größere Mengen führen zu Erbrechen und Darmstörungen, ohne etwa als schwere Gifte wie Blei und Quecksilber zu wirken. Gegen niedere Organismen jedoch wirkt Cu schon in winzigen Mengen als schweres Gift. Das Einlegen einer blank geputzten Cu-Münze in eine Blumenvase verhindert die Fäulnis weitgehend. Zur Bekämpfung der Pilzkrankheiten der Obstbäume und -sträucher sowie des Hopfens wird 1-proz. Kupferkalkbrühe oder Kupfersodabrühe (Burgunderbrühe) mit bestem Erfolg verwendet. Kupfervitriol darf nicht direkt gespritzt werden, da er durch hydrolytische Spaltung sauer reagiert.

Von den zahlreichen Cu-Mineralien sind besonders zu nennen die basischen Karbonate **Malachit (grün)** und **Kupferlasur (blau)**, die eine ähnliche Zusammensetzung besitzen wie die „Patina" der Kupferdächer, ferner die **Fahlerze,** verwickelt zusammengesetzte Schwefelverbindungen, welche noch andere wertvolle Elemente enthalten. Das ergiebigste deutsche Vorkommen ist der **Mansfelder Kupferschiefer,** welcher etwa 0,5—2 % Cu enthält. Die Wiederaufnahme des in den deutschen Urgebirgsstöcken bis in das 17. Jahrhundert hinein betriebenen Cu-Bergbaus mit modernen Mitteln verspricht auch an anderen Stellen Erfolg. Die meisten Erze wurden bisher aus Spanien eingeführt: $CuFeS_2$ **Kupferkies.**

Für die elektrischen Fernleitungen vermag das Al weitgehend das Cu zu ersetzen. Als Dachbelag ist Cu nicht gerade nötig, wenn es auch sehr widerstandsfähig und im patinierten Zustand auch sehr schön ist. Dagegen ist es wegen seiner Zähigkeit für Verschlüsse von Hochdruckgefäßen unentbehrlich. Außer den schon bei anderen Metallen erwähnten Legierungen ist das **Neusilber** zu nennen: Cu (55—60%), Zn (19— 31 %) und Ni (12—26 %) in verschiedenen Verhältnissen. Nickel verdeckt schon in geringen Zusätzen die rötliche Cu-Farbe (bei den Vorkriegs-5-Pf.- und 10-Pf.-Stücken). Neusilber ist demnach durch Nickel „silberweiß" gefärbtes Messing[1]). Die **Phosphorbronzen** enthalten Cu mit etwa 70 % Zinn und 0,5—1 % Phosphor, der die Metalle beim Gießen vor Oxydation schützt und so Dichte und Festigkeit erhöht (für besonders zähfeste Maschinenteile). Monel-Metall enthält 70 % Ni und 30 % Cu.

Die Verhüttung der Cu-haltigen Erze ist umständlich, weil Fe und S abzutrennen sind. Bei Cu-armen Erzen wendet man das „nasse" Verfahren an, das durch einen sorgfältig überwachten Verwitterungsprozeß die Sulfide in Sulfate umwandelt, welche ausgelaugt werden. Cu wird daraus mit Eisen gefällt (s. Spannungsreihe Übg. 47, c!). Aus den Cu-reichen Erzen wird durch abwechselndes Rösten und Einschmelzen schließlich mit Kohlenstoff das „Schwarzkupfer" erhalten[2]). Bei der Raffination durch Elektrolyse wird das Schwarzkupfer anodisch gelöst und kathodisch rein niedergeschlagen (S. 52, 4. B.), wobei geringe Mengen von Silber, Gold, Platin und auch Bleisulfat gewonnen werden.

Wir haben also in der Cu-Reinigung eine, wenn auch sehr geringe Produktion an diesen Edelmetallen. Das Elektrolytkupfer ist sehr rein (99,95%), muß es auch sein, da schon geringe Beimengungen seine elektrische Leitfähigkeit weitgehend herabsetzen.

**Übungen mit Cu und Cu-Verbindungen:** Nr. 12 (S. 33), 18 (S. 46), 23 (S. 62), 30 (S. 82) und 35c (S. 98). Vgl. auch I, 41, 61, 74 und 93! Für die

---

[1]) Das verschiedene gewerbliche Bezeichnungen führt, versilbert z. B. Alpaka (S. 121).

[2]) S wird als $SO_2$ (Rösten), Fe als $FeSiO_3$ (Einschmelzen) entfernt.

organische Chemie und auch technisch wichtig für Kunstseideherstellung nach dem Kupferverfahren ist folgende Umsetzung:

**Übg. 40:** $CuSO_4$-Lösung wird mit Ammoniak unter ständigem Schütteln allmählich versetzt. Zunächst fällt $Cu(OH)_2$ (hellblaue, gequollene Masse) aus. Im Überschuß geht es mit tiefblauer Farbe in Lösung. Ähnlich wie bei Zn (S. 119) bildet sich unter Verdrängung der Kristallwassermolekeln durch $NH_3$-Molekeln das tieflau gefärbte Ion $Cu(NH_3)_4^{2\oplus}$ der **Kupferamminbase**; leicht löslich und auch gegen Kochen beständig, durch NaOH nicht fällbar. Cu hat die Zuordnungszahl 4. Vgl. auch III, 106!

Als Verbindung des I-wertigen Kupfers haben wir I, 74 $Cu_2S$ kennengelernt. Sein mineralogischer Name ist Kupferglanz. Umsetzungen in der organischen Chemie wird uns noch das ziegelrote $Cu_2O$ [1]) und das gelbe CuOH [1]) begegnen. Grünspan ist ein basisches Azetat des II-wertigen Kupfers, Schweinfurter Grün ist eine Cu-Verbindung mit arseniger Säure und Essigsäure und darf wegen seiner Giftigkeit als Malerfarbe nur beschränkt verwendet werden. Flüchtige Kupferverbindungen (Halogensalze) zeigen blaugrüne Flammenfärbung (Funken an den Oberleitungsdrähten der elektrischen Bahnen, vgl. III, 10, Halogennachweis!).

## 26. Silber; Photographie

Bleiglanz enthält stets geringe Silbermengen. Deshalb schließt die Bleientsilberung eine nicht unbeträchtliche Silberproduktion (150 t) ein. Auf die verwickelten Verfahren kann nicht eingegangen werden; vgl. S. 126! Die nordamerikanische und mexikanische Produktion beträgt infolge des reichen Silber- und Silbererzvorkommens etwa 1000 t.

Eigenschaften: Der schöne, weiße Glanz des Silbers ist sehr empfindlich gegen $H_2S$-Spuren in der Luft: Bräunung durch $Ag_2S$-Bildung (vgl. S. 36, Übg. 16!). Die hervorragende Dehnbarkeit ermöglicht es, feinste Silberdrähte herzustellen, für die bei einer Länge von 2 km (!) nur 1 g (!) Gewicht angegeben wird. Die **Versilberung** ist nicht nur eine Verschönerung, sondern auch eine Veredelung der Oberfläche, z. B. bei Alpaka, wo der Silberbelag eine Schutzwirkung gegen die biologisch nicht ganz unbedenkliche Cu-, Zn-, Ni-Legierung bildet. Meist wird auf galvanischem Wege vorgegangen, in dem man den zu versilbernden Gegenstand zur Kathode macht. Die alte „Feuerversilberung" benützt das Silberamalgam, eine Legierung von Silber und Quecksilber, welche flüssig aufgestrichen wird. Durch Erhitzen wird das Hg entfernt und wieder zurückgewonnen. Kurze Zeit nach dem Anreiben erhärtendes Ag- und Cu-Amalgam wird in der Zahnmedizin zur Füllung von Zähnen angewandt, irreführend als „Plombieren" bezeichnet.

---

[1]) Als Mineral „Rotkupfererz". CuO ist schwarz. Cu(OH) wird jetzt als feinteiliges $Cu_2O$ mit adsorbiertem $H_2O$ aufgefaßt (s. III, 69!).

Die Versilberung von Glas wird uns noch in der organischen Chemie begegnen. Silber wird ausgedehnt verwendet im Schmuckgewerbe, für medizinische Geräte und vor allem in der **Photographie.**

**Übg. 41:** Silbernitratlösung [1]) wird nebeneinander in 3 Rgl. mit NaCl, NaBr und KJ versetzt. Die sich am Licht verfärbenden, beim Schütteln flockig zusammenballenden Niederschläge [2]) werden auf je 2 Rgl. verteilt. 1. In $NH_4OH$-Lösung ist das weiße AgCl leicht löslich, das hellgelbe AgBr schwer löslich, das zitronengelbe AgJ nahezu unlöslich.

F o r m u l i e r u n g : Ähnlich wie bei Cu und Zn (S. 119 und 121) bilden sich die Amminsalze: $Ag(NH_3)_2Cl$ (leicht in Wasser löslich [3]) und $Ag(NH_3)_2Br$ (schwer löslich).

2 Auch gegen $Na_2S_2O_3$-Lösung ist die Löslichkeit etwas abgestuft. AgJ ist auch hier am schwersten löslich. In saurer Reaktion läßt sich die Lösung schneller bewerkstelligen: „Schnellfixiersalz". Wegen Übg. 14, S. 35 ist nur $NaHSO_3$ anwendbar, da man sonst Schwefelausscheidung erhält. Da die Halogensilberverbindungen der lichtempfindliche Teil der Platten und Filme sind, kann nach der Behandlung mit Fixiersalz keine Veränderung durch Belichtung mehr eintreten (s. auch S. 100 „Wässern"!): $NaS_2O_3Na + BrAg \rightarrow NaBr + NaAgS_2O_3$ und weiterhin mit Überschuß von $Na_2S_2O_3$ die Bildung des in Wasser leicht löslichen Doppelsalzes: $[Ag(S_2O_3)_2]Na_3$.

Behandelt man die belichtete Platte unmittelbar mit dem Fixiersalz, so ist auf der glasklaren Platte scheinbar nichts zu sehen. Es entsteht also durch die «Aufnahme» zunächst ein **latentes Bild.**

«Entwickelt» man jedoch zuerst mit einem Reduktionsmittel, so wird auf der Platte das Bild gleichsam hervorgezaubert. Das „latente" Bild wirkt demnach wie ein K a t a l y s a t o r : es macht die benachbarten Halogensilberkolloidteilchen reduktionsbereit; bei rasch wirkenden Entwicklern (Rapidentwicklern) zunächst an der Oberfläche der „Emulsion" und dann erst in der Tiefe. Deshalb wirken sehr verdünnte Entwicklerlösungen günstiger, weil zunächst eine Durchtränkung und dann erst die Reduktion erfolgt, wodurch Belichtungsfehler weitgehend ausgeglichen werden. Entwickelt man übermäßig lang, so wird auch nicht belichtetes Halogensilber reduziert (Entwicklungsschleier). Beim «Fixieren» = Lichtunempfindlichmachen durch Entfernen des Halogensilbers, wird am entwickelten Silber nichts geändert.

---

[1]) Vgl. Übg. 5, S. 18, wo die Reaktion in anderer Hinsicht behandelt wurde!

[2]) An dem milchigen Durchlaufen der frischen Niederschläge beim Filtrieren kann man erkennen, daß die Ausfällung zunächst kolloid erfolgt.

[3]) Die Silberamminbase ist ähnlich wie die Kupferamminbase durch NaOH nicht ausfällbar und gegen diese starke Base beständig.

Man kann jedoch auch auf der glasklaren, das „latente" Bild tragenden, zunächst fixierten Platte das Bild hervorrufen, wenn man Reduktionsmittel und ein Silbersalz (AgNO₃) zusetzt. Dann wirken die Keime des latenten Bildes ebenfalls katalytisch, so daß sie durch das sich ansetzende, reduzierte Silber wachsen. Da der Zutritt des nährenden Silbersalzes von außen, aus einer darüber liegenden Lösung nicht so günstig ist, wie aus der Nachbarschaft innerhalb der Kolloidschicht, entwickelt man zuerst und fixiert nachfolgend. Das umgekehrte Vorgehen wird unrichtig als «physikalische» Entwicklung bezeichnet. Obwohl es bedeutend längere Belichtungszeiten erfordert, ist es für ruhende Objekte anwendbar und führt zu sehr scharfen Bildern. Als Entwickler werden Salze des II-wertigen Eisens (Eisenvitriol, Eisenoxalat) und viele organische Verbindungen verwendet, die zum Teil Firmennamen tragen.

**Übg. 42:** Mit überschüssigem Kochsalz am Licht gefälltes $AgCl$ wird mit „Rhodinal"-Lösung erwärmt. Man bekommt allmählich schwarze Silberausscheidung. Bei Überschuß von Silbersalzlösung bekommt man sofort eine braune Ausscheidung, da Rhodinal eine starke alkalische Lösung ist. Gegenprobe: Silbernitratlösung wird durch Natronlauge gefällt: $2\,AgNO_3 + 2\,NaOH \rightarrow Ag_2O \uparrow + 2\,NaNO_3 + H_2O$.

Wie bei $Hg$ (Übg. 30, S. 82) fällt hier nicht das erwartete $AgOH$ aus, sondern hauptsächlich $Ag_2O$. Das Silberoxyd ist eine starke Base ($AgNO_3$ reagiert neutral!). Aufschlämmungen in reinem Wasser bläuen Lackmuspapier: $Ag_2O + H_2O \rightleftarrows 2\,AgOH$ bzw. $2\,Ag^{\oplus} + 2\,OH^{\ominus}$

Im Überschuß von $NH_4OH$ löst sich $Ag_2O$ zur Silberamminbase auf $Ag(NH_3)_2\,OH$, beständig gegen Kochen und gegen $NaOH$ (s. III, 44!).

Die Übungen erläutern die chemischen Vorgänge beim Entwickeln. Die auf der Platte oder dem Film aufgebrachte Emulsion enthält fein suspendiertes Halogensilber. Zunächst wurde das Bindemittel nur genommen, um das Halogensilber in dünner Schicht aufzutragen. Infolge von kolloidchemischen Vorgängen (Kornveränderungen) ist jedoch das Bindemittel kein unbeteiligter Zuschauer. Die beiden Kolloide, Gelatine und Halogensilber, beeinflussen sich gegenseitig in dem sog. „Reifungs"prozeß der „Emulsion", der die Lichtempfindlichkeit steigert. Auch nimmt beim Belichten die Gelatineschicht das abgespaltene Halogen auf.

1727 entdeckte Dr. med. S c h u l z e in Halle die Lichtempfindlichkeit von Silberverbindungen. Als erster erhielt W e d g w o o d 1802 durch Tränkung mit $AgNO_3$-Lsg. vergängliche Lichtbilder auf Papier und Leder (ohne „Fixierung"). Daguerre stellte 1838 auf blanken Silberplatten oder auch versilberten Kupferplatten durch Joddämpfe einen lichtempfindlichen Überzug her und fand auch die „Entwicklung" durch Einwirkung von Quecksilberdämpfen auf, die sich an Ag-„Keimen" viel schneller niederschlagen als an unbelichteten Stellen. Durch Weglösen des unveränderten Jodsilbers wurde das Bild lichtbeständig. Der Kontrast zwischen dem weißen Quecksilber und dem rötlich schimmernden Silber ist nicht groß, aber von eigenartigem Reiz. Die teuren Platten mußten lange belichtet werden und konnten auch nicht in einfacher Weise vervielfältigt werden. Auch war die Entwicklung mit den stark giftigen Hg-Dämpfen nicht unbedenklich. Zur gleichen Zeit erzielte

T a l b o t (1839) mit AgCl und AgJ „fixierte" Papierbilder, welche zwar den Lichtabstufungen der Daguerrebilder nicht gleichkamen, jedoch später die Grundlage des Kopierverfahrens wurden. 1851 erreichten A r c h e r und F r e y durch das „nasse" Kollodiumverfahren einen gewaltigen Fortschritt: Bilder auf billigem Glas und nach dem Trocknen beliebig oft „kopierbar".

Die Lösung von Schießbaumwolle (III, 106) und einem Jodsalz in einem Alkohol-Äther-Gemisch wurde auf einer Glasplatte aufgetragen und nach dem Erstarren oder bei rotem Licht in einer wäßrigen Lösung von $AgNO_3$ gebadet, wobei sich sehr feinkörniges AgJ ausscheidet. **Noch feucht** wurde belichtet, mit alkoholischer Fe(2)-$SO_4$-Lsg. s o f o r t zum **Negativ** entwickelt und mit KCN-Lsg. (Ag(CN)$_2$K ist l.l.) fixiert.

1855 wurde das unbequeme nasse Verfahren von T a u p e n o t durch ein Kollodium-Albumin-Trockenverfahren ersetzt. Jedoch erst 1871 wurde von M a d d o x die vielseitige Verwendbarkeit, auch für Amateure, durch die lang haltbare und viel lichtempfindlichere Bromsilbergelatine-Trockenplatte geschaffen, je nach der Herstellerfirma mit wechselnden Zusätzen anderer Silberhalogenide. Schließlich trat an die Stelle der zerbrechlichen Glasplatte der **Film** (III, 108), der nicht bloß in Bezug auf „Aufnahmebereitschaft" und Gewicht, sondern auch in Bezug auf Lichtempfindlichkeit weitere Fortschritte ermöglichte (bis $^1/_{1000}$ Sek.).

**Positiv:** Auf dem Negativ sind die Schatten hell, die beleuchteten Stellen dunkel. Belichtet man durch das Negativ eine andere Platte Schicht an Schicht, so erhält man auf dieser durch Entwickeln und Fixieren das **Diapositiv,** welches den Aufnahmegegenstand, „farbenblind", d. h. nur in verschiedenen Grautönen wiedergibt, und zwar ist die normale AgBr-Emulsion gegen Rot vollständig „blind", was die Entwicklung bei rotem Licht ermöglicht und rot als schwarz abbildet.

Andererseits „sieht" die Platte weiter in das Ultraviolett hinein als das menschliche Auge. Das Ergebnis ist ein Bild, das von dem, wie es ein total farbenblinder Mensch sieht, deutlich verschieden ist. Durch gewisse Farbstoffe kann man die Emulsionen nach rot hin „sensibilisieren" (H. W. Vogel 1873 für „Grün" durch Eosin, für „Rot" durch Chlorophyll). Solche orthochromatischen Emulsionen können noch bei rotem Licht entwickelt werden, die panchromatischen nur bei einem sehr schwachen grünen Licht (am besten bei Lichtausschluß durch Standentwicklung). Sie liefern Grautonbilder, die der Farbempfindung des menschlichen Auges viel näher stehen.

Indem man die Halogensilberschichte auf **Papier** erzeugt, kann man beliebig viele **Abzüge** billig anfertigen, die leichter aufbewahrt und betrachtet werden können als Diapositive. Für Vergrößerungen nimmt man Bromsilberpapier. Die gewöhnlichen Abzüge (AgCl) können auch bei gelbem Licht entwickelt werden. Für Tageslichtkopierpapier überzieht man Papier mit Silberchlorid oder -chromat in Eiweißsuspension und setzt dem Sonnenlicht aus. Wenn tiefviolette Töne erscheinen, wird fixiert. Die Bilder haben eine rötliche Farbe und bleichen leicht aus. Deshalb werden sie getont. Durch Gold- und Platinlösungen (s. Spannungsreihe!) wird an Stelle des Silbers ein edleres, gegen Ausbleichen beständiges Metall niedergeschlagen, das braune oder violette Töne aufweist.

Durch gelbes, rotes und blaues Lichtfilter erhält man von einem Gegenstand durch Farbenauswahl verschiedene Negative. Die Blauaufnahme wird an den gelben Bildstellen beim Fixieren durchsichtig. Der nach dem Positiv hergestellte Bilddruckstock nimmt an den nunmehr dunklen (gelben) Stellen Farbe an. In entsprechender Weise werden Druckstöcke für Rot und Blau hergestellt. Übereinander gedruckt erhält man die Farbe des Originals: **Dreifarbendruck.**

An Stelle der Lichtfilter werden auf den modernen **Farbfilm** 3 für Blau, Grün und Rot empfindliche Schichten aufgegossen, deren jede eine Farbstoffkomponente enthält: eine Aufnahme des Objekts genügt statt früher 3. Durch ein verwickeltes, von der Fabrik selbst ausgeführtes Verfahren (Schwarzweißentwicklung, Herauslösen des Silbers) wird ein weitgehend farbentreues **Diapositiv** erzeugt. In jeder Schicht werden nur Strahlen e i n e r Farbstoffgruppe festgehalten (absorbiert). Die Erfassung des ganzen Spektrums ist von der Überlappung der Sensibilisationsbereiche abhängig. In der Durchsicht entsteht das „natürliche" Bild als Mischung dieser Farbstoffkomponenten. Das bei der Entwicklung in schwarzes Silber übergehende AgBr wird mit farbstoffbildenden Komponenten verbunden. In den 3 Schichten entstehen Farbstoffbilder + Ag, das herausgelöst wird. Die Farbstoff-

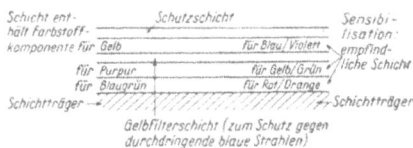

Bild 36
Schichtenfolge des Farbfilms.

bilder dürfen nicht von einer in die andere Schicht „diffundieren" und auch bei den verschiedenen „Bädern" nicht herausgelöst werden.

Die technische Voraussetzung für die Herstellung farbiger Papierkopien ist: Nicht in einem Zug zum Diapositiv zu entwickeln, sondern zunächst einen **Negativfilm in Komplementärfarben** getrennt herzustellen. Von einer roten Blüte mit grünen Blättern durchdringen z. B. die roten Strahlen der Blüte die beiden obersten Schichten und werden in der rot sensibilisierten, untersten Schicht absorbiert. Deshalb liefern sie dort ein „grünes" Negativbild. — Die grünen Strahlen der Blätter sind ohne Einwirkung auf die oberste und unterste Schicht und liefern in der grünsensibilisierten mittleren Schicht „rote Blätter". Bei der Kopie werden die Strahlen des weißen Lichts durch das über dem Farbenkopierpapier liegende „Negativ" zerlegt. Die „grüne Blüte" des Negativs liefert im Papierbild „Rot" und die komplementär „roten Blätter" ergeben im „Positiv" Grün. Die Farbnuancierung kann dadurch gesteuert werden, daß man beim Kopieren das weiße Tageslicht durch geeignete, im einzelnen Fall durch Probekopieren auszuwählende Farbfilter modifiziert.

Die Phototechnik hat eine geradezu ungeheure Ausweitung erfahren. Kinematographie, Tonaufnahmen, Farbentonbild, Photographische Meßkunst (Photogrammetrie), Reproduktion sind zu großen Spezialgebieten geworden.

In der **Photochemie** stehen stoffliche Veränderungen zu Lichteinwirkungen in einem ursächlichen Verhältnis. Bei allen Lichteinwirkungen kommt dem absorbierten Teil des Lichtes die chemische Wirkung zu. Reflektierte und durchgelassene Strahlung sind wirkungslos. Als solche Reaktionen sind uns entgegengetreten: die „photolytische" Dissoziation der Silberhalogenide, die Umwandlung allotroper Modifikationen (weißer P ⇄ roter P), die umkehrbare Umwandlung, gut leitendes, belichtetes Selen $\rightleftarrows$ schlecht leitendes Selen; die Photosynthesen Chlor-knallgas ($H_2 + Cl_2 \rightleftarrows 2\,HCl$) und Phosgen ($CO + Cl_2 \rightarrow COCl_2$; S. 17) und schließlich die Assimilation, welche hinsichtlich des wirksamen Strahlenbereichs genau untersucht ist, S. 70 und I, 112.

Die **Fluoreszenz**[1]), bei welcher z. B. die im gelben Farbstoff absorbierte Lichtenergie als grünes Licht wieder ausgestrahlt wird, ist bei den organischen Farbstoffen an einen bestimmten Feinbau der Molekel gebunden. Aber auch viele anorganische Stoffe zeigen Fluoreszenz namentlich im ultravioletten Licht, welche somit in der Museumstechnik zur Erkennung bestimmter, in vergangenen Jahrhunderten verwendeter Farben benützt werden kann.

Änderungen in den Atomen durch Lichtenergie können auch langsam abklingen. Dann kommt die **Phosphoreszenz** zustande, die für Leuchtfarben verwendet wird (Sulfide, I, 90). Auch der Staub der Landstraße läßt in der Nacht deutliche Phosphoreszenz erkennen.

Wenn die Aussendung sichtbarer Strahlen die Folge einer langsam verlaufenden chemischen Umsetzung ist, spricht man von **Chemolumineszenz,** so das Leuchten des weißen Phosphors, auch das Leuchten der Organismen, Leuchtbakterien, Meeresleuchten, Leuchtkäfer, Tiefseefische. Vgl. auch S. 152!

## 27. Blei

Das wichtigste Bleierz ist der stets silberhaltige Bleiglanz (Galenit) I, Tafel I, 3. Die europäischen Vorkommen sind weitgehend abgebaut (Clausthal, Kärnten). Weißbleierz Cerussit $PbCO_3$ ist isomorph mit Aragonit, Grün- und Braunbleierz sind isomorph mit Apatit. Das Phosphation kann darin durch das Arsenat- und das Vanadinion ersetzt sein. Gelbbleierz = $PbMoO_4$; Anglesit = $PbSO_4$; Rotbleierz = $PbCrO_4$. Die Verhüttung liefert nach der Röstreaktions- oder der Röstreduktions- oder der Niederschlags-Arbeitsweise zunächst Werkblei, das außer Ag noch geringe Mengen von As, Sb, Bi, Ni, Co, Cu, Sn, Au enthält. Nach dem Treibverfahren (oxydierendes Einschmelzen) entstehen zunächst abtrennbare Oxyde der unedlen Metalle, dann Bleiglätte (PbO), welche geschmolzen abfließt, und schließlich bleiben die Edelmetalle (hauptsächlich Silber) zurück. Bei der Zinkentsilberung wird zuerst eine silberreiche Zn-Blei-Legierung gewonnen, aus der Zink abdestilliert wird. Der Rückstand wird dann dem Treibverfahren unterworfen. Bei der elektrolytischen Bleireinigung mit Werkblei als Anode in Kieselfluorwasserstoffsäure ($H_2SiF_6$, S. 28!) gehen die unedlen Metalle in Lösung, an der Kathode wird reines Blei erhalten und die edlen Metalle bleiben als Anodenschlamm zurück.

Gleichungen: Nach vollständigem Rösten der Erze: $2\,PbO + C \rightarrow 2\,Pb + CO_2$; das durch unvollständiges Rösten erzielte Gemisch von Oxyd, Sulfid und Sulfat setzt sich in folgender Weise um: $PbS + 2\,PbO \rightarrow 3\,Pb + SO_2$; $PbS + PbSO_4 \rightarrow 2\,Pb + 2\,SO_2$. PbO wurde bei Übg. 22, S. 61 erhalten.

---

[1]) Diese Bezeichnung geht auf den Fluorit zurück, weil erhitzter Flußspat beim Abkühlen schwach leuchtet.

Blei ist frisch angefeilt bläulich-weiß, an der Luft grau durch eine Oxyd-Karbonatschichte. Es ist sehr weich und besitzt geringe Festigkeit, läßt sich mit einem Messer schneiden und leicht abreiben: Bleistifte[1]) (Blei wurde früher häufig mit dem jetzt ausschließlich für „Blei"-stifte verwendeten Graphit verwechselt). $s = 11,4$; F. $330^0$. Gegen Schwefelsäure ist Blei sehr widerstandsfähig, da der sich bildende $PbSO_4$-Belag einen schützenden Überzug bildet. Trotzdem Blei sehr giftig ist, kann es doch für Wasserleitungsröhren verwendet werden, da sich in denselben ein schützender Überzug von basischem Bleikarbonat bildet. Bleilegierungen werden für die verschiedensten Zwecke verwendet: Weich- oder Schnell-Lot (Zinnlegierungen), Letternmetall (Sn, Sb + Pb) und Schrotmetall (Blei mit 0,5 % As).

**Übg. 43:** Bleinitratlösung wird mit $H_2S$-Wasser versetzt: schwarzer Niederschlag: $Pb^{2\oplus} + 2\,NO_3^{\ominus} + S^{2\ominus} + 2\,H^{\oplus} \rightarrow \textbf{PbS} + 2H^{\oplus} + 2NO_3^{\ominus}$; mit Kochsalzlösung: weißer Niederschlag: $Pb(NO_3)_2 + 2\,NaCl \rightarrow PbCl_2 \downarrow + 2\,NaNO_3$. Blei gehört also zu den schwer lösliche Chloride liefernden Schwermetallionen zusammen mit $Ag^{\oplus}$ und $Hg^{\oplus}$. Mit KJ entsteht eine gelbe Fällung, die unter dem Namen Jodgelb als Malerfarbe verwendet wird. Sowohl das Chlorid als auch das Jodid sind in heißem Wasser löslich. Beim Abkühlen scheidet sich letzteres in gelbglänzenden Kristallen aus. Ähnlich wie $Ba^{2\oplus}$ bildet auch $Pb^{2\oplus}$ ein schwer lösliches Sulfat: $Pb(NO_3)_2 + Na_2SO_4 \rightarrow PbSO_4 \downarrow + 2\,NaNO_3$. Beim Gang der Analyse ist die Verwechselung der beiden Sulfate dadurch vermieden, daß Blei als Chlorid und Sulfid schon abgetrennt ist. Vgl. S. 61, Übg. 22!

Gegen Natronlauge verhält sich Bleisalz ähnlich wie Zn und Al. Die Fällung $Pb(OH)_2$ ist im Überschuß löslich zu Plumbit. Die Endsilbe it gebraucht man deshalb, weil es noch eine Bleisäure gibt, deren Anhydrid das Bleidioxyd $PbO_2$[2]) ist. Aus der Plumbitlösung fällt $H_2O_2$ braunes $PbO_2$ aus durch Hydrolyse des zu erwartenden Plumbates.

**Bleiazetat** (essigsaures Blei, farblose Kristalle) wird durch Einwirkung von Essigsäure auf gelbes PbO gewonnen (Reaktionsweise S. 82). Wegen seines süßen Geschmackes heißt es auch Bleizucker (sehr giftig!). Es entsteht auch, wenn Essigsäure längere Zeit auf Blei bei Gegenwart von Luftsauerstoff einwirkt (ähnlich wie Grünspan aus Cu, $O_2$ und Essig)[3]). Mit Karbonaten, $Ca(HCO_3)_2$ oder schon mit Brunnenwasser bekommt man eine Ausfällung von weißem basischem Bleikarbonat.

---

[1]) Grundsätzlich nichts anderes als der Strich der Mineralien an einer Porzellanplatte; Papier ist also härter als Blei. Da Blei niemals zersplittert, wird es zur Prüfung der Sprengkraft von Sprengstoffen verwendet.

[2]) Vgl. andere Dioxyde $CO_2$ und $SiO_2$!

[3]) Bleiazetatpapier wird in der Analyse zur Erkennung des $S^{2\ominus}$-Ions verwendet (Schwärzung).

$Cu^{2\oplus}$ verhält sich auch in dieser Hinsicht ähnlich, weshalb man Kupfervitriol nur in destilliertem Wasser klar auflösen kann.

Über die Zwischenstufe des Bleiazetates wird technisch durch Einwirkung von Essigsäure, Luft und Kohlensäure in geheizten Kammern **Bleiweiß** hergestellt, ein basisches Bleikarbonat von der Zusammensetzung $2\,PbCO_3 \cdot Pb(OH)_2$. Seit vielen Jahrhunderten wird es als weiße, gut deckende Malerfarbe angewandt, für die wegen der Giftigkeit des feinen Farbstaubs besondere gewerbepolizeiliche Vorschriften bestehen. Durch $H_2S$-haltige Luft dunkelt es stark. Bei alten Bildern kann man deshalb durch Behandlung mit $H_2O_2$ Aufhellung erzielen. Dabei wird das schwarzbraune PbS durch Oxydation in weißes $PbSO_4$ übergeführt.

Blei und seine Verbindungen sind das schlimmste Industriegift. Durch Ansammlung kleiner Mengen steigert sich die Giftwirkung, da der Körper keine bleihaltigen, ausscheidbaren Verbindungen bilden kann.

**Mennige,** der bekannte rote Rostschutzanstrich ist das Bleisalz der Bleisäure $Pb < ^{O-}_{O-}Pb^{-O}_{-O} > Pb$ (Bleiplumbat). Es entsteht durch Erhitzen von gelber Bleiglätte (PbO) an der Luft auf $450^0$.

Steigert man die Temperatur weiter, so geht es unter $O_2$-Abgabe wieder in PbO über. Durch diese Reaktion haben Priestley und Scheele 1774 neben der HgO-Spaltung reinen Sauerstoff dargestellt. Bei Behandlung mit konzentrierter Salpetersäure wird das Plumbat in $PbO_2$ (braun) und $Pb(NO_3)_2$ zerlegt. Letzteres kann nach dem Verdünnen und Abfiltrieren mit $H_2S$ nachgewiesen werden. Schwefel entzündet sich beim Verreiben mit trockenem $PbO_2$. Der Versuch zeigt die Anwendbarkeit in der Industrie der Zündmittel (s. S. 91!). Bleigläser s. S. 107 und I, 119!

Trotz des „Edison-Akkumulators" (Fe und Ni in NaOH) ist der **Bleisammler** geradezu unentbehrlich, um elektrische Energie in Form von chemischer Energie jederzeit abholungsbereit aufzuspeichern. Der zugrunde liegende chemische Vorgang ist:

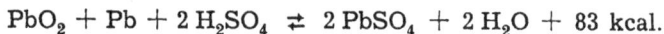

$$PbO_2 + Pb + 2\,H_2SO_4 \; \rightleftarrows \; 2\,PbSO_4 + 2\,H_2O + 83 \text{ kcal.}$$

Bei Stromentnahme vollzieht sich der Vorgang von links nach rechts, beim Aufladen umgekehrt. Beim Laden steigt folglich die Konzentration der Akkumulatorensäure, was durch Aräometer kontrolliert wird.

Bleisulfat wird beim **Laden** anodisch zu $PbO_2$ oxydiert, da das zu erwartende Pb-Disulfat hydrolytisch gespalten wird (vgl. S. 127!), wozu die 2 Wassermolekeln der rechten Gleichungsseite verbraucht werden. An der Kathode wird $PbSO_4$ zu schwammigem Blei reduziert. Die entgegengesetzte Reaktion verläuft wegen der chemischen Unlöslichkeit von $PbO_2$ und Pb in Schwefelsäure äußerst langsam.

Verbindet man beide Platten durch einen Draht, so fließt mit 2,04 Volt Spannung **Strom** vom **Dioxyd** durch den Leiter **zum Metall,** was auch durch folgende Ionengleichung wiedergegeben werden kann: $Pb^{4\oplus} + Pb \rightarrow 2\,Pb^{2\oplus}$. Die Elektronenbewegung zur Umladung läuft durch den Verbindungsdraht. Das metallische Blei ist dabei der negative, Elektronen liefernde Pol, da es selbst positiv geladene $Pb^{2\oplus}$-Ionen in die Lösung sendet (vgl. S. 139!): elektrochemische Lösung des Bleis, welches aber sofort als Blei-II-Sulfat niedergeschlagen wird, während der Wasserstoff der $H_2SO_4$ mit einem O-Atom des $PbO_2$ Wasser liefert.

Das Element Blei ist noch in anderer Hinsicht bemerkenswert. Durch Gewichtsanalyse wurde mit Sicherheit nachgewiesen, daß es Bleisorten mit gleichem chemischen Verhalten und verschiedenem (!) Atomgewicht gibt. Am gleichen Ort der Tabelle, S. 6, wo nur **ein** Element mit einem bestimmten Atomgewicht stehen sollte, stehen mehrere Isotope (= gleichortige Elemente). Es muß demnach für das Element Blei eine sein Atomgewicht bestimmende Vorgeschichte geben, mit anderen Worten: die verschiedenen Bleisorten „stammen" von verschiedenen Elementen ab: Radioblei und Thorblei (Näheres s. S. 144!).

## 28. Eisen, Stahl

Je nach der Art der Erze erhält man bei der Verhüttung im Hochofen (I, 124) 2 Sorten von Roheisen. Das **graue Roheisen** ist sehr spröde und dabei verhältnismäßig weich, so daß es mit dem Meißel bearbeitet werden kann. Es enthält 3,5—4 % C, etwa 2,5 % Si und wenig Mn. Bei der Abkühlung scheidet sich der Kohlenstoff in Form von Graphit kristallinisch aus und verursacht die dunkle Farbe und eine geringe Volumenzunahme, so daß Einzelheiten an den Gußstücken gut abgeformt werden. Vgl. die Bildtafel I, 48,b!

Das **weiße Roheisen** enthält im festen Zustand den Kohlenstoff chemisch gebunden, wenig Si und viel Mn und schwindet etwas beim Erstarren. Es ist so hart, daß es kaum angefeilt werden kann. Meistens wird es zu Schmiedeeisen verarbeitet, wobei der Mn-Gehalt in der Bessemerbirne und im Martinofen als inneres „Brennmaterial" wirkt und zur Erreichung der hohen Temperatur für das glutflüssige Schmiedeeisen mit beiträgt. Weil in der Bessemer- und in der Thomas-„Birne" das

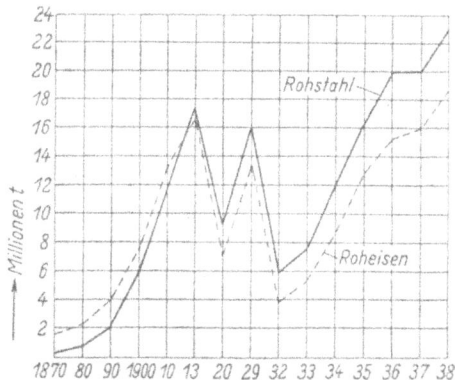

Bild 37
Die Deutsche Roheisen- und Rohstahlerzeugung 1870—1938.

Einpressen von Gebläseluft (I, 126, Abb. 30) die Veredelung des Roheisens bewirkt, wird das Verfahren als **Windfrischen** bezeichnet, im Gegensatz zum alten „Herdfrischen", wo das Eisen mit Zuschlägen in

einem Flammenofen eingeschmolzen und durch den überschüssigen
S a u e r s t o f f g e h a l t der Flamme C, Mn, P, S und Si verbrannt
und verschlackt wurden. Aus dem beim Rühren [1]) immer zäher werdenden, glühenden Klumpen mußte die Schlacke durch Hammerschläge
ausgepreßt werden. (Mit Wasserkraft betriebene Eisenhämmer;
Dampfhämmer): „Schweißeisen."

Eine moderne Vervollkommnung dieses veralteten Verfahrens ist das
**Martin-Verfahren** unter Benützung des Generatorgases (Siemens), wobei durch Zusatz von Eisenoxyd Sauerstoff für die „verbrennenden"
Verunreinigungen m i t geliefert wird und die entstandenen Oxyde
durch Zusätze verschlackt werden. Dadurch wird eine höhere Ausbeute
an gereinigtem Eisen und zwar als **Flußeisen,** wie beim Windfrischen
erzielt.

$Fe_2O_3$ als Brennstoff für den Kohlenstoff des Roheisens kann auch von
außen her verwendet werden: Erhitzen von Gußstücken in Eisenoxydpulver.
Das Gegenteil dieser als „Tempern"[2]) bezeichneten Maßnahme ist die Einwanderung von Kohlenstoff in Schmiedeeisen. Dieses jetzt sog. «Zementieren» wurde seit der Zeitwende von den Römern dazu gebraucht, Lanzen-

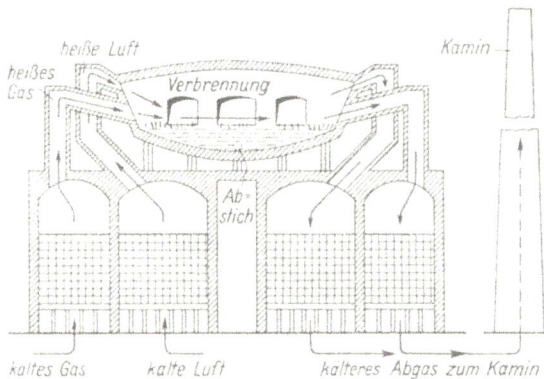

Bild 38

Schnitt durch einen Siemens-
Martin-Ofen.
Die unter dem Herd befindlichen Kammern sind mit einem
feuerfesten Gitterwerk ausgestattet (Siemens'scher Wärmespeicher). Das Generatorgas
verbrennt mit Luft über dem
Herd (Temperatur etwa 2000°).
Die heißen Verbrennungsgase
erwärmen auf dem Wege zum
Kamin das Gitterwerk auf der
rechten Seite. In dem Maße als
die Kammern rechts erwärmt
werden, kühlen sich die
Kammern links ab. Sodann erfolgt Umsteuerung der Gase auf
den Weg von rechts nach
links usw.

spitzen und Schneiden der Schwerter durch Ausglühen in Holzkohlepulver
teilweise in Stahl umzuwandeln, d. h. härtbar zu machen. In der damaligen
Zeit hat dies einen bedeutenden Fortschritt in der Waffentechnik bedeutet:
bei gewaltsamem Schlag sich nicht verbiegende, scharf schneidende Schwerter. In der germanischen Frühzeit ist die Herstellung überlegener Waffen
durch die Wieland- und Siegfriedsage verherrlicht. Merkwürdig ist, daß
Wieland, der Schmied, in seinem „Gänsekot"[3])-Verfahren einen ganz modernen Weg, nämlich die Stickstoffhärtung schmiedeeiserner Stücke eingeschlagen hat. Aus $NH_3$-Gas nimmt glühendes Schmiedeeisen, wie wir jetzt
wissen, Stickstoff auf, der in fester Lösung eine härtende Schichte bildet.

[1]) puddle = rühren (engl.): Puddeleisen I, 124, Bild 29.
[2]) „Schmiedbarer Guß."
[3]) Die Ausscheidungen der Vögel enthalten Harnsäure III, 96.

Der gewöhnliche **Stahl**[1]) enthält als wesentlichen Bestandteil 0,5 bis 1,5 % Kohlenstoff. Deshalb ist die Beschaffenheit des Stahls von der **Menge und der Lösungsform des Kohlenstoffs abhängig**. Durch rasches Abkühlen (Abschrecken) wird die Kristallisation behindert und es bildet sich eine feste Lösung von $Fe_3C$ (Eisenkarbid, Zementit) im Eisen (Ferrit). Diese homogene Lösung wird als M a r t e n s i t bezeichnet. Sie ist sehr hart und auch spröde. Durch Erwärmen oder durch langsames Abkühlen wird eine Kristallisation ermöglicht. Es bildet sich ein mehr oder weniger heterogenes Gemisch von Zementit- und Ferritkristallen, das als P e r l i t bezeichnet wird: verhältnismäßig weich. Zusätze von Wolfram und Molybdän verhindern die Perlitbildung. Das Martensitgefüge bleibt auch bei langsamem Abkühlen und Anwärmen erhalten: **Naturhärte**. Nickel macht zäh und widerstandsfähig gegen Rosten. Chrom schützt ebenfalls vor dem Rosten, macht aber den Stahl spröde und hart. Setzt man beide zu, so heben sich ihre Wirkungen nicht auf, sondern überlagern sich: **Chromnickelstahl** ist besonders hart, zäh und widerstandsfähig gegen Rost. **Vanadium** wirkt ähnlich wie Wolfram und Chrom zusammen. Diese Zusätze müssen erst nachträglich eingebracht werden, da sie beim Thomas- und Martinverfahren verbrennen würden. Früher wurde der Stahl mit den gewünschten Zusätzen in bedeckten [2]) Graphittiegeln umgeschmolzen, die dann von Arbeitern zum Guß getragen werden mußten und deshalb eine bestimmte Größe nicht überschreiten durften: **Tiegelgußstahl**. Der **Elektro-Ofen** mit Flammenbogen- oder Widerstandsheizung erlaubt jetzt die Erzeugung von sehr großen Gußstahlstücken. Gefügebild auf der Bildtafel von Teil I, neben S. 48.

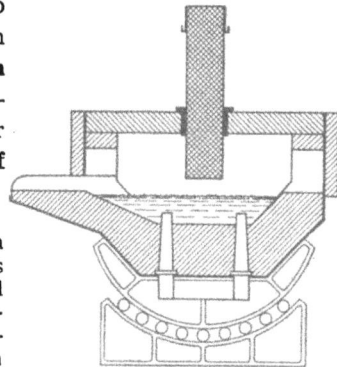

Das Ziel der Alchemie ist in der modernen Legierungschemie verwirklicht worden. Aus dem unedlen Eisen werden Nirostastahl und andere Edelstahlsorten gemacht, die nach ihrem Verhalten den Edelmetallen gleichkommen. Aber nicht nur bei den Eisenlegierungen sind solche Veredelungen erzielt worden, sondern auch bei den Leichtmetall-Legierungen (Al, Mg mit Zn und Cu). Der Stein der Weisen,

Bild 39
Kippbarer Elektrostahlofen.

der nach mittelalterlicher Vorstellung dies hätte bewirken sollen, ist die wissenschaftliche Forschung gewesen.

In der **Metallurgie** werden die eine „feste" Lsg. von $Fe_3C$ in $\gamma$-Fe innerhalb des Temperaturbereichs 900°—1400° bildenden Mischkristalle als **Austenit** bezeichnet, die durch „Abschrecken" erhaltene fein-nade-

---

[1]) Neuerdings versteht man unter Stahl alles schmiedbare Eisen.
[2]) Um die Luft abzuschließen.

lige Form des letzteren als **Martensit.** Die Löslichkeitsgrenze für C in
$\delta$-Fe (1400 $^0$—1530 $^0$) liegt schon bei 0,4 % C, Kurven zwischen A und N.

Vom F. des r e i n e n $\delta$-Fe wegführend zeigt die Kurve ABC die Erniedrigung des F. durch aufgelösten Kohlenstoff an, während die Kurve
DC dies für den F. der r e i n e n chemischen Verbindung Fe$_3$C durch in
ihr aufgelöstes Eisen angibt. Im Punkt C liegt das Eutektikum[1]), bei
dessen Unterschreiten sich die 2 Bestandteile Fe$_3$C und $\gamma$-Fe nebeneinander ausscheiden, deren Gemisch als **Ledeburit** bezeichnet wird. Bei
Abkühlung unter die Punkte der Kurve ABC scheiden sich Mischkri-
stelle aus. Die Kurve AE, zu der man durch seitliche parallele Verschiebung gelangt, gibt die %-ische Zusammensetzung aus den Komponenten in den Mischkristallen an, welche den auf gleicher Höhe befindlichen Punkten der Kurve ABC entsprechen.

Unterhalb von 906$^0$ (Übergang von $\gamma$-Fe in $\beta$-Fe, weiterhin von 780$^0$
ab in $\alpha$-Fe) zerfallen die Austenitkristalle, da sich Fe$_3$C n u r mit $\gamma$-Fe
mischt. Austenit ist also nur innerhalb des Feldes AESOGN stabil. Nach
oben hin tritt Schmelzen, nach unten hin Perlit-Bildung ein. Das Eutektikum liegt hier im Punkte S bei 721 $^0$ mit 0,9 % C. Bei genügend
langsamer Abkühlung scheidet Austenit längs ES reines Fe$_3$C, längs GO
reines $\beta$-Fe und längs SO reines $\alpha$-Fe kristallisiert aus. Dieser „Perlit"
erweist sich beim Anätzen als heterogen (Bildtafel I, 48) und verdankt
seine „Stahl"-härte den Eisen-
karbidplättchen. Unterhalb des
eutektischen Kohlenstoffgehalts
ist Stahl weniger hart. Oberhalb steigert sich die Härte bis
zur Stahlgrenze mit 1,7 % C,
weil hier der Bereich des
Z w e i -Stoffsystems Perlit verlassen wird. Plötzliches Abkühlen (Abschrecken) verursacht
schnelles E i n f r i e r e n der
Lösung in den betreffenden An-
teilverhältnissen des Diagramms
mit je nach der Temperaturbe-
handlung verschieden großer
Härte oder Zähigkeit bei gleichem Kohlenstoffgehalt. Obwohl dieser Zustand wie im

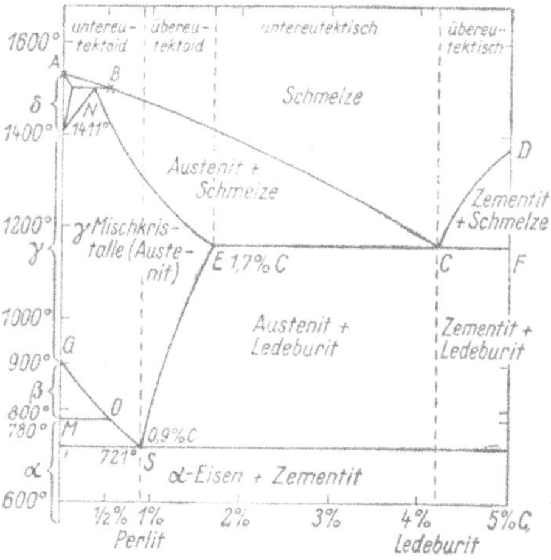

**Bild 40**
**Zustandsdiagramm des Systems Eisen-**
**Kohlenstoff.**

Beispiel weißes/graues Zinn (S. 29) labil ist, gibt es keine Eisen-„Pest",
wenn man nicht das Rosten so nennen will.

---

[1]) = Der Punkt der „schönen" = vollständigen Schmelze.

Beim „Durchglühen" erhitzt man auf die Temperatur des Perlitpunktes S. Beim Normalglühen wird nur wenig über die Punkte des Kurvenstücks GOS erhitzt und langsam an ruhiger Luft abgekühlt: $\alpha$-Fe wird aus der $\gamma$-Form „umkristallisiert", was eine Verfeinerung des Gefüges bewirkt. „Spannungsfrei-Glühen" bezweckt die Beseitigung von Spannungen in gewalzten und geschmiedeten Stücken. Erhitzen über GOS und Abschrecken in Wasser, Öl oder geschmolzenem Salz „härtet" den Stahl (Martensitbildung); „Anlassen" vermindert die Härte. Die dafür angewandten Temperaturen werden nach den Anlauffarben beurteilt (= Interferenzfarben, abhängig von der Dicke der beim Erhitzen entstehenden Oxydschichten): blaßgelb $200^0$; braun $240^0$; violett $280^0$; hellblau $320^0$; grau $400^0$. Einsatzhärtung ist Glühen in der Nähe des Umwandlungspunktes, wobei sich das Werkstück in einem Kohlenstoffhaltigen Mittel befindet, mit nachfolgendem Abschrecken.

Wie auch III, 22 bemerkt, sind **Karbide** sehr harte Stoffe: In Härtegraden Borkarbid 9,7; Wolframkarbid 9,8; Titankarbid 9,9; Molybdän- und Tantalkarbid haben ähnliche Härten. Wenn derartige Karbide in an sich harte Metalle (z. B. sind Co und Ni härter als Fe) als Gefügebestandteile eingebettet werden, entstehen die **„Hartmetalle"**, z. B. Widia (so hart „wie Diamant"). Der härteste Stoff, den die Karbide nicht ganz erreichen, ist aber der Kohlenstoff selbst in Diamantform. Früher hat man die als Edelsteine wertlosen „Carbonados", dunkel gefärbte Diamanten, auf Bohrkronen aufgesetzt. Jetzt schmilzt man sie in harte Metall-Legierungen als „Gefügebestandteil" ein und kann mit solchen **„Diamantmetallen"** sogar die eben genannten Hartmetalle spanabhebend bearbeiten.

**Pulvermetallurgie.** Bei der Herstellung von Hartmetallen sollen im Endprodukt Härte und Zähigkeit erhalten bleiben. Die feingepulverten Ausgangsmaterialien werden sorgfältig vermischt und in Formen verpreßt, bei so niedriger Temperatur vorgesintert, daß noch eine Verarbeitung durch Schleifen möglich ist und schließlich bei $1500^0$ fertig gesintert.

Co setzt den F. des Wolframkarbids von $3000^0$ auf $1500^0$ herab. Die Härte bleibt dabei erhalten, da letzteres unter $1500^0$ wieder an die noch vorhandenen, nicht in Lsg. gegangenen Wolframkarbidkristalle sich anlagert. Titankarbid erhöht besonders die Zähigkeit.

Zur Erklärung der Härtedezimalen: Wie aus der Härteskala (I, 9) nicht entnommen werden kann, ist der tatsächliche Härteabstand zwischen Korund und Diamant so groß wie etwa der Abstand zwischen Talk und Korund.

W (F. $3370^0$) und Mo (F. $2500^0$) werden durch Reduktion von feinem Oxydpulver hergestellt. Das erhaltene Metallpulver wird zu Stäben gepreßt und durch direkten Stromdurchgang in einer Wasserstoffatmosphäre bis nahe an den F. erhitzt. Aus dem ursprünglichen Pulver werden in dieser Weise massive Stäbe hergestellt, die auf Bleche und vor allem auf Draht (für die Glühlampenindustrie) weiter verarbeitet werden. Auf dem Wege über Metallpulver kann man für Spezialzwecke „Verbundmetalle" erhalten, welche sich gießtechnisch oder aus sonstigen Gründen nicht herstellen lassen.

**Intermetallische Verbindungen.** Daß Metalle sich untereinander verbinden, weiß man vom Zahnarzt: Die Füllungen werden als weiche Paste in die Bohrlöcher gestrichen und liefern in wenigen Stunden eine harte, auch chemisch andere Eigenschaften besitzende Verbindung, welche z. B. das im elementaren Zustand giftige Hg nicht mehr abgibt: intermetallische Au-, Ag- oder Cu-Verbindung des Hg. Außer den Metallvalenzen gegen Nichtmetalle treten in derartigen Molekeln andere Wertigkeiten auf, wobei auch hier niedrige Zahlen bevorzugt sind: $Cu_4Sn$; $Cu_3Sn$; $Ag_3Zn$; $Ag_2Zn_3$; $Ag_3Zn_5$. Mit besonders starker Wärmetönung (Feuererscheinung) verläuft die Vereinigung von Na mit Hg zu Natriumamalgam.

Eigentliche Legierungen untereinander bilden nur im periodischen System nahe bei einander stehende Metalle von annähernd gleichem Atomradius, indem sich diese Metalle in den Atomgittern ihrer Kristalle gegenseitig isomorph vertreten; Beispiele: Au/Ag; Pt/Au; Fe/Mn.

**Übg. 44:** Ein Eisennagel wird mit konz. Schwefelsäure übergossen. Man sollte nach der Reaktionsweise Teil I, S. 59 lebhafte Gasentwicklung erwarten. Diese setzt jedoch nur sehr träg ein und hört bald auf.

E r g e b n i s : Durch Einwirkung der konz. $H_2SO_4$ wird Eisen „passiv" gemacht, eine für die Technik der Reaktionsgefäße wichtige Erscheinung.

G e g e n p r o b e : Die Schwefelsäure wird in Wasser abgegossen (etwa 5-fache Menge) und nach dem Erkalten zum Eisennagel wieder zurückgegossen. Der sich jetzt mit der verd. Schwefelsäure lebhaft entwickelnde Wasserstoff ist nicht geruchlos, da er Beimengungen stark riechender Gase (Kohlenwasserstoffe, Siliziumwasserstoff, $SH_2$ und $PH_3$ enthält, die durch Einwirkung des Wasserstoffs im Entstehungszustande gebildet werden (vgl. S. 11!), da im Schmiedeeisen die zugehörigen Elemente als geringe Verunreinigungen enthalten sind. Vgl. I, 126!

**Übg. 45:** a) Die Lösung von **Eisenvitriol** [1]) schmeckt süßlich metallisch, wie „Tinte" (vgl. III, 127!) und reagiert infolge von hydrolytischer Spaltung schwach sauer. Durch $BaCl_2$ wird der Sulfatrest nachgewiesen.

Durch NaOH erhält man einen grünlichen Niederschlag, der beim Einblasen von Luft schwarz und dann allmählich braun wird.

$FeSO_4 + 2\,NaOH \rightarrow$ **Fe(OH)$_2$** $+ Na_2SO_4$. Das ausgefallene Hydroxyd des II-wertigen Eisens ist im reinen Zustand w e i ß. Schon der im Wasser und in der Lauge gelöste Sauerstoff bewirkt die Grünfärbung. Das

---

[1]) Verhalten beim Erhitzen für sich s. Übg. 13, S. 35! Vgl. auch S. 63, Übg. 24!

Umwandlungsprodukt durch das Einblasen von Luft ist das Hydroxyd des III-wertigen Eisens $Fe(OH)_3$. Dafür ist auch die Schreibweise Eisen-(2)- oder Ferrohydroxyd[1]) bzw. Eisen-(3)- oder Ferrihydroxyd üblich. Die schwarze Übergangsstufe ist eine Verbindung, die II- und III-wertiges Eisen enthält, dem Magnetit entsprechend (vgl. S. 115!):

$^{HO}_{HO}{-}Fe{-}O{-}Fe{-}O{-}Fe{-}^{OH}_{OH}$. Die Verbindung $Fe_2O(OH)_4$ ist schon rostbraun. Vgl. I, 127! Mit $Ca(OH)_2$ und $NH_4OH$ erhält man ebenfalls den auch im Überschuß unlöslichen Niederschlag von $Fe(OH)_2$, löslich in Säuren.

b) Mit **Sodalösung** gibt Eisenvitriol einen fast weißen Niederschlag $FeSO_4 + Na_2CO_3 \rightarrow FeCO_3 \downarrow + Na_2SO_4$, in Säure unter Aufbrausen löslich. Das Eisenkarbonat (mineralogischer Name „Eisenspat") ist sehr schwer in Wasser löslich und daher gegen Hydrolyse und weitere Veränderung geschützt. Durch Einblasen von ausgeatmeter Luft entsteht zunächst das leichter lösliche Eisenhydrogenkarbonat[2]) (vgl. I, 106!). $FeCO_3 + H_2O + CO_2 \rightarrow Fe(HCO_3)_2$.

Die Eisenhydrogenkarbonatlösung wird jetzt vom Sauerstoff oxydiert. Da Ferrihydroxyd eine viel schwächere Base als Ferrohydroxyd ist, zerfällt das Karbonat durch Hydrolyse vollständig (vgl. S. 115!): $4\,Fe(HCO_3)_2 + 2\,H_2O + O_2 \rightarrow 4\,Fe(OH)_3 + 8\,CO_2$.

G e g e n p r o b e : Ferrichloridlösung gibt mit Sodalösung einen gequollenen, rotbraunen Niederschlag $Fe(OH)_3$, aus dem $CO_2$-Basen aufsteigen.

Die reduzierende Wirkung von Ferroverbindungen wird vielfach ausgenützt, z. B. für photographische Entwickler (S. 124). In ihr steckt auch eine Gefahr für unseren Luftsauerstoff. Wenn alle in der Erdrinde vorhandenen Ferromineralien Gelegenheit zur Einwirkung auf den Luftsauerstoff bekämen, würden sie den gesamten Sauerstoff der Atmosphäre aufbrauchen (vgl. auch S. 160!).

**Übg. 46:** a) **Ferrichloridlösung** ist bei gewöhnlicher Temperatur gelb gefärbt, bei Siedetemperatur rotbraun. Der Grund für die **Farbänderung** ist die hydrolytische Spaltung, die durch Erhitzen gesteigert wird:

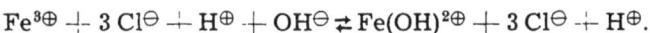

$Fe^{3\oplus} + 3\,Cl^{\ominus} + H^{\oplus} + OH^{\ominus} \rightleftarrows Fe(OH)^{2\oplus} + 3\,Cl^{\ominus} + H^{\oplus}$.

---

[1]) Auch bei anderen Elementen Mn, Ni, Co usw. unterscheidet man verschiedene Oxydationsstufen durch die Buchstaben o und i. In älteren Lehrbüchern waren andere Benennungen gebräuchlich: Für $FeSO_4$ Eisenoxydulsulfat, FeO Eisenoxydul, $Fe(OH)_2$ Eisenhydroxydul. Im Lateinischen ist „-ulus" die dem deutschen „-lein" entsprechende Verkleinerungsnachsilbe. Man hat also vom Oxyd $Fe_2O_3$ das „kleinere" Oxyd FeO unterschieden. In ähnlicher Weise nannte man $FeCl_2$ Eisenchlorür und so auch bei anderen Elementen: $SnCl_2$ Zinnchlorür, $SnCl_4$ Zinnchlorid. Den Übergang von der alten in die neue Benennung zeigt folgendes Beispiel: CuCl = Kupferchlorür = salzsaures Kupferoxydul = Cuprochlorid = Kupfer(1)-chlorid.

[2]) In dieser Form ist Eisen in den „Stahlwässern" (Bad Steben u. a.) enthalten. Bei Trinkkuren wird durch Glasröhrchen aufgesogen, um Rostansatz an den Zähnen zu vermeiden.

b) Ferrichloridlösung gibt mit **o-phosphorsaurem Natrium** eine nahezu weiße Fällung: $FeCl_3 + Na_3PO_4 \rightarrow FePO_4 \downarrow + 3 NaCl$. Ferriverbindungen (hier tertiäres Ferriphosphat) sind kaum gefärbt, wenn sie nicht hydrolytisch gespalten sind[1]).

c) FeCl$_3$-Lösung gibt mit **Ammoniak** einen braunen Niederschlag von Fe(OH)$_3$; NaOH fällt ebenfalls Fe(OH)$_3$ aus, das im Gegensatz zu Al(OH)$_3$ im Überschuß der Lauge nur wenig löslich ist: $FeCl_3 + 3\ NH_4OH \rightarrow 3\ NH_4Cl + Fe(OH)_3 \downarrow$. Gegen reines Wasser zeigt es, wie nach dem gequollenen Zustand zu erwarten ist, seine Kolloidnatur: es läuft aus einem Papierfilter braun durch.

d) Beim Versetzen mit **Natriumazetat** liefert FeCl$_3$ in der Kälte eine blutrote Färbung, wobei eine verwickelt gebaute, Azetatreste enthaltende Molekel entsteht: $Fe_3(CH_3CO_2)_6Cl_3$ Hexa-azetato-tri-ferri-chlorid. Beim Erhitzen zum Kochen tritt hydrolytische Spaltung ein, die sich allmählich vervollständigt, da Essigsäure nicht nur eine schwache, sondern auch flüchtige Säure ist. Vgl. auch S. 72!

Mit Aluminiumhydroxyd getränkte Gewebe benetzen schlecht, sie lassen wohl Luft durch, aber nur wenig Wasser eindringen (Lodenstoffe). Dafür wird unter Benützung des der Übg. (d) analogen Vorgangs zunächst mit Aluminiumazetat getränkt und durch Dämpfen hydrolytische Spaltung bewirkt. Frisch imprägnierte Windjacken riechen manchmal deutlich nach Essigsäure. Für die Färberei werden diese Vorgänge ebenfalls benützt (III, 125).

e) FeCl$_3$ gibt mit einer Lösung von gelbem Blutlaugensalz einen tiefblauen Niederschlag („Berliner Blau"):

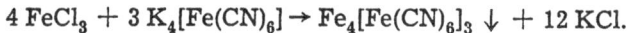

$$4\ FeCl_3 + 3\ K_4[Fe(CN)_6] \rightarrow Fe_4[Fe(CN)_6]_3 \downarrow + 12\ KCl.$$

Bei Zugabe von NaOH verschwindet der blaue Niederschlag, an seine Stelle tritt eine braune Ausfällung:

$$Fe_4[Fe(CN)_6]_3 + 12\ NaOH \rightarrow 4\ Fe(OH)_3 \downarrow + 3\ Na_4[Fe(CN)_6].$$

Durch Zugabe von Salzsäure wird Berliner Blau zurückgebildet. Die Reaktion ist äußerst empfindlich und eignet sich als Nachweis für Fe$^{3 \oplus}$, trotzdem Blutlaugensalz selbst schon Eisen enthält. Letzteres ist aber in dem in eckige Klammern gesetzten IV-wertigen Ion so fest gebunden, daß es durch die gewöhnlichen Fällungsreaktionen nicht nachgewiesen werden kann (vgl. S. 81, ClO$_3$-Ion!). Erst nach v o l l s t ä n d i g e r Zerstörung des zusammengesetzten („komplexen") Ions treten die normalen Eisenreaktionen wieder auf.

Ein sehr empfindlicher Nachweis von Fe(3)ion ist die Rotfärbung durch Kaliumrhodanid (KSCN)-Lsg.: Fe[Fe(SCN)$_6$].

---

[1]) Darauf beruht die entfärbende Wirkung von MnO$_2$ in Glasflüssen, die geringe Farbe des Fe-3-Silikates wird durch die komplementäre Farbe des Mn-2-Silikates verdeckt (S. 15 und I, 119).

f) **Schwefelwasserstoff** fällt aus Eisenchloridlösungen weißen, kolloiden Schwefel aus, der rasch gelb bis bräunlich zusammenklumpt. $FeCl_3$ oxydiert demnach $H_2S$ und wird selbst zu $Fe^{2\oplus}$ reduziert.

$$2\,FeCl_3 + H_2S \rightarrow S \downarrow + 2\,FeCl_2 + 2\,HCl.$$

Die auftretende Salzsäure verhindert die weitere Einwirkung von $H_2S$ auf $Fe^{2\oplus}$-Ion. Setzt man genügende Mengen von NaOH zu, so wird mit $H_2S$ nach der Reduktion FeS gebildet:

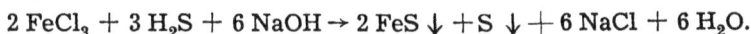

$$2\,FeCl_3 + 3\,H_2S + 6\,NaOH \rightarrow 2\,FeS \downarrow + S \downarrow + 6\,NaCl + 6\,H_2O.$$

Der Vergleich der Übungen 46 f und 45 ergibt, daß $Fe^{2\oplus}$ einerseits durch Sauerstoffaufnahme leicht in $Fe^{3\oplus}$ übergeht, andererseits aber $Fe^{3\oplus}$ verhältnismäßig leicht durch reduzierende Stoffe in $Fe^{2\oplus}$ übergeführt wird. Die **Bereitschaft des Eisenatoms zum Wechsel der Oxydationsstufe** ist von grundlegender Wichtigkeit, da Eisen ein wesentlicher Bestandteil[1]) des roten Blutfarbstoffs ist. Aber auch für die Pflanzen ist Eisen ein lebensnotwendiger Stoff, besonders für die Bildung des Chlorophyllfarbstoffs, der selbst zwar kein Eisen, sondern Magnesium enthält, aber nur bei Gegenwart von Eisenverbindungen von den Pflanzen aufgebaut wird.

Das Eisenchlorid besitzt ähnlich wie der als Rasierstein verwendete Alaun zusammenziehende Wirkung und bringt Blut leicht zum Gerinnen. Deswegen wird es in Form von Eisenchloridwatte als blutstillendes Mittel verwendet.

$Fe_2O_3$ wird als Mineralfarbe verwendet. Die verschiedenen Farbabstufungen sind hauptsächlich durch die Korngröße verursacht (von gelb bis rotviolett).

**Kurzer Überblick über die Methoden zur Gewinnung von Metallen.** 1. Reduktion, z. B. Fe; 2. Spaltung durch den elektrischen Strom, z. B. Al; 3. Austauschreaktionen, z. B. Aluminothermie I, 66 oder: $Cr_2O_3 + 2\,Al \rightarrow 2\,Cr + Al_2O_3$; 4. Thermische Spaltung, z. B. $Ni(CO)_4 \rightarrow Ni + 4\,CO$. Auch von Metallhalogeniden ausgehend liefert letzteres Verfahren besonders r e i n e Metalle, allerdings nur in kleinen Mengen.

Oxydation und Reduktion können auch elektrochemisch formuliert werden, und zwar ist **Reduktion = Elektronenaufnahme** und **Oxydation = Elektronenabgabe.** Im obigen Beispiel (FeCl$_3$ + SH$_2$) : $Fe^{3\oplus} + \ominus \rightarrow Fe^{2\oplus}$ (1). Das Elektron, welches auch als klein e geschrieben wird, stammt von $S^{2\ominus}$-Ion, welches zu elementarem Schwefel oxydiert, nach der Gleichung: $S^{2\ominus} \rightarrow S + 2\ominus$ (2).

## 29. Spannungsreihe; elektrischer Atombau

I, 41 wurde darauf hingewiesen, daß alle metallischen Elemente gemeinsame Eigenschaften besitzen im Gegensatz zu dem mannigfaltigen Wechsel bei den nichtmetallischen Elementen. Die Übereinstimmung der Metalle in bezug auf Glanz, Undurchsichtigkeit, Leitfähigkeit für Wärme und Elektrizität, Unvermögen, sich ohne chemische Veränderung in nichtmetallischen Lösungsmitteln zu lösen, beruht auf ihrem besonderen inneren Bau.

---

[1]) Bei Blutarmut werden deshalb eisenhaltige Heilmittel vom Arzt verordnet.

Die Metalle entstehen aus ihren chemischen Lösungen (Salzen, Basen) bei der Elektrolyse dadurch, daß die Metallionen Elektronen aufnehmen. Es ist deshalb naheliegend, die Metalle im elementaren Zustand als eine Zusammenlegung der Ionen mit den bei der Elektrolyse aufgenommenen Elektronen aufzufassen: $Na^{\oplus} . . {}^{\ominus}$ oder ${}^{\ominus} . . {}^{\oplus} Ca^{\oplus} . . {}^{\ominus}$.

Die **Metalle** wären demnach **im festen Zustand mit Elektronen durchsetzte Metallionenkristalle.** Die dazugehörige Vorstellung von der elektrischen Leitfähigkeit ohne stoffliche Änderungen wäre, daß zufließende, überschüssige Elektronen auf der anderen Seite des Metalldrahtes ausfließen. Kommen nun mit Metallen Elemente in Berührung, die Elektronen in ihre Atome aufnehmen können, so bleibt das positive Metallion zurück und das Elektron befindet sich jetzt im Atomraum des negativen Ions des betreffenden, dazugekommenen Elementes:

$Na^{\oplus} . . {}^{\ominus} + Cl — Cl + {}^{\ominus} . . {}^{\oplus} Na \rightarrow 2 Cl^{\ominus} + 2 Na^{\oplus}$. Diese chemische Abwanderung der Elektronen aus den Metallen führt zu Salzen, Oxyden, Sulfiden, deren **Molekeln** in der Hauptsache **durch elektrostatische Kräfte zusammengehalten** werden.

Die Elektronen kann man aber auch physikalisch durch starke elektrische Felder, Erhitzen oder durch Ultraviolettbestrahlung zur Abwanderung zwingen: z. B. als Kathodenstrahlen. Im Metallverband bleiben dann die Metallionen mit ihrer positiven Ladung zurück oder sie begeben sich unter dem Einfluß der Spannung als „Kanalstrahlen" ebenfalls auf die Wanderung (durch die Kathode), die entsprechend ihrer Masse [1]) viel langsamer ist.

Von dem „elektrischen" Feinbau der Metalle ist auch das Zusammentreffen der **Metalle** mit einem **nicht metallischen Lösungsmittel** beherrscht. Das Nichtmetall Schwefel geht in Schwefelkohlenstoff in der Weise in Lösung, daß vom festen Schwefelstück Schwefelmolekeln abgelöst werden und in molekularer Suspension zwischen den Molekeln des Schwefelkohlenstoffs sich verteilen. Auch für Metalle dürfen wir an der Grenzfläche mit einer nichtmetallischen Flüssigkeit eine Ablösung der durch elektrostatische Kräfte im Metallstück verklammerten Metallstoffteilchen, nämlich der Elektronen und Ionen erwarten. Die Elektronen können aber, wenn sie nicht unter sehr hohe Spannung gesetzt werden, zwischen die Wassermolekeln nicht eindringen. Denn sonst müßte reines Wasser den elektrischen Strom wie ein Metall leiten (s. S. 48!), deshalb müssen wir die Frage erörtern: Was geschieht, wenn allein der eigentlich stoffliche Teil z. B. des Aluminium-Metalles $Al^{3\oplus}$ zwischen Wassermolekeln eintritt? Auf dem Aluminium-Stück muß eine negative Ladung entstehen, da 3 Elektronen zurückbleiben.

---

[1]) Die Masse des Elektrons ist 1850mal geringer als die des Wasserstoffatoms; bei Al ist das Verhältnis $27 \cdot 1850 : 1$.

Der Einwand, daß diese 3 Elektronen das Metall-Ion überhaupt nicht aus
der Metallschichte austreten lassen, ist nicht stichhaltig. Die elektrische Leitfähigkeit der Metalle ohne stoffliche Änderung zeigt eine Beweglichkeit der
Elektronen an, so daß nicht jedes $Al^{3\oplus}$ s e i n e „eigenen" 3 Elektronen fest-
hält und umgekehrt. Die Elektronen sind vielmehr G e s a m t b e s i t z der
im Metall vorhandenen Aluminium-Ionen infolge von elektrostatischen Kräften, die ihrerseits, wie die Spannungsreihe zeigt, bei verschiedenen Metallen
abgestuft sind. Wegen der elektrischen Spannung, die das Aluminium-Ion
wieder zurückzuholen bestrebt ist, kann dieses sich nicht weit vom Metallstück entfernen: **Doppelschichte der elektrischen Ladungen,** nämlich der
Elektronen im Metall und der unmittelbar davor zwischen Wassermolekeln
stehenden Metall-Ionen. Wenn wir uns an die Annahme erinnern, daß im
metallischen Zustand eine chemische Verbindung von Ionen mit Elektronen
durch elektrostatische Zusammenlegung vorliegt, so dürfen wir die Doppel-
schicht als ein chemisches Spaltungsgleichgewicht ansprechen. Da die Elektronen Ladungen besitzen, wird die Gleichgewichtslage durch die Spannung
angezeigt, die beim Eintauchen von Aluminium in Wasser am Aluminiumstück auftritt[1]).

**Störung des chemischen Gleichgewichtes:** 1. Können die Elektronen
infolge von metallischer Leitung auf Quecksilber abfließen, das auf
dem Aluminiumstück niedergeschlagen ist (S. 116), so können sie von
der Quecksilberoberfläche aus $H^{\oplus}$-Ionen des Wassers ($H_2O \rightleftarrows H^{\oplus} + OH^{\ominus}$)
in H-Atome überführen, die als $H_2$ entweichen. Die zugehörigen $OH^{\ominus}$
werden von dem nicht mehr elektrisch zurückgehaltenen[2]) $Al^{3\oplus}$ angezogen → $Al(OH)_3$. Dies ist die elektrische Erklärung der Aktivierung
von Al durch Quecksilber. In analoger Weise wird die Wirkung des
Kupfersulfatzusatzes bei der Übg. I, 58 erklärt. Der Wasserstoff wird
in beiden Fällen am edleren Metalle, Hg bzw. Cu, entwickelt.

Die Gegenüberstellung zweier Metalle in einem Elektrolyten (Zn, HCl, Cu)
bezeichnet man als galvanische[3]) Kette oder als galvanisch-elektrisches Element. Im Falle der Wasserstoffentwicklung I. 58, ist es ein „kurz-geschlosse-
nes" elektrisches Element. Die galvanischen Elemente dienen dazu, **chemische
Energie unmittelbar,** d. h. ohne Umweg über die Energiezwischenform der
Wärme, **in elektrische** Energie umzuwandeln.

2. Die andere Möglichkeit für die Störung des Gleichgewichtes liegt
in den elektrischen Kräften, die in der angrenzenden Flüssigkeit herrschen[4]). Im Wasser sind nur sehr wenig $H^{\oplus}$ und $OH^{\ominus}$ vorhanden (S. 83).
Wenn wir aber statt $H_2O$ Salzsäure nehmen, so haben wir sehr viele
$H^{\oplus}$- und $Cl^{\ominus}$-Ionen zur Verfügung. Fesseln nun 3 $Cl^{\ominus}$ ein in die Salzsäure übergetretenes $Al^{3\oplus}$, so haben an seiner Stelle sich 3 $H^{\oplus}$-Ionen

---

[1]) Grenzt das Metall an Salzlösungen, so können vom osmotischen Druck
getriebene Metall-Ionen in das Metall übertreten, so daß außer den elektrischen Kräften noch osmotische in Rechnung zu ziehen sind.

[2]) Die zurückhaltenden Elektronen sind über das Hg zu $H^{\oplus}$ abgeflossen
und haben diese durch ihren Übertritt zu Wasserstoffatomen gemacht. Das
freie Wasserstoffatom ist im Sinne obiger Auffassung ein Metall, das aber
sehr rasch in die nichtmetallische Gasmolekel übergeht: $H_2$ (vgl. S. 12!).

[3]) Galvani (1737—1798), der Entdecker der nach ihm benannten elektrischen
Erscheinungen.

[4]) Auf die Erörterung der auch mitwirkenden osmotischen Kräfte wird
verzichtet.

mit der elektrischen Spannnung im Aluminiumstück auseinanderzusetzen. Sie tun dies dadurch, daß sie die Elektronen aus dem Metall an sich ziehen, in das chemische Atom Wasserstoff übergehen und zu Molekeln verbunden als $H_2$-Gas die Lösung verlassen. Das Lösungsbestreben des Aluminiums kann sich infolge der Entladungsneigung des $H^\oplus$-Ions ungehemmt auswirken, zumal Salzsäure die den Ablauf hindernde $Al_2O_3$-Schicht wegätzt. Oder, wenn man dem Wasserstoff außer seiner Befähigung zur molekularen Löslichkeit, wie sie allen 2-atomigen Gasmolekeln zukommt, noch eine 2. Art der „Löslichkeit als Ion" zuschreibt, ist dieses (metallische) Lösungsbestreben des Wasserstoffs geringer als das Lösungsbestreben des Aluminiums. Vgl. I, 59!

Taucht man Aluminium in eine $CuSO_4$-Lösung, so wird das $Al^{3\oplus}$ durch $SO_4{}^{2\ominus}$ „gefesselt" und $Cu^{2\oplus}$ steht der elektrischen Ladung des Aluminiumstücks gegenüber. Die Elektronen treten an das $Cu^{2\oplus}$-Ion über und liefern damit metallisches Kupfer, welches sich „niederschlägt". Es ist also das $Al^{3\oplus}$-Ion in die Lösung als Aluminiumsulfat übergetreten und die ursprünglich zum $Al^{3\oplus}$ zugehörigen Elektronen sind ebenfalls aus dem Aluminiumstück ausgewandert und bilden nunmehr einen Bestandteil des metallischen Kupfers. Das Aluminiumstück bleibt also elektrisch neutral zurück.

Da die M e n g e n der bewegten Elektrizität sich auf den Ladungseinheiten, den Elektronen, aufbauen, gilt das Faradaysche Äquivalenzgesetz (S. 51). Die Verschiedenheit der chemischen Vorgänge, die sich in der verschiedenen Wärmetönung äußert, wenn die Vorgänge außerhalb der galvanischen Kette als „eigentlich" chemische Umsetzungen verlaufen, tritt als **elektronenbewegende, elektromotorische Kraft** in Erscheinung, d. h. als erhaltene oder bei der Elektrolyse anzulegende Spannung. Durch Reihenversuche nach der Art der Übg. 47 oder Voltbestimmung entsprechender galvanischer Ketten kommt man zur Anordnung der in diesem Buch besprochenen Metalle in der Spannungsreihe: K, Na, Ba, Ca, Mg, Al, Zn, Fe, Sn, Pb, **H** (!) Cu, Hg, Ag, Pt, Au.

Rechts vom Wasserstoff stehen die Edelmetalle links von ihm die unedlen Metalle, welche die Reaktionsweise I, 59 zeigen. Für die ersten 4 Metalle genügt bereits die im Wasser vorhandene geringe Zahl von $H^\oplus$-Ionen zur Verdrängung des Wasserstoffs. Das hier als „Säure" wirkende Wasser liefert dabei die dem Salz nach S. 138 entsprechenden Basen. Vgl. auch S. 76!

Die Unterlagen für diese Erklärungen hat die Entwicklung der Ansichten über den Atombau und die chemische Affinität geliefert. Durch die Zusammenarbeit der Gelehrten der ganzen Welt entstand ein neuer Zweig der Wissenschaft, die **Atomphysik,** die ständig weiter fortschreitet.

Der Ausgangspunkt ist die Erkenntnis des Physikers L e n a r d, daß in den festen Stoffen, maßstäblich betrachtet, für die elektrischen Strahlen sehr viel «leerer» Raum vorhanden ist; I, 20. Aber innerhalb des dort genannten Pt-Blocks sind ungeheure elektrische Kraftfelder, die ihn für mechanische Kräf-

te undurchdringlich machen. Der Radius des Atomraumes ist etwa 10 000mal
so groß als der Radius des Atomkerns, in dem die Hauptmasse, für Kathodenstrahlen undurchdringlich, zusammengeballt ist.

Die Zurückführung des Stoffes schlechtweg auf eine besondere Anordnung
zusammengedrängter elektrischer Energie hat zu Überlegungen geführt, ob
das Gesetz von der Erhaltung des Stoffes überhaupt zutrifft. Vgl. dazu S. 148!

**Übg. 47:** a) Zu Zinkchloridlösung gibt man ein paar Stücke bandför-
miges Magnesium. An der Oberfläche des letzteren setzt sich feinpulv-
riges, schwarzes Zn ab. Gleichzeitig beobachtet man Gasentwicklung
und Erwärmung:

$Zn^{2\oplus} + 2 Cl^{\ominus} + Mg \rightarrow Mg^{2\oplus} + 2 Cl^{\ominus} + Zn$. Das Zinkion gibt seine
Ladung an das Magnesium ab. Das negative Ion nimmt an der Reaktion
nicht teil Es ist deshalb gleichgültig, welches Zinksalz man verwendet.
Deshalb kann man die Anionen in der Gl. weglassen, was in modernen
Büchern häufig geschieht. G e g e n p r o b e: Aus dem Filtrat fällt NaOH
im Überschuß unlösliches $Mg(OH)_2$ aus, wodurch $Mg^{2\oplus}$ nachgewiesen ist
(vgl. S. 118 und S. 96!).

Die Wasserstoffentwicklung ist durch die hydrolytische Spaltung des
$ZnCl_2$ erklärt. Die davon herrührenden $H^{\oplus}$-Ionen treten mit den $Zn^{2\oplus}$-
Ionen bei der Einwirkung auf Mg-Metall in Wettbewerb.

b) Zu **Bleinitratlösung** gibt man **Zinkspäne** und beobachtet Abscheidung von Bleikristallen. Wegen des langsameren Verlaufs der Um-
ladung $Pb^{2\oplus} + Zn \rightarrow Zn^{2\oplus} + Pb$ kommt es hier zur Abscheidung größerer Kristalle.

c) Zu $Cu(NO_3)_2$Lösung gibt man frisch geschnittene **Bleischeiben**: Cu-
Abscheidung. Hier wird Nitrat angewandt, um ein lösliches Bleisalz
zu erzielen (vgl. S. 127, Übg. 43!): $Cu(NO_3)_2 + Pb \rightarrow Pb(NO_3)_2 + Cu \downarrow$.
Aus Kupfervitriollösung wird durch einen Eisennagel alles Cu gefällt.
An Stelle der blauen Kupferlösung erhält man eine blaßgrüne (nahezu
farblose) Eisen(2)-sulfatlösung. Gegenprobe nach Übg. 45, S. 134 bzw.
Übg. 40, S. 121.

d) In $HgCl_2$-Lösung bringt man ein blankes Cu-Blech und erwärmt
gelinde. Durch Polieren mit einem Stofflappen erhält man einen **Queck-
silberspiegel** auf dem Cu-Blech: $Hg^{2\oplus} + Cu \rightarrow Hg + Cu^{2\oplus}$[1]).

e) Ein Quecksilbertropfen wird mit überschüssiger Silbernitratlösung
versetzt. Die Bildung großer **Silberkristalle** dauert sehr lange. Schneller
erhält man wegen des größeren Abstandes in der Spannnungsreihe mit
einem Eisennagel nach etwa 15 Minuten glänzende Silberkriställchen.
$2 Ag^{\oplus} + Hg \rightarrow Hg^{2\oplus} + 2 Ag$ bzw. $2 Ag^{\oplus} + Fe \rightarrow Fe^{2\oplus} + 2 Ag$. Aus diesen Versuchen ergibt sich die Reihenfolge: Mg, Zn, (Fe), Pb, Cu, Hg, Ag.

Eine Spannungsreihe der Nichtmetalle $Cl_2$, $Br_2$, $J_2$ wurde bereits S. 81
bei der Ionenlehre erwähnt.

---

[1]) Da Fe in der Spannungsreihe weiter entfernt steht, fällt Eisen aus Hg-
Salz sehr rasch Quecksilber. Chirurgische Instrumente werden demnach durch
Desinfizieren mit Sublimat ($HgCl_2$) verdorben.

## 30. Periodisches System; Radioaktivität

Die Übereinstimmung mehrerer Grundstoffe in ihren chemischen Eigenschaften hat schon vor mehr als 100 Jahren dazu geführt, sie in natürliche Gruppen zusammenzufassen: z. B. N, P, As oder die Halogene. D ö b e r e i n e r [1]) (S. 12) hat schon 1829 versucht, diese Ähnlichkeiten in Beziehung zu den damals im Mittelpunkt der Forschung stehenden Atomgewichten zu bringen. Aber erst 60 Jahre später wurde entdeckt, daß sich die natürlichen Grundstoffgruppen ergeben, wenn man die Grundstoffe nach dem Atomgewicht nicht immer fortschreitend anordnet, sondern ähnlich wie bei den Oktaven in der Musik nach 7 Elementen abbricht und untereinander schreibt: periodisches System. In der Bezeichnung ist das Eigenschaftswort im mathematischen Sinne gebraucht als Wiederkehr in regelmäßigen Abschnitten vom Beziehungspunkt. In dieser Anordnung ändern sich die Eigenschaften und die Wertigkeit als periodische Funktion des Atomgewichts.

| I | II | III | IV | V | VI | VII | Sauerstoffvalenz |
|---|----|-----|----|---|----|-----|------------------|
| —[2]) | —[2]) | —[2]) | IV | III | II | I | Wasserstoffvalenz |
| He 4 | Li 7 | Be 9 | B 11 | C 12 | N 14 | O 16 | F 19 | 1. PERIODE |
| Ne 20 | Na 23 | Mg 24 | Al 27 | Si 28 | P 31 | S 32 | Cl 35 | 2. PERIODE |

In der Horizontalreihe steigt die Wertigkeit gegen Sauerstoff auf VII, gegen Wasserstoff fällt sie von IV bis zum 7. auf I. In den Vertikalgruppen stehen die ähnlichen Elemente C, Si; N, P; O, S; F, Cl. Die Elemente Fe, Ni, Co, die unter sich chemisch sehr ähnlich sind, aber im Atomgewicht aufeinander folgen und eigentlich in eine Vertikalgruppe gehören sollten, hat man in eine 8. Gruppe verwiesen, welche die 3. und 4. Oktave zu einer großen Periode von 17 Elementen verbindet. Ebenso wird die 5. und 6. Oktave durch Ru [3]), Rh, Pd zu einer 17-zähligen Periode verbunden. Die Entdeckung der Edelgase hat zu einer 0. Vertikalreihe geführt, da diesen Elementen die Verbindungsfähigkeit und damit die Wertigkeit fehlt. Die Erforschung des inneren elektrischen Baus hat in bezug auf die Elektronenverteilung diese 0. Gruppe sogar zum Ausgangs- und Zielpunkt der einzelnen Perioden

---

[1]) Er fand nahezu gleiche Atomgewichtsdifferenzen zwischen ähnlichen Elementen: 127 (J) — 80 (Br) = 47; 80 (Br) — 35,5 (Cl) = 44,5.

[2]) Von den in den ersten 3 Gruppen stehenden sind nur einzelne Hydride bekannt, z. B. LiH und $CaH_2$. Borwasserstoff $B_2H_6$; vgl. $H_2F_2$!

[3]) Die Zuweisung in die 8. Gruppe wird gerechtfertigt durch $RuO_4$ bzw. $OsO_4$.

erhoben. Die Entdeckung und Trennung der „seltenen Erden" hat die 7. und 8. Oktave zu einer übergroßen Periode von 32 Elementen anschwellen lassen zusammen mit Os [1]), Ir und Pt. 2 Elemente ($= 2 \cdot 1^2$), nämlich H und He, leiten das periodische System ein. S. Tafel S. 6!

Für die Einprägung der die Perioden ausfüllenden Zahl der Grundstoffe merke man: die ersten Perioden umfassen $2 \cdot 2^2 = 8$, die großen Perioden $2 \cdot 3^2 = 18$, die übergroße Periode $2 \cdot 4^2 = 32$ Elemente. Auf den Zusammenhang dieser eigenartigen Zahlenbeziehungen mit dem Pauli-Verbot der Atomtheorie kann nicht eingegangen werden.

In der 9. Oktave treffen wir auf Elemente, deren hohes Atomgewicht in Zusammenhang mit ihrem selbsttätigen Zerfall steht. Bei ihnen ist gewissermaßen eine übermäßige, unter irdischen Verhältnissen nicht beständige Anhäufung von Masse im Atom zusammengepreßt, vielleicht aus vorirdischen Zeiten noch erhalten geblieben.

Dieser als **Radioaktivität** bezeichnete Zerfall wurde an dem letzten Element, dem **Uran,** entdeckt. Nach dem Bekanntwerden der Röntgenstrahlen, welche auf „Schirmen" Fluoreszenz [2]) erregen, kam B e c - q u e r e l auf den Gedanken, daß die „von selbst fluoreszierenden" Salze des Urans solche neu entdeckte (Röntgen-)Strahlen aussenden. Die Radioaktivität wurde bald darauf auch an Thorium, Rubidium und sogar an Kalium [3]) (A.G. 39!) aufgefunden. Bei der Untersuchung des Hauptminerals für Urangewinnung, der Pechblende

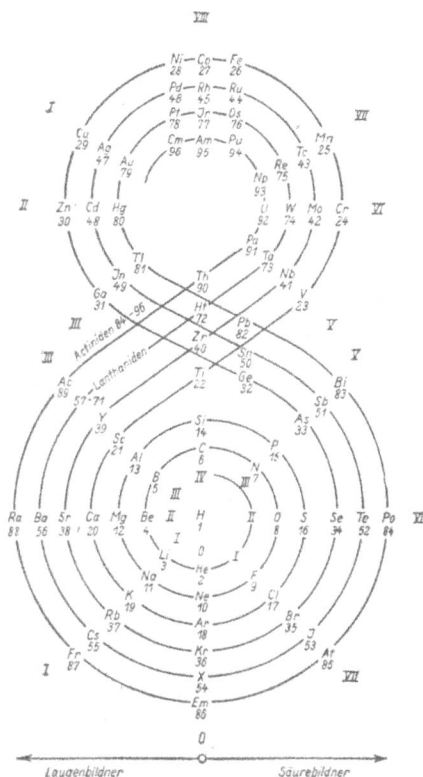

Bild 41

Periodensystem der Lemniskaten-Anordnung nach F. Kipp; Naturwissenschaften 1942, S. 673. Die römischen Ziffern beziehen sich auf die Wertigkeit gegen Sauerstoff.

[1]) Fn. 3 auf S. 142.
[2]) S. S. 126!
[3]) Eine Auswirkung der Radioaktivität eines im natürlichen Kalium enthaltenen langlebigen Isotops ist die Ansammlung von Wasserstoffgas im Karnallitgebirge (S. 10).

$U_3O_8$, entdeckte Marya C u r i e eine viel höhere Radioaktivität als sie dem Uranmetall zukommen konnte. Dies führte zur Auffindung des Elementes P o l o n i u m (Po), nach dem Heimatlande der Entdeckerin benannt, und schließlich des **Radiums (Ra)**, das etwa millionenmal stärker wirksam ist als Uran. Seine mühevolle Isolierung [1]) erlaubte die genaue Untersuchung der radioaktiven Vorgänge, die für die Chemie umstürzend wirkte und neue Gebiete der Wissenschaft erschloß: **Atomphysik und Isotopenforschung.**

**Radioaktive Stoffe** senden 3 Strahlenarten aus: 1. Die $\alpha$-Strahlen sind doppelt positiv geladene Heliumkerne, die mit 15000 km-Sek. Geschwindigkeit von Atomkernen abgeschleudert werden. Sie entsprechen den Kanalstrahlen und sind im magnetischen Feld ablenkbar. 2. Die $\beta$-Strahlen bestehen aus Elektronen, die aus Atomkernen beinahe mit Lichtgeschwindigkeit austreten. Sie entsprechen besonders schnellen Kathodenstrahlen; Ablenkung umgekehrt! 3. Die $\gamma$-Strahlen sind besonders harte Röntgenstrahlen, d. h. sehr kurzwellige, für das menschliche Auge unsichtbare Lichtstrahlen; sie werden im magnetischen Feld nicht abgelenkt. Ihre Vermutung durch Becquerel hat die Entdeckung ausgelöst.

Die gewaltige Energieentwicklung (140 cal für 1 g Radium in einer Stunde[2]) stammt aus der selbsttätigen Umwandlung im Atominneren und ist unbeeinflußbar durch äußere Bedingungen. Dabei entstehen neue Elemente: Radium-Emanation[3]), A.G. 222,0 um 4 Einheiten niedriger als Radium 226,05, da der strahlende Atomkern die Masse des Heliumatoms verloren hat und sich in seinem Inneren und in der Elektronenhülle eine neue von dem ursprünglichen Zustand verschiedene Ordnung bilden muß. Ferner Heliumgas [4]) durch Aufnahme von 2 Elektronen an einem $\alpha$-Strahlteilchen (Heliumkern). Emanation gehört ebenfalls in die 0. Gruppe des periodischen Systems und wird als Radon (Rn) bezeichnet.

In Laufe der 50 Jahre seit der Entdeckung wurden Zerfallsgrundstoffreihen aufgefunden, für deren Kennzeichnung neue Richtlinien ermittelt werden mußten. Die sog. **Halbwertzeit** ist die Zeitdauer, in der durch selbsttätigen Zerfall die Energie der Ausstrahlung auf die Hälfte absinkt. Sie schwankt zwischen der für Uran errechneten „astronomischen" Zeit von $4,5 \cdot 10^9$ Jahren bis zu Sekundenbruchteilen herunter. Das Endprodukt der Radiumzerfallsreihe ist das unveränderliche Radium G, das mit Pb identisch ist (vgl. S. 159, Kleingedrucktes!). Atomgewicht des Uranbleis 206,02.

---

[1]) 1 g Radium ist in ungefähr 7000 kg Erz enthalten!

[2]) Sie wird gespeist aus der sogenannten Nullpunktsenergie, die durch die Bewegungsenergie der Elektronen im Atomraum zusammen mit der elektrischen Energie zwischen dem positiven Atomkern und der Elektronenhülle gegeben ist und auch beim absoluten Nullpunkt (—273°) vorhanden ist.

[3]) = Ausfluß: In minimalen Spuren ist „Radon" in vielen Mineralquellen enthalten und nur deshalb nachweisbar, weil es selbst radioaktiv ist.

[4]) s. S. 61!

Eine 2. Zerfallsreihe führt vom Thorium über Mesothor[1]) zum ThD[2]) = Thoriumblei. A. G. 208. Atomgewicht des Bleies in uran- und thoriumfreien Mineralien: 207,21.

Im Zusammenhang mit der Entwicklung der „Radiumwissenschaft" lernte man zwischen Äußerungen der Atomkerne und der das Atom umgebenden **Elektronenhülle** unterscheiden. Das gewöhnliche Spektrum, das von glühenden Metalldämpfen ausgesandt wird, hat seinen Ursprung in den auch bei chemischen Vorgängen wirksamen, äußeren Elektronen, die Röntgenspektren dagegen kommen von den inneren Elektronen und sind deshalb von der positiven Kernladung abhängig. Diese schreitet von 1 für H über 2 für He, 3 für Li usw. bis zu 92 für Uran fort. Die elektrisch neutralen Atome besitzen zum Ausgleich dieser positiven Kernladung 1 (H), 2 (He), 3 (Li) bis zu 92 (U) ebenso viele Elektronen, die **in Schalen um den Atomkern** herum angeordnet sind; S. 6.

Das Chlor-Ion hat als negativ geladenes Teilchen ein Elektron «zu viel». Dieses paßt aber in die äußere Schale des n e u t r a l e n Chlor-Atoms gut hinein und macht das **Chlor-Ion** zu einem atomtheoretisch **beständigen Gebilde.** Bei $S^{2\ominus}$ ergänzen 2 Elektronen die äußerste Elektronenschale zu einer „vollen" Elektronenschale. Das Kaliumatom verliert leicht sein äußerstes Elektron und wird zu $K^{\oplus}$, das Kalziumatom 2 Elektronen → $Ca^{2\oplus}$. Die bei diesen 4 Elementen durch E r - g ä n z u n g o d e r V e r l u s t von **Elektronen** hergestellte Elektronenanordnung in der äußersten Schale kommt dem in der Mitte zwischen den 4 Elementen stehenden, elektrisch neutralen Edelgasatom Argon zu. **Da hier die Abgabe- und Einwanderungsmöglichkeit von Elektronen fehlt, ist das Argon-Atom ein chemisch unangreifbares Gebilde.** $S^{2\ominus}$ $Cl^{\ominus}$, Ar, $K^{\oplus}$ und $Ca^{2\oplus}$ besitzen also die gleiche Zahl von Elektronen bei verschiedenen Kernladungen.

Beim leichtesten Edelgas He (Kernladung 2!) ist mit 2 Schalenelektronen die e r s t e Schale „voll". Zu ihrer Anordnung kehrt das Li-Ion zurück (Kernladung 3, folglich auch bei $Li^{\oplus}$ „K-Schale" mit 2 Elektronen). Im Verlaufe der ersten Periode werden bis zum Fluor 7 Elektronen um diese innerste K-Schale angelagert. Das 2. Edelgas N e o n besitzt eine „volle" z w e i t e Schale mit 8 Elektronen, also eine innere K- und eine darüber liegende L-Schale. Die 2. Periode hat als Endziel der Elektronenanordnung das **Argon** mit 3 Elektronenschalen von 2 + 8 und nochmals 8 Elektronen, also eine K-, eine L- und eine M-Schale.

---

[1]) Aus den Rückständen der Zeriumgewinnung aus „Monazit"sand technisch hergestellt. Es wird ebenso wie Radium in der Heilkunde gegen Krebs angewandt.

[2]) Die Abkömmlinge der Radiumelemente bezeichnet man durch Beisetzung von großen lateinischen Buchstaben A, B, C, D. ThC ist also nicht etwa eine Verbindung von Th mit Kohlenstoff, sondern ein „Urenkel" des Thoriums.

Die Kernladungszahl hat sich durch die Untersuchung der Atomröntgenspektren durch Moseley als identisch mit der Anordnung nach den chemischen Eigenschaften im periodischen System ergeben und sogar Unstimmigkeiten bei der reinen Anordnung nach steigendem Atomgewicht beseitigt (zusammen mit der Isotopenforschung); Ordnungszahl = Kernladungszahl (K.-L.).

Die neuen Erkenntnisse über den Schalenbau der Atome und den Sitz der **chemischen Wirkkräfte** in den jeweils **äußersten, noch nicht abgeschlossenen Elektronenschalen führen zu einer elektrischen Ausdeutung der Affinität.** Nur bei den Edelgasen ist die elektrische Neutralität des Atoms aus Kernladung und Elektronengesamtzahl einerseits und andererseits auch der Schalenbau der negativen Elektronen unter sich ausgeglichen. Alle übrigen Elemente besitzen trotz ihrer elektrisch neutralen Atome entweder „Lücken für Elektronen" oder „Auswüchse an Elektronen", die trotz der dabei auftretenden elektrischen Spannungen ausgefüllt oder abgestoßen werden. Die dadurch entstehende elektrostatische Verklammerung ist die Ursache für die erwähnte metallische Bindung in Metallstücken (1) und für die Ionenbindung in Salzen (2).

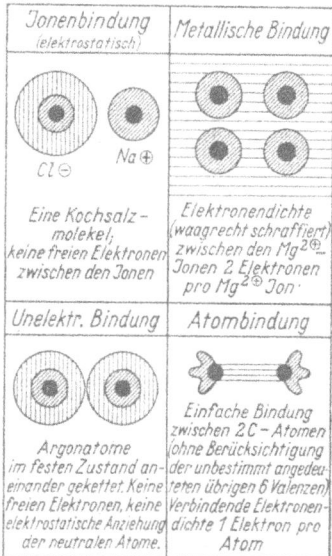

Bild 42
K-Schale: schwarz; L-Schale: schräg gestrichelt; M-Schale: vertikal gestrichelt. Nach H. G. Grimm, Angewandte Chemie 1940, S. 288.

1. Das Wesen der **intermetallischen Bindung** liegt darin, daß die Elektronen in ihrer Zugehörigkeit unbestimmt sind. Die Metallionen besitzen ausgeglichene Elektronenschalen, sind gegenseitig undurchdringlich und werden durch die abstoßende Wirkung ihrer gleichnamig positiven Gesamtladung auseinander gedrängt. Ohne das zwischen ihnen gleichmäßig verteilte Elektronengas würden die Metalle nicht zusammenhalten. Ihr Zerfall beim chemischen Verbrauch dieses „Bindemittels" ist S. 138 ff. geschildert. **Zwischen** den **Metallionen** ist das **Elektronengas in gleichmäßiger Dichte** so verteilt, daß im Gesamtbetrag bei einem II-wertigen Metall (Cu) auf ein Metallion 2 Elektronen, bei einem III-wertigen (Al) 3 Elektronen vorhanden sind.

2. Die in den binären Stoffen (Salzen, Säuren, Basen) vorliegende **Ionenbindung** wird auch als **heteropolar** bezeichnet, weil im Kochsalzkristall und auch in der Kochsalzmolekel (S. 81) die elektrische Anziehung der $Na^{\oplus}$ und $Cl^{\ominus}$ das Band zwischen den verschiedenpoligen

Bestandteilen ist. Namentlich im Kristall ist die elektrostatische Anziehung mit der Abstoßung der gleichpoligen Na$^{\oplus}$-Ionen untereinander, bzw. Cl $^{\ominus}$-Ionen untereinander, r ä u m l i c h ausgeglichen. Ein Ineinanderverfließen der Ionen ist durch die abstoßende Wirkung der
Elektronenschalen verhindert. Die Ionen werden durch die von der
K.-L. bestimmte Ladungsdifferenz nur soweit einander genähert, als
es die abstoßende Wirkung der bei den einzelnen Ionen ausgeglichenen
Elektronenschalen zuläßt. Außerhalb der füreinander undurchdringlichen Ionenkugeln sind keine Elektronen vorhanden, oder mathematisch ausgedrückt: die **Elektronendichte zwischen den Ionenkugeln ist
gleich Null.**

Die „Expansion", welche die leeren Räume innerhalb der festen Stoffe aufrecht erhält, ist demnach als die abstoßende Wirkung der elektrisch negativ
geladenen Elektronenhüllen zu deuten, die „Kohäsion" als die von den Atomionen bzw. von ihren positiv geladenen Atomkernen ausgehende Anziehung
auf die negativen Elektronenhüllen der kohärierenden Atome, abhängig
von den Atomräumen und der Zahl der jeweils vorhandenen Elektronenschalen, welche die Abstände in den Kristallgittern bedingen.

3. In den $H_2$-, $N_2$- und Kohlenwasserstoffmolekeln liegt eine dritte
Art der Bindung, die **Atombindung** oder **homöopolare Bindung** vor.
Den Bindungsstrichen in den Formeln der Kohlenwasserstoffe kommt
eine physikalische Wirklichkeit zu, nämlich eine **erhöhte Elektronendichte in der kürzesten Verbindungslinie** der miteinander verbundenen
Atome. Die durch die wellenmechanische Auffassung (S. 152) ermöglichte Abkehr von der Planetenvereinzelung der Elektronen läßt eine
Ausstülpung aus der „Elektronenwolke" in engbegrenzten Schläuchen
**innerhalb der für sich abgeschlossenen Molekeln** zu. Die Atomrümpfe, bei Kohlenstoff der Kern mit der K-Schale, bei Wasserstoff
der elektronenlose Kern, sind mit den Ionen identisch und gegenseitig
undurchdringlich, stoßen sich sogar als gleichnamig positive Ionen ab.
Die Bindung kommt also nicht elektrostatisch zustande, sondern elektrodynamisch durch Aufteilung der unvollständigen Elektronenschale zu
andersartigem Ausgleich der Elektronenwolke. Daß dies beim Kohlenstoff in so ausgesprochenem Maße der Fall ist, hat seinen Grund
darin, daß er in der 1. Periode steht, und zwar genau in der Mitte
zwischen den Edelgasen He und Ne.

Bei der Atombindung der Wasserstoffmolekel sind die Elektronen nicht
mehr Einzelbesitz der Atome, sondern sie sind zwei Atomkernen so zugeordnet, daß in der Verbindungslinie der Kerne die Elektronenwolke eine besondere Dichte besitzt.
Während den Wertigkeiten stark besetzte Elektronenbrücken entsprechen,
hat man bei den Koordinationsverbindungen nur sehr schwach besetzte Elektronenbrücken, die sich zusätzlich noch aus der Elektronenwolke vorwölben
können und mit einer ebenso schwach besetzten Elektronenvorwölbung einer
anderen gesättigten Molekel in Wechselwirkung treten können, ohne daß an
dem elektrischen Gesamtbestand etwas geändert wird.

Die bisher allgemein verwendete Ionenschreibweise paßt schon zu der Sachlage nach Ziff. 2. Dagegen kommt dem Bindungsstrich in der Formel der Kochsalzmolekel keine reelle Bedeutung zu: elektrische Anziehung im Kristallgitter oder in der Kochsalz-Lsg. Um die anderen Verhältnisse bei der homöopolaren Bindung zum Ausdruck zu bringen, ist von Lewis eine Schreibweise mit Angabe der Valenzelektronen in Form von paarweise um die Atomsymbole angeordneten Punkten eingeführt worden. **Einem Valenzstrich** entsprechen **2 Punkte, also ein Elektronenpaar.** Formulierungen für die Bildung der $N_2$-Molekel aus den Atomen und für die Synthese von Methan:

$$:\ddot{N}. + .\ddot{N}: = :\ddot{N}\!:\!\ddot{N}: \qquad :C: + 4\,H\cdot = H\!:\!\overset{\displaystyle H}{\underset{\displaystyle H}{\ddot{C}}}\!:\!H.$$

Einer Doppelbindung entsprechen in dieser Schreibweise $2 \cdot 2 = 4$ Punkte. Vgl. jedoch S. 153!

4. Zwischen den Edelgasatomen sind die Elektronendichten ebenso wie zwischen den Ionen gleich Null. Ferner fehlen hier die elektrostatischen Anziehungskräfte. Da aber auch bei den **festen Edelgasen** (Argon, F. —188⁰) zusammenhaltende Kräfte vorhanden sind, werden diese einer **unelektrischen Bindung** zugeschrieben. Derartige Kräfte können auch neben den elektrischen Kräften Absatz 1—3 am Aufbau der Molekeln im festen Zustand beteiligt sein.

Die **Atomkerne** bestehen nur aus Wasserstoffkernen=Protonen[1]) und Neutronen[1]) und zwar gibt die Ordnungszahl die Zahl der Protonen an. Die Differenz zwischen A. G. und Ordnungszahl gibt die Zahl der Neutronen an. Das Vorhandensein von Kernelektronen wurde längere Zeit zur Erklärung der $\beta$-Strahlung beim Zerfall von Radioelementen vermutet. Die neuere Anschauung ist, daß die Elektronen erst im Augenblick ihrer Aussendung aus Energie geschaffen werden. Das Gesetz von der Erhaltung der Masse (I, 35) muß also bei Kernumwandlungen durch eine Äquivalenzbeziehung zwischen Masse und Energie verfeinert werden. Wenn die Energie E äquivalent einer Masse von $\frac{E}{c^2}$ (c = Lichtgeschwindigkeit) ist, so entsprechen 930000 eV (S. 150, Fn. 1) einer Masse von 0,001 Atomgewichtseinheiten. In diesem Energie-Massenäquivalent strömen die 2 Hauptgegebenheiten der Welt in eine Wurzel zusammen.

Große Abweichungen von der Ganzzahligkeit sind durch Isotope verursacht, z. B. Cl (35,46 enthält die Isotopen $^{35}_{17}Cl$ und $^{37}_{17}Cl$) im Verhältnis 76 : 24. In dieser Symbolschreibweise ist die Ordnungszahl (vorausgestellt) und die Massenzahl (hochgestellt) wiedergegeben.

Das periodische System hat eine bedeutende Auswirkung für die Entwicklung der Chemie gehabt. Z. B. wurden dem Element **Germanium** seine Eigenschaften auf Grund der periodischen Regelmäßigkeiten für den leeren Platz des „Ekasiliziums" noch vor seiner Auffindung von Mendelejeff vorausgesagt, ähnlich wie aus den Abweichungen der Planetenstörungen der Planet Uranus vorausgesagt und an der

---

[1]) Im nächsten Abschnitt näher angegeben; S. 150.

berechneten Stelle auch aufgefunden wurde. Die Lücken des periodischen Systems wurden durch die Entdeckungen der letzten Jahre ausgefüllt. Zur Auffindung der Elemente Hafnium (Hevesy) und Rhenium (Noddak) trug sehr viel das periodische System in Verbindung mit der Atomtheorie bei, weil man wußte, wo sie hingehören und wo und wie man sie auf der Erde zu suchen hatte.

Die physikalischen Eigenschaften und die chemischen Äußerungen der Elemente spiegeln sich in ihrer Anordnung im periodischen System, das als krönende Zusammenfassung offenbart, daß auch in der stofflichen Welt keine Willkür herrscht, kein Materialismus, der als ordnenden Grundsatz nur die Konkurrenz der Zufälle anerkennt. Das vielfältige Nebeneinander der Grundstoffe ist das Endergebnis eines gesetzmäßigen Entwicklungsganges, der vor der Entstehung der Erde als Weltkörper begonnen hat und von dem uns die radioaktiven Erscheinungen eine ahnende Vorstellung geben.

## 31. Kernchemie

I. Das Vorkommen der Isotope hat zur Folge, daß „Grundstoffe" gleicher K.-L. ($^{206}_{82}Pb$ und $^{208}_{82}Pb$) [1]) sich nach ihrer Schwere noch in jeweils mehrere Elemente von reiner Massenzahl aufspalten lassen und somit in den 92 „Fächern" des periodischen Systems 285 stabile und 42 natürlich radioaktive Atomarten Platz finden müssen. Da das höchste Atomgewicht 238 beträgt, sollte man annehmen, daß nur so viel verschiedene Atomarten vorhanden sein könnten. Allein es gibt neben den Isotopen auch noch **gleich schwere** Atomarten mit verschiedener Kernladungszahl, z. B. ein Argon- ($^{40}_{18}Ar$) und ein Kalzium- ($^{40}_{20}Ca$)-Atom, 2 c h e m i s c h  v e r s c h i e d e n e **Isobare** vom A.G. 40, weshalb auch die chemischen A. G. dieser 2 Elemente so nahe beieinander liegen.

Die **Begriffsbestimmung** für „**Element**" wird deshalb in modernen Lehrbüchern abgeändert: Ein Element besteht aus **Atomen**, die durch eine bestimmte **gleiche Kernladung** und damit durch **dieselbe Elektronenhülle** ausgezeichnet ·sind; die **Masse** des Kerns kann dabei **verschieden** sein (Isotope).

Zu den 327 im Bestand unserer Erde enthaltenen Elementen kommen noch mehr als 250 „künstlich" radioaktive Elemente, für deren Herstellung mehr als 500 Umbildungsvorgänge aus den natürlichen Elementen bekannt geworden sind. Dadurch ist eine neue Art Chemie entstanden, die an Stelle von Molekeln Atomkerne umwandelt. Für solche Vorgänge sind die natürlichen Elemente nicht mehr reagierende

---

[1]) Die Kernladung wird als Index, die Massenzahl als «Potenz» vorausgestellt.

Subjekte, sondern das Objekt. Als in der neuen Weise tätige Grundstoffe kommen nur hüllenlose Atomkerne in Betracht, die gleichzeitig
als Träger gewaltiger Energiemengen auftreten können, oder auch
konzentrierteste Lichtenergiemengen selbst, welche sich wie ein mate-
rielles Teilchen verhalten.

Kernphotoeffekt, im Gegensatz zu den an der Elektronenhülle sich abspie-
lenden, gewöhnlichen photochemischen Vorgängen (vgl. S. 125!). Mit welchen
Hilfsmitteln die benötigten, riesenhaften Energiemengen auf die wirkenden
Teilchen übertragen werden, kann hier nicht erörtert werden.

II. Die gewöhnlichen chemischen Umsetzungen in den Molekeln, also
an den äußeren Elektronenhüllen, besitzen **Wärmetönungen** von 10
bis 100 kcal (I, 52) für das Mol. Für das einzelne Atom in elektrische
Energie umgerechnet, entspricht die genannte kcal-Zahl 0,5—5 eV [1]).
Bei **Kernumwandlungen** sind jedoch 100 000—10 000 000 eV für das
Atom im Umsatz, und deswegen ist die chemische Bindung, d. h. in
welcher Molekel das beschossene Atom steckt, für die Kernumwand-
lung gleichgültig. Als Träger solcher Energien können auftreten:

1. Das Proton (abgekürzt p), der Kern des gewöhnlichen Wasserstoffatoms mit dem A. G. 1,008 und der positiven Kernladung 1 : $(^1_1H)^{\oplus}$

2. Das Neutron (n) ist ein Teilchen mit dem A. G. 1,009, aber ohne
elektrische Ladung, d. h. mit der Kernladung 0.

Das Neutron tritt deshalb nicht mit den Elektronenhüllen, sondern nur mit
den Atomkernen selbst in Wechselwirkung, es ist gewissermaßen das hüllenlose Edelgas, von dem das gesamte periodische System ausgeht, ähnlich wie
die einzelnen Perioden des Systems von Edelgasen ausgehen. Sogar Neutronen, die nur von sehr kleinen Energien angetrieben werden, können in Atomkerne eintreten, weil sie als Teilchen ohne Ladung durch den „Potentialwall"
der Kernladung nicht abgehalten werden. Einfangprozesse durch „langsame"
Neutronen, die eine mittlere Energie von nur 0,025 eV besitzen, wenn sie
beim Durchgang durch Paraffinschichten von 20—30 cm Dicke infolge von
nichtzentralen Zusammenstößen mit Wasserstoffkernen auf die Wärmebe-
wegungsgröße der Gasmolekeln abgebremst worden sind. Aus einem derartigen, mit Neutronen bestrahlten Paraffinstück sublimieren „thermische"
Neutronen, soweit sie nicht von den Wasserstoffkernen unter Bildung von
Deuteriumkernen (**„schwerer" Wasserstoff**, A. G. 2,015, Kernladung 1) zurückgehalten werden.

Solche Einfangprozesse sind auch der Grund dafür, daß auf der Erde von
dieser Urmaterie, den Neutronen, nichts mehr frei vorhanden ist. Sie müssen
erst künstlich hergestellt werden. Oder sie treten beim spontanen Atomzerfall $^{235}_{92}$U auf. Ihre Wichtigkeit für den Aufbau der Atomkerne tritt uns
schon bei dem Element der K.-L. 2 entgegen. Zwei „nackte" Protonen halten
offenbar nicht zusammen. Erst wenn noch 1 oder 2 Neutronen dazutreten (A.

---

[1]) eV (Abkürzung für Elektron-Volt) ist diejenige Energie, die einem Elektron zukommt, wenn es die Spannungsdifferenz 1 Volt durchfällt. Eine genaue Darlegung der „Kernphysik" würde den Rahmen des „Grundrisses" zu
stark ausweiten. Es muß deshalb auf die Fachliteratur verwiesen werden.
Der hier gebrachte Auszug stützt sich besonders auf die Abhandlung von
Fleischmann, „Kernchemie" (Angewandte Chemie 1940, S. 485). Umrechnung
s. S. 151, Fn.!

G. 4, K.-L. 2), können sie zu dem sehr festen He-Kern „verkittet" werden. Mit steigender Kernladung werden für stabile Kerne immer mehr Neutronen beansprucht: von Li 4, von Be 5, von B und C je 6, von N 7, von Sauerstoff 8, von F und N je 10 Neutronen usw.

3. Das Deuteron (d), der Kern des schweren Wasserstoffs: $(^2_1H)^{1\oplus}$.

4. Der Heliumkern, $He^{2\oplus}$; A. G. 4, K.-L. 2 ($\alpha$); bekannt als $\alpha$-Strahlung radioaktiver Elemente.

5. Der Kern des He-Isotops vom A. G. 3 und der K.-L. 2 ($He^3$): $(^3_2He)^{2\oplus}$.

6. Äußerst kurzwellige Strahlung, gewöhnlich als sehr harte $\gamma$-Strahlung bezeichnet ($\gamma$).

Z. B. stehen in der $\gamma$-Strahlung des natürlich-radioaktiven Elementes ThC" $\gamma$-Strahlen von der Wellenlänge $\lambda = 0,0027$ Å zur Verfügung mit einer Quantenenergie von 2 620 000 eV. Zum Vergleich sei erwähnt, daß den Lichtquanten einer im Quecksilberlicht enthaltenen Strahlung die Wellenlänge von $\lambda = 2537$ Å und die Quantenenergie von 4,9 eV zukommt, während Röntgenstrahlen von der Wellenlänge $\lambda = 1,54$ Å die Quantenenergie von 8000 eV entspricht.

Abgesehen von der eben erwähnten „Synthese" aus Proton und Neutron kommt **Deuterium** in den natürlichen Wasserstoffverbindungen im Verhältnis 1 : 30 000 vor und kann z. B. durch anhaltende Elektrolyse angereichert werden, weil dabei in erster Linie der leichte Wasserstoff entwickelt wird. Deuterium = D; Deuteron = d; Schweres Wasser = $D_2O$, F. 3,8⁰; Kp 101,4⁰.

Die Teilchen p, d, $\alpha$ und $He^3$ sind positiv geladene, hüllenlose Stoffsplitter, deren Radius 10 000 mal kleiner ist als der Radius der zugehörigen Atome mit ihren Elektronenhüllen. Die durch ihre elektropositiven Ladungen verursachten Bremsvorgänge beim Eindringen in die reicher mit Elektronen besetzten Hüllen der schwereren Atome sind die Ursache dafür, daß oft nur eines von 10 Millionen Teilchen auf den umzuwandelnden Kern wirklich auftrifft.

III. Die **Ausdeutung der physikalischen Beobachtungen** und Messungen **bei Atomvorgängen** konnte anfänglich mit den bisherigen «klassischen» Theorien nicht bewältigt werden. Erst die Anwendung der für die Lichtstrahlung von P l a n k erdachten **Quantentheorie** auf Atommodelle beseitigte die Schwierigkeiten. Ähnlich wie für das Licht durch Plank eine Doppelnatur bewiesen wurde, nämlich wellenförmiges und körperliches Verhalten (Quanten), sah man sich gezwungen, den materiellen Teilchen, den Atomkernen und Elektronen, außer ihrer Körperlichkeit auch **Materiewellen** zuzuordnen. Z. B. liefert das negative Elementarteilchen, das Elektron, dem die Ladung von $1,60 \cdot 10^{-19}$ A · s [1]) und die Masse von $1/1850$ des $H^1$-Atoms nachweisbar zukommt, beim Durchstrahlen von $\beta$ (= Elektronen)-Strahlen durch

---

[1]) = Amperesekunden; 1 eV = $1,60 \cdot 10^{-19}$ Wattsek äquivalent mit $0,38 \cdot 10^{-19}$ cal. Mit $6,06 \cdot 10^{23}$ multipliziert, erhält man für je ein Mol 23,06 kcal., welche demnach 1 eV für je ein einzelnes Atom entsprechen.

sehr dünne Glimmerplättchen Interferenzen, ein Verhalten, das nur als Zusammenwirkung von Wellen vorstellbar ist.

Anfänglich faßte man das Atom als Planeten-Elektronensystem um den positiven Atomkern auf: H hat einen Planeten, He 2, Li 3 usf. bis zum Uran mit 92. Nach dieser Annahme müßte das Wasserstoffatom Scheibensymmetrie besitzen. Wegen seines kugelsymmetrischen Verhaltens hat man das Bohrsche Schema zugunsten der Quantenmechanik verlassen.

Die Hypothesen des dänischen Physikers B o h r haben sich jedoch sehr gut bei der rechnerischen Ausdeutung der Spektrallinien bewährt. Nach seiner Annahme sind die im Normalzustand **strahlungslos** um den Atomkern kreisenden Elektronen in bestimmten Quantenbahnen (Energiehöhen, welche mit großen lateinischen Buchstaben K, L, M gekennzeichnet werden) angeordnet. Das Atom befindet sich im „erregten" Zustand, wenn ein oder mehrere Elektronen außerhalb ihrer Normalbahnen abgetrieben sind, z. B. durch Aufnahme zugeführter Energie. Wenn solche überhöhte Elektronen in ihre Normalbahn zurückfallen, werden Lichtstrahlen ausgesandt, deren Schwingungszahl von der Energiedifferenz abhängt, welche den beim Einsturz durchstoßenen Quantenbahnen zugeordnet ist. Die Quantentheorie schließt somit einen a l l m ä h l i c h e n Übergang durch langsames Absinken aus und beschreibt die Bewegung zwischen den einzelnen Quantenbahnen als sprunghaft.

Die durch Belichtung hervorgerufene Änderung im Energiezustand kann sich auch chemisch auswirken: z. B. **photochemische Vereinigung** der Bestandteile des Chlorknallgasgemenges unter Explosion. Durch Belichtung werden Chlormolekeln in mehr oder minder großem Betrag in „aktivierte" Atome gespalten (mit einem Stern gekennzeichnet):

$Cl_2$ + Lichtenergie → $Cl^*$ + $Cl^*$

$Cl^*$ + $H_2$ → $HCl$ + $H^*$

$H^*$ + $Cl_2$ → $HCl$ + $Cl^*$ usw.: **Kettenreaktion,** die infolge der starken Wärmetönung der HCl-Bildung im Bruchteil einer Sekunde zu vollständigem Umsatz, d. h. zur Explosion führt.

Das bewegte Masseteilchen, das Elektron, wird als „Welle" aufgefaßt, d. h. als „stehende elektrische Schwingung der Ladungsdichte der den positiven Atomkern umgebenden negativen Elektronen", so daß eine pulsierende Kugel sich ergibt, deren durch Quantenzahlen gekennzeichnete, einzelne Zustände verschiedenen Energieinhalt besitzen. Die Bahnen der Elektronen sind dabei nicht angebbar im Gegensatz zur ursprünglichen Theorie. Man begnügt sich mit der Angabe des durchschnittlichen Verteilungsgrades der „Elektronenwolke", welche den Umfang des Atomraums bestimmt. Die Anwendung der physikalischen Schwingungstheorie mit ihren Frequenzen, Interferenzen, Schwebungen, Koppelungserscheinungen usw. ermöglicht es, bei Verminderung der Frequenzen Energieabgabe, sogenannte Resonanzenergie, zu berechnen, welche das System zweier Schwingungsträger durch Anziehung stabilisiert. Grundsätzlich wirken zwischen 2 Verbindungspartnern die zwei Kräftearten, nämlich „Resonanz **und** „elektrostatische Ionenbindung". Jedoch überwiegt wegen der Verschiedenartigkeit des Atomschalenbaus (S. 6) gewöhnlich die eine von beiden. So spricht man bei manchen homöopolaren organischen Verbindungen von „Kryptoionen" (verdeckten Ionen), oder in einigen Salzen, z. B. $HgCl_2$ (Sublimat) oder LiJ, sind nur wenig Ionen nachweisbar, so daß man sie fast als homöopolare Verbindungen ansprechen kann. **Die Verringerung der homöopolaren Atomabstände** z. B. zwischen den Kohlenstoffatomen der Äthylenbindung und auch im Benzol oder zwischen Stickstoff- und Kohlenstoffatom in den Isonitrilen **wird als „Resonanz" bezeichnet.** Vgl. die Å-Abstände III, 12, 24 und 28!

Bei den Ammoniumverbindungen verliert das N-Atom eines seiner 5 Elektronen der L-Schale durch Übertritt in die M-Schale des Cl-Atoms unter Bildung von $Cl^{\ominus}$-Ion. Die dadurch an dem einfach positiv geladenen N-Atom zurückbleibenden 4 Elektronen können sich als Valenzelektronen gegen Wasserstoff betätigen, wodurch $NH_4^{\oplus}$-Ion entsteht: $NH_4Cl$ mit 4 homöopolaren und 1 heteropolaren Bindung. Die nach der skizzierten Auffassung bestehende Möglichkeit verschiedenartiger Bindung an **einem** Atom vermag auch eine Erklärung der besonderen Verhältnisse bei der Äthylen-, Butadien- und Benzolbindung zu liefern. Im Äthylen sind die beiden Valenzen in der Doppelbindung zwischen den C-Atomen **ungleich.** Der eine Strich gibt eine normale homöopolare Bindung an. Bei der anderen Bindung ist die Verteilung der negativen elektrischen Ladung anormal scheibensymmetrisch, so daß durch Koppelungskräfte die freie Drehbarkeit (III, 12) unter Annäherung der C-Atome von 1,54 Å auf 1,34 Å verloren geht und, besonders bei den konjugierten Doppelbindungen (III, 136) des Butadiens Nebenvalenzen zur Verfügung stehen, die untereinander oder mit den Valenzen von Halogen- oder S-Atomen in Koppelungsbeziehungen treten können. Der Ausdruck „Nebenvalenz" wäre in diesem Fall demnach durch „Resonanzfähigkeit der Doppelbindung" zu ersetzen. Vgl. auch III, 24 die ältere Spannungstheorie!

Bei Benzol (III, 28) wirken 6 mal je ein Elektron durch eine Resonanzbeziehung zu einer vollkommen symmetrischen Schwingung zusammen, so daß unter diesen **besonderen** Verhältnissen keine „Nebenvalenzen" auftreten und andererseits bei Benzol zwischen doppelter und einfacher Bindung nicht unterschieden werden kann unter Erhaltung der noch vorhandenen 3 homöopolaren Valenzelektronen für jedes der 6 C-Atome.

Das positive Elementarteilchen, das **Positron**, ist erst vor kurzem entdeckt worden. Es besitzt die gleiche Ladung $1,60 \cdot 10^{-19}$ A · s, aber entgegengesetzten Vorzeichens und die gleiche Masse $1/_{1850}$ des $H^1$-Atoms wie das Elektron.

Die gegensätzliche Natur der Positronen und Elektronen tritt nicht nur im elektrischen, sondern auch in ihrem stofflichen Verhalten in Erscheinung. Während die Elektronen in den Elektronenhüllen der Atome in großer Zahl ein zeitlich unbegrenztes, physikalisch selbständiges Dasein führen, bei den elektrischen Vorgängen und bei den stofflichen Vorgängen des Aufbaus bzw.

der Umformung von Molekeln in Aktion treten, müssen die Positronen erst künstlich bei bestimmten Kernumwandlungsvorgängen hergestellt werden und sind nur von kurzer Lebensdauer, da sie sich beim Zusammenstoß mit je einem Elektron zu je 2 Lichtquanten von je 500 000 eV umsetzen. Im natürlichen Vorkommen ist die positive Elementarladung den Kernprotonen zugeordnet, ist also o r t s g e b u n d e n (an die Atomkerne), während die Elektronen in der strömenden Elektrizität sich ungehemmt auswirken können, ohne in ihrer Existenz von freien Positronen mit der Neutralisation zu Lichtquanten bedroht zu sein.

IV. **Kernreaktionstypen.** Die Atomumwandlung, anfänglich Atomzertrümmerung (I, 35) genannt, wird an der dabei auftretenden Strahlung erkannt. Die physikalischen Messungen sind so außerordentlich verfeinert worden, daß das Verhalten einzelner Atome verfolgt und gezählt werden kann. Die erste künstliche Atomumwandlung wurde 1919 von Rutherford beobachtet: $^{14}_7N + ^4_2He \rightarrow ^{17}_8O + ^1_1H$. Diese **Austauschreaktion** [1]), bei der die $\alpha$-Teilchen in die Kerne eindringen und Protonen abgeschleudert werden, wird jetzt kürzer geschrieben: $^{14}_7N\ (\alpha, p)\ ^{17}_8O$. Dabei steht das Ausgansatom an erster, das Umwandlungsprodukt an letzter Stelle; in die Klammer zwischen beide wird an die 1. Stelle das eintretende, an die 2. Stelle das austretende Teilchen geschrieben. Bei der Kernreaktion gegebenenfalls zusätzlich auftretende $\gamma$-Strahlung wird ähnlich wie die Wärmetönung der gewöhnlichen chemischen Reaktionen mit + verbunden angefügt, z. B.: $^{10}_5B(\alpha, p)\ ^{13}_6C + \gamma$. Wenn jedoch beim Umwandlungsvorgang allein $\gamma$-Strahlung erzeugt wird, schreibt man sie in die Klammer. Die schon erwähnte **Einfangreaktion**, welche zur Bildung von Deuterium führt, wird folgendermaßen formuliert: $^1_1H\ (n, \gamma)\ ^2_1D$. Durch einen **Kernphotoeffekt** kann Deuterium wieder zerstört werden: $^2_1D\ (\gamma, n)\ ^1_1H$. Die Gegenüberstellung der beiden letzteren Reaktionen erinnert an Formulierungen von Molekelreaktionen mit entgegengesetzten Pfeilen.

Das Gegenstück zu den Neutroneneinfangreaktionen bildet die **Neutronenabtrennung durch unelastischen Stoß**, z. B. durch ein sehr energiereiches Neutron (n, 2n)-Prozeß. Noch besonders anzuführen ist die **Spaltungsreaktion**, bei der ein Kern durch ein eintretendes Teilchen in 2 Bruchstücke von ähnlicher Ordnungszahl „zerplatzt". Z. B. entstehen bei Neutronenbestrahlung von $^{238}_{92}U$ Atomkerne, deren Ordnungszahlen zwischen 36 (Kr) und 56 (Ba) liegen.

Sehr häufig entstehen bei Atomumwandlungen **künstlich radioaktive Elemente,** wenn durch den Umwandlungseingriff der neue Kern die zu stabilen Atomen führende innere Ausgeglichenheit der Kernkräfte noch nicht erreicht hat. Sie werden durch einen Stern gekennzeichnet, z. B. radioaktiver Phosphor $^{32}P^*$ oder radioaktives Natrium $^{24}Na^*$ welche, wie die am Ende des periodischen Systems stehenden natürlich radioaktiven Elemente, spezifische Halbwertzeiten besitzen (S. 146).

---

[1]) Zahl der im Frühjahr 1940 bekannten $(\alpha, p)$ Umwandlungen: 26; $(n, \gamma)$: 84; (n, 2 n): 56.

Während des zweiten Weltkriegs wurden für die oben erwähnte, von Otto H a h n 1939 aufgefundene Kernspaltung und die Kernchemie des Urans überhaupt in USA riesige Fabrikanlagen unter Aufwand von 2 Milliarden Dollar errichtet, nachdem vorher in bewundernswerten wissenschaftlichen Untersuchungen das chemische und physikalische Verhalten der einschlägigen Atomarten geklärt worden war. An 1,0 mg (!) reinem **Plutonium**, hergestellt in einem Zyklotron, das Ende 1942 zur Verfügung stand, wurde nach besonders ausgearbeiteten mikrochemischen Methoden die Abtrennung des neuen **künstlichen Elements** vom U, dem es chemisch sehr ähnlich ist, auf das genaueste ausgearbeitet und der Planung für die ungeheuren Fabrikanlagen zugrunde gelegt. Statt des Probe-Elements Pu (A. G. 238) werden Pu (A. G. 239) und U (A. G. 235) hergestellt, die beide durch langsame Neutronen spaltbar sind und für „Atombomben" sich eignen. Es wurden fabrikmäßige Verfahren zur massenspektrographischen Isotopentrennung entwickelt, Verfahren zur Diffusionstrennung gasförmiger Verbindungen, $UF_6$ in $^{235}_{92}UF_6$ und $^{238}_{92}UF_6$ und für die Herstellung [1]) von Pu der Uranbrenner (englisch „Uran-pile"). Im Pile sind mehrere t Uranmetall zusammen mit sehr reinem Kohlenstoff geschichtet. Die durch den Eintritt eines langsamen Neutrons ausgelöste Spaltung des Urankerns vom A. G. 235 liefert außer den Spaltkernen mehrere Neutronen, die wiederum Spaltungen hervorrufen können, wenn sie nicht aus dem reagierenden Uranmetall „abdunsten". Durch diese **Kettenreaktion** nimmt die Zahl der Spaltungen je nach der vorhandenen Menge von $^{235}_{92}U$ lawinenartig zu. Aber auch von $^{238}_{92}U$ können Neutronen eingefangen werden. Daraus entsteht über $^{239}_{93}Np$ das $^{239}_{94}Pu$. Weitere Transurane s. die Tabelle! Die in einem Uranpile erzeugten Energien sind ungeheuer groß. Theoretisch liefert 1 Grammatom $^{235}_{92}U$, also nicht ganz 1/2 Pfund eine Energie von $5 \cdot 10^6$ kWh. Die Lenkung dieser unirdischen Gewalten in friedliche Bahnen und die Verhinderung von kriegerischem Mißbrauch ist das wichtigste politische und zivilisatorische Problem der Menschheit.

Für die vielgenannte „Wasserstoffbombe" wird folgender Ablauf vermutet (Angew. Ch. **62**, 197): $3\,^2_1D = ^4_2He + p + n + 21,6$ Millionen eV. Reaktionseinleitung in einer hinreichend großen Deuterium-Menge mittels der Energie aus Pu-Zerfall.

Für die Aufklärung verwickelter Molekel-Reaktionsfolgen, also für analytische und biochemische Aufgaben, besteht jetzt die Möglichkeit, durch Kernreaktionen **radioaktive Isotope** von Elementen mit niedrigem A.-G. zerstörungsfrei herstellen zu können. Da man die Wan-

---

[1]) Produktion (nach New York Herald Tribune vom 4. 11. 1946) monatlich etwa 250 kg.

derungen der radioaktiven Atome mit Hilfe ihrer Strahlung und ihrer Halbwertzeit sehr genau feststellen kann, können einzelne Atome auf dem Wege durch die Teilreaktionen des Gesamtvorgangs verfolgt werden

| K.-L | Bezeichn. | Symbol | A.G. | Kernreaktionen | Strahlung | Halbwertzeit | Entdeckung |
|---|---|---|---|---|---|---|---|
| 93 | Neptunium | Np | 238 | $^{238}_{92}U\,(d, 2n)\ {}^{238}_{93}Np$ | $\beta$ | 2 Tage | Hahn 1939 |
| | | | 239 | $^{238}_{92}U\,(n, \gamma)\ {}^{239}_{92}U$ $\xrightarrow[23\ \text{Min.}]{\beta}\ {}^{239}_{93}Np$ | $\beta$ | 2,3 ,, | Wahl und Seaborg 1942 |
| 94 | Plutonium | Pu | 238 | $^{238}_{93}Np\ \xrightarrow[2\ \text{Tage}]{\beta}\ {}^{238}_{94}Pu$ | $\alpha$ | 50 Jahre | Mac Millon und Seaborg |
| | | | 239 | $^{239}_{93}Np\ \xrightarrow[2,3\ \text{Tage}]{\beta}\ {}^{239}_{94}Pu$ | $\alpha$ | $2,4 \cdot 10^4$ Jahre | |
| 95 | Americium | Am | 241 | $^{238}_{92}U$ ⎫ Einwirkung von α-Strahlen mit 40 Millionen e V im | $\alpha$ | 500 Jahre | Seaborg |
| 96 | Curium | Cm | 242 | $^{238}_{94}Pu$ ⎭ Cyclotron in unwägbaren Mengen | $\alpha$ | 5 Monate | Seaborg |
| 97 | Berkelium | Bk | — | | — | — | Seaborg |

Eine in der letzten Zeit vielfach erörterte Auswirkung der neuen Erkenntnisse auf die **Astrophysik** ist besonders zu erwähnen. Wir kennen jetzt die Quelle der ungeheuren Energiemengen, welche die Sonne seit Jahrmillionen ausstrahlt. Es sind kernchemische Reaktionen, z. B. der Aufbau von $^4_2$He aus $^1_1$H der sich in 4 Stufen mit Kohlenstoff als „Katalysator" vollzieht, wobei eine Energie von 28,2 Millionen eV frei wird; 4,8 Millionen mal mehr als bei der Verbrennung der gleichen Zahl von Wasserstoffatomen mit Sauerstoff zu Wasser an Energie gewonnen werden kann, ein Vorgang, der sich auch auf der Sonne in Form der unvorstellbar gewaltigen Protuberanzenexplosionen in den äußersten Gebieten abspielt. Andererseits wissen wir aus dem Sonnenspektrum, daß auf der Sonne riesige Mengen von Helium vorhanden sind, dessen Name bekanntlich von seinem Sonnenvorkommen herrührt. 1 a) $^{12}_{6}$C (p, $\gamma$) $^{13}_{7}$N*; 1 b) $^{13}_{7}$N* (Aussendung von Positronen, Halbwertzeit 10 Minuten) $\rightarrow$ $^{13}_{6}$C; 2) $^{13}_{6}$C (p, $\gamma$) $^{14}_{7}$N; 3 a) $^{14}_{7}$N (p, $\gamma$). $^{15}_{8}$O* 3 b) $^{15}_{8}$O* (Aussendung von Positronen, Halbwertzeit 2,1 Minuten) $\rightarrow$ $^{15}_{7}$N; 4) $^{15}_{7}$N (p, $\alpha$) $^{12}_{6}$C.

Es ist bemerkenswert, daß auf dem C-Atom, welches im Zentrum des molekular-biochemischen Geschehens steht, sich auf der Sonne ein Zyklus kernchemischen Geschehens konstruieren läßt, an dem auch die anderen Hauptelemente der irdischen organischen Chemie Wasserstoff, Sauerstoff und Stickstoff beteiligt sind.

## 32. Mikrochemie

Die Kernchemie ist eine Mikrochemie im eigentlichen Sinne des Wortes, weil sie Vorgänge an einzelnen Atomen beobachtet. Die Unwägbarkeit der Einzelatome ist hierbei durch Messungen der in Tätigkeit tretenden gewaltigen Kräfte ausgeglichen. Die Mengen der radioaktiven Stoffe werden durch ihre Akivität nach einer neu festgesetzten Einheit gemessen. Auf geeigneten Trägersubstanzen können mit **unwägbaren Mengen** die Trennungsmethoden der analytischen Chemie durchgeführt werden. Wie sicher hier gearbeitet wird, kann an den Folgen der 1939 mit unwägbaren Mengen nachgewiesenen Uranspaltung erkannt werden (S. 154). Die analytische Nachweisbarkeitsgrenze in der molekularen Chemie ist aber nicht nur im Verhältnis der Energietönungen (etwa $10^6$), sondern in der Regel billionenmal unschärfer.

Der eine unserer **chemischen Sinne,** der G e s c h m a c k , ist wenig leistungsfähig. Von Sacharin schmecken wir 0,001 mg, von salzsaurem Chinin, das als bittere Fiebermedizin bekannt ist, 0,004 mg, von Salzsäure 0,01 mg, vom Kochsalz 1,0 mg jeweils im ccm.

Da wir für sehr kleine Dezimalbrüche kein anschauliches Vorstellungsvermögen besitzen, verwendet man in der Mikrochemie das $\gamma =$ 0,001 mg. Für die Leistungen unseres G e r u c h s o r g a n s , welches in besonderen Fällen mikrochemisch vorzüglich arbeitet, benötigen wir ohnehin diese kleinere Einheit. Von dem Merkaptan, einem äußerst widerlich riechenden S-Abkömmling des Alkohols, riechen wir $^1/_{500000}\gamma$; vom Veilchenduft (Ionon) sogar $^1/_{10\,000\,000}\,\gamma$.

Diese Stoffmengen sind 50mal kleiner als die kleinsten spektralanalytisch nachweisbaren Na-Mengen. Gleichwohl sind aber selbst in diesen $\gamma$-Bruchteilen noch riesige Zahlen von Molekeln enthalten. Wenn wir z. B. 1 $\gamma$ Jod riechen, so sind es in Wirklichkeit 2364 Billionen Molekeln und $^1/_{1\,000\,000}\,\gamma$ Jod würde noch 2,3 Milliarden Molekeln enthalten. Denn das A. G. von Jod ist 126,9; $6 \cdot 10^{23}$ Molekeln wiegen demnach 253,8 g (I, 32) oder $10^{23}$ Molekeln 42,3 g; da die Umrechnungszahl von g in $\gamma = 10^6$, wiegen $10^{17}$ Molekeln 42,3 $\gamma$; auf 1 $\gamma$ umgerechnet, erhält man die obige Zahl.

Oder ein biochemisches Beispiel: Mangansalz (Mn Hochleistungselement I, 130) wirkt noch in einer Verdünnung von 1 : 3 Milliarden auf die Pflanze. Diese Verdünnung wird erhalten, wenn man 1 kg Mn-Salz in einem See von 1 km Länge, 300 m Breite und 10 m Tiefe löst, wobei das eine kg Mn-Salz für das menschliche Schätzungsvermögen vollständig verlorengegangen ist. Dennoch befinden sich in jedem aus diesem See geschöpften Liter noch 1,9 Billionen Molekeln des Mn-Salzes, denen wir, jetzt nach der Umrechnung in Molekelzahlen, schon noch eine biochemische Wirkung zutrauen dürfen gegen die sogenannte Dörrfleckenkrankheit des Hafers.

Gegenüber der Loschmidtschen Zahl ist selbst die Erde nicht groß. Das Weltmeer bedeckt eine Oberfläche von $360 \cdot 10^6$ qkm, bei einer durchschnittlichen Tiefe von 3800 m $=$ 3,8 km. Daraus ergibt sich der Rauminhalt des Weltmeeres zu $1,37 \cdot 10^9$ km³. Da die Umrechnungszahl von km³ in cm³ $10^{15}$

beträgt, erhalten wir für den Rauminhalt des Weltmeeres in ccm (!) $13{,}7 \cdot 10^{23}$ ccm, eine Zahl von der Größenordnung der Loschmidtschen Zahl ($6 \cdot 10^{23}$).

Ohne mikrochemische Methoden wüßten wir überhaupt nicht, daß die Erde außer ihren Massenstoffen in sehr geringen Hundertsatzmengen stofflich Andersartiges enthält. Erst die Verfeinerung der analytischen Erkennungsmethoden führte z. B. zur Entdeckung des Rubidiums und Zäsiums durch Bunsen. Die dabei angewandte hochempfindliche, also mikrochemische Methode der **Spektralanalyse** ist zugleich eine Fernmethode, die über weite Strecken hinweg anwendbar ist. Sie beruht darauf, daß die Erregung der kleinsten Teile, der Molekel bzw. Atome, durch starke Energiezufuhr (Wärme, elektrische Energie) kein gesetzloses Durcheinander verursacht, sondern ein auf das Genaueste geordnetes Ansprechen durch Aussendung eines für die einzelnen Elemente kennzeichnenden Leuchtens in bestimmten Spektrallinien. Seit der Entdeckung der Fraunhoferschen Linien versteht die Wissenschaft diese Lichtsignale der Elemente, welche die ungeheuren Räume zwischen den Gestirnen überbrücken, zu deuten. In den letzten 25 Jahren gelang es, Atombau und Spektrallinien in mathematisch formulierte, engste Verbindung zu bringen, so daß wir über die Verteilung der Elemente nicht nur in unserem Sonnensystem, sondern auch im Weltall, soweit es im Bereich unserer Fernrohre liegt, Angaben machen können.

Die **Mikrochemie im engeren Sinn** hat **Fällungsmethoden** ausgearbeitet, mit deren Hilfe Bruchteile von $\gamma$ sicher und eindeutig nachgewiesen werden können, Grenzwerte bei $10^{-3}$ $\gamma$. Besonders leistungsfähig sind die **Farbreaktionen**; Grenzwerte bei $10^{-4}$ $\gamma$ bis $10^{-5}$ $\gamma$, von Fluoreszeïn sind sogar $10^{-14}$ $\gamma$ noch erkennbar.

G r e n z w e r t e (in $\gamma$): Barium (als $BaSO_4$) 0,05; Blei (als $K_2CuPb(NO_2)_6$) 0,003; Brom (als AgBr) 0,05; Chlor (als AgCl) 0,05; Kalzium (als $Ca_2Fe(CN)_6$) 0,015; Magnesium (als $NH_4MgPO_4$) 0,0012.

Sehr leistungsfähig und genau ist die quantitative, organische Mikroanalyse, für die 4—5 mg Substanz auf $\gamma$ genau abgewogen werden. Durch dieses völlig zuverlässig arbeitende Verfahren ist es möglich geworden, organische Stoffe, die in Lebewesen nur in sehr geringen Mengen vorkommen, aber für den Ablauf der Lebensvorgänge von ausschlaggebender Bedeutung sind, in ihrem chemischen Bau eindeutig klarzustellen und ihre Wirkung auf das genaueste zu prüfen. Die Chemie der Vitamine und Hormone (I, 130 und III,, 131) und überhaupt die Hinwendung zur Mikrochemie ist ein besonderes Kennzeichen der modernen Biologie.

## 33. Schlußbetrachtung: Geochemische Entwicklung

Die vielfältigen Beobachtungen bei Kernumwandlungen lassen Gesetzmäßigkeiten des inneren Baus der Kerne, der Kernkräfte und Energietönungen erkennen, deren Zusammenwirken sich in ihrer Festigkeit und in der Häufigkeit des Vorkommens im Weltall und auf unserer Erde widerspiegelt. **Die Geochemie hat die quantitative, chemische Zusammensetzung des Erdballs und die Gesetze zum Gegenstand, nach denen die Verteilungsweise der Elemente sich herausgebildet hat.** Die Durchmusterung des periodischen Systems ergibt, daß der Erde mit Ausnahme des Endglieds der Halogengruppe (K.-L. 85) [1]) und der Elemente von der K.-L. 43 und 61 [2]) kein zum periodischen System gehörendes, stabiles Element vorenthalten wurde. In Gestalt der schwersten, in selbsttätiger Umwandlung begriffenen Elemente (K.-L. 84—92) ragen noch vorirdische Zeiten bis in unsere Tage hinein. Die natürliche Radioaktivität zeigt uns, daß die chemische Zusammensetzung der Erde eigentlich noch nicht ganz fertig ist, so daß man auf dem Bleigehalt der kristallisierten Uranerze und der Uran-Halbwertzeit (S. 144) eine Altersbestimmung des Uranerzes aufbauen konnte.

Wenn wir über den stofflichen Bestand der Erde Rechenschaft geben wollen, müssen wir in die Zeit vor 1,5 Milliarden Jahren zurückzuschauen versuchen. Diese Zeit gibt nämlich die Uran-Blei-„Uhr" als Alter der festen Erdkruste an. Nach den physikalisch-chemischen Gesetzen konnten bei Temperaturen von 6000°, der heutigen Sonnenoberflächentemperatur, keine chemischen Verbindungen zwischen den Elementen bestehen. Auf dem eben aus der Sonne abgesonderten Erdplaneten war damals das Zeitalter der Kernchemie und einer ersten Ordnung der Massen, vermutlich in der Richtung, daß die nunmehr ein eigenes und sehr beträchtliches Schwerefeld darstellende Gasmasse die schweren, an der Grenze des gasförmigen Zustandes befindlichen Atome in das Innere zusammendrängte. Die Sonderung nach dem Atomgewicht ist jedoch keine absolute. Denn in der sog. umkehrenden Leuchtschichte der Sonne ist z. B. sogar das schwerste irdische Element, das Uran, vorhanden, während in der äußeren Schicht, der Sonnenchromosphäre, nur leichte Elemente spektroskopisch nachweisbar sind: von Wasserstoff bis zum Kalzium.

Wegen der im Verhältnis zur Sonne winzigen Masse sind auf unserem irdischen Gasball die Atomumwandlungsvorgänge durch Strahlungsverlust an den kalten Weltraum verhältnismäßig schnell in den äußersten Schichten zum Stillstand gekommen. Durch weitere ausstrahlende Abkühlung wurde von oben her das Temperaturgebiet unserer gewöhnlichen chemischen Reaktionen erreicht. Unter den sich erstmalig bildenden chemischen Verbindungen befand sich wahrscheinlich das Zyan, dessen Spektrum wir von Fixsternen kennen und das Azetylen, bei weiterer Abkühlung wohl auch andere Wasserstoffverbindungen, z. B. Methan, Ammoniak, Fluorwasserstoff. Als nach unten

---

[1]) Astatine (von astatos, gr.   instabil; Endsilbe ine (engl.) bedeutet Halogen).
[2]) Technetium, K.-L. 43, radioaktives, **künstliches** Element; Halbwertzeit $4 \cdot 10^6$ Jahre. Promethium mit der K.-L. 61 wurde ebenso wie die beiden anderen im Uranpile gewonnen; Massenzahl 147; Halbwertzeit 3,7 Jahre.

zu der Temperaturbereich der Sauerstoffverbindungen erreicht war, setzte ein gewaltiger **Weltbrand** im eigentlichen Sinne des Wortes ein. Die leichten Elemente der Randzonen, nämlich Si, Al, Mg, Na, K, Ca, Fe, Ti bildeten als Verbrennungsprodukte glühbeständige Oxyde von niedrigem spez. Gewicht, die noch dazu untereinander sehr reaktionsfähig sind und Verbindungen höherer Ordnung wieder von niedrigem spez. Gewicht liefern. Über dem sich dadurch bildenden, das heiße Erdinnere einhüllenden Schmelzfluß setzte eine Umbildung der gasigen Hülle ein. Protuberanzenartig verbrannte das Zyan zu elementarem Stickstoff und Kohlenoxyden. Die Kohlenwasserstoffe lieferten neben Kohlenoxyden den Wasserdampf.

Stickoxyd ist wohl auch vorübergehend in Massen entstanden, aber bei der langsamen, stufenweisen Abkühlung weitgehend wieder zerfallen. Immerhin dürfen wir annehmen, daß salpetersaure Salze in der Urzeit häufiger als jetzt vorhanden waren, an der natürlichen Düngung der späteren Steinkohlenflora einen wesentlichen Anteil hatten und so als fossiler Stickstoff in den Steinkohlen bis auf unsere Tage gekommen sind.

Durch den Weltbrand ist nahezu der ganze, auf der Erde vorhandene Sauerstoff aufgebraucht worden. Nur ein geringer Bruchteil ist infolge des naturgegebenen, unvollständigen Ablaufs der Molekelreaktionen als freies Sauerstoffgas übriggeblieben, so daß die **erste eigentliche Atmosphäre** aus Stickstoff, Kohlendioxyd, Wasserdampf und den Edelgasen bestand mit den eben genannten Spuren von Sauerstoff.

Den heutigen Besitz von 21% Sauerstoff verdanken wir den assimilierenden Pflanzen der Steinkohlenzeit, durch die das Verhältnis $CO_2 : O_2$ vielleicht gerade umgekehrt wurde und wahrscheinlich noch mehr freier Sauerstoff geliefert wurde als heute vorhanden ist. Ein Teil des Atmosphärensauerstoffs ist nämlich durch Bindung an II-wertiges Eisen in den Eisenerzen der oberflächlichen Schichten fossil geworden. Aber für das aufblühende organische Leben waren wohl die Sauerstoffüberreste aus dem Weltbrand von großer Wichtigkeit.

Noch lange vor dem Eingreifen der Organismen erfuhr diese eigenartige Atmosphäre nach weiteren langen Zeiten der fortschreitenden Abkühlung und nach der **Verfestigung** des flüssigen Erdmantels eine durchgreifende Änderung durch die **Ausbildung der Hydrosphäre,** die jetzt zur erstarrten Lithosphäre, dem Erdinneren und der Atmosphäre hinzutrat. Theoretisch hat dies frühestens geschehen können, als die kritische Temperatur des Wasserdampfes (374$^0$) unterschritten war, wenn die Gashülle den kritischen Druck von 217 at hatte, was aber für unwahrscheinlich gehalten wird. Wir haben also für die Ausbildung der Hydrosphäre bedeutend niedrigere Temperaturen anzusetzen. Aber schon vor seiner Verflüssigung hat der überhitzte Wasserdampf auf die neugebildete Lithosphäre chemisch umbildend eingewirkt. Bei hohen Temperaturen ist nämlich Wasserdampf eine stärkere „Säure" als die Kieselsäure und zerlegt kieselsaure Salze in Metallhydrate und freie Kieselsäure.

Nach der Verflüssigung des Wassers erfolgte ein neuer **Angriff auf die Lithosphäre.** Da der Teildruck des Kohlendioxyds mindestens $^1/_5$ at betragen hat, enthielt das kondensierte Wasser sehr viel $CO_2$, so daß der Bestand der festen Erdkruste durch **Bildung** von Hydrogenkarbonaten und **Karbonaten** erneut in wahrscheinlich heftiger Reaktion geändert wurde. Mit der Entstehung der Lithosphäre setzt infolge des Vorhandenseins der Gashülle und später der Wasserhülle sofort ihre Zerstörung und Umbildung ein, chemische Vorgänge, die teils Wärme verbrauchend, teils Wärme erzeugend abliefen und einen länger dauernden Wechsel zwischen Sinken und Steigen der Hüllentemperatur zur Folge hatten: Kälteeinbrüche infolge Aufreißens der Wasserdampfhülle an den Polen und Wiedererwärmung infolge chemischer Einwirkung des durch die Abkühlung vermehrten Kondenswassers auf die junge, mit Wasser und den in ihm gelösten Stoffen noch lange nicht im Gleichgewicht befindliche Erdkruste.

Die tiefer unter der Oberfläche liegenden Schichten verharrten, von der Verwitterung unberührt, im ursprünglichen Zustand. Aber wir können uns keine Proben zur chemischen Analyse verschaffen. Denn die tiefsten Bohrlöcher gehen nicht viel weiter als 3 km in die Tiefe. Trotzdem haben die **Aussagen über das Erdinnere** einen über die bloße Wahrscheinlichkeit hinausgehenden Grad von Sicherheit. Wie die geologische Forschung ergeben hat, ist durch Krustenbewegungen in vertikaler Richtung auch die tiefere Lithosphäre weitgehend aufgewühlt. Wir unterscheiden eine kieselsäure- und aluminiumreiche Silikatschale von niedrigerem spez. Gewicht (2,8), häufig als Sial bezeichnet und eine kieselsäurearme und magnesiumreiche Silikatschale von höherem spez. Gewicht (3,6), Eklogitschale auch Sima genannt. Ferner kennen wir das spez. Gewicht der gesamten Erde mit etwa 5,56. Da nun das spez. Gewicht der Lithosphäre ungefähr bei 3 liegt, muß im Innern der Erde ein Kern von höherem spez. Gewicht sein. Die Erdbebenforschung und die magnetischen Eigenschaften der Erde liefern uns weitere Hinweise für den Schalenaufbau und Ni-Fe-Kern. Unmittelbaren chemischen Einblick gibt uns jedoch die Analyse von Trümmern eines zerstörten kleinen Planeten unseres Sonnensystems, die sich zahlreich auf der Erde vorfinden und noch auf sie niedergehen.

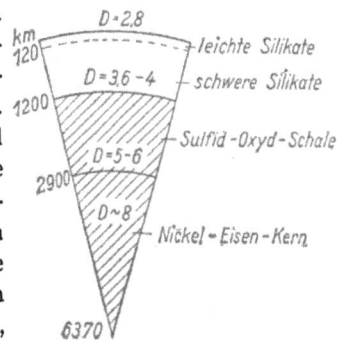

**Bild 43**
Vermutlicher Schalenaufbau des Erdinnern.

Man unterscheidet 2 Gruppen solcher **Meteore:** 1. die Eisenmeteorite ($s = 8$—9) enthalten 90% Eisen, 8% Nickel und geringe Mengen zahlreicher anderer Elemente, die als eisenliebend oder siderophil bezeichnet werden. 2. Die Meteorsteine entsprechen in ihrer Zusammensetzung der Lithosphäre und enthalten „lithophile" Elemente. Unter Zuhilfenahme modernster mikrochemischer Verfahren ist der Elementenbestand der Meteorite in allen Einzelheiten genau festgelegt. In den Eisenmeteoren werden ziemlich große Einschlüsse angetroffen, die sog. Troilite ($s = 5—6$), Verbindungen der Metalle hauptsächlich mit Elementen der 6. Vertikalsäule des periodischen Systems. In der Metallherstellung bezeichnet man diese Stoffgruppe seit alters als „Erz" (Chalkos (gr.), chalkophile Elemente).

Denkt man an das riesige Schwerefeld der Erde und an das im Vergleich dazu winzige Schwerefeld der Meteore, so lange sie vor dem Einsturz in die Erde selbständige Weltkörper waren, so ergibt sich, daß bei der Erde im Metallkern keine Troiliteinschlüsse vorhanden sein können, sondern daß um den Metallkern Troilit als die Chalkosphäre vom spez. Gewicht 5—6 angeordnet ist, in welcher bei Beginn des „Weltbrandes" der größte Teil des Schwefels und auch ein großer Teil des Sauerstoffs festgelegt wurde. Zusammenfassend ergibt sich, daß eine Sonderung der ersten flüssigen Schmelze in mehrere, beschränkt mischbare Schmelzflüsse schalenartig stattgefunden hat, sowie eine Aufteilung der Elemente in siderophile, chalkophile und lithophile. In der Uratmosphäre sind die atmophilen Elemente zurückgeblieben (Bild 43).

Nach Vernadsky tritt in den dunklen Teilen von Bild 43 an die Stelle der Sulfid-Oxydschale und des Nife-Kerns praktisch unveränderte Sonnenmaterie. Man hat nämlich berechnet, daß die Zeit seit der ersten Uranmineralbildung ($1,5 \cdot 10^9$ Jahre) trotz des Schwerefeldes der Erde für die vollständige Trennung durch Diffusion wegen der gewaltigen Erdmasse nicht ausreicht.

Während hinsichtlich der Erzschale und des «Ni-Fe»-Kerns die Ansichten der Forschung noch weit auseinandergehen, herrscht über die **Zusammensetzung der Lithosphäre** weitgehende Übereinstimmung. Wir kennen zwar auch hier nur die im Verhältnis zum Erdkörper hauchdünne, oberste Schichte. Aber aus Erfahrungen bei der Silikatsynthese unter hohen Temperaturen und Drucken wissen wir über die genetische Verknüpfung der einzelnen Mineralien hinreichend Bescheid. Z. B. ist eine vertikale Sonderung des Elementarbestandes der Gesteinshülle durch die Kristallbildung ver-

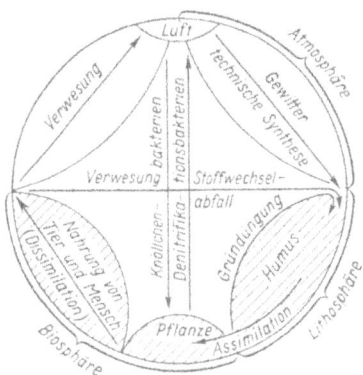

Bild 44
Kreislauf des Stickstoffs.

ursacht. Die Wanderung der Ionen in den festen Verband des Kristalls
verändert die Bezirke, aus denen die Ionen abgewandert sind, und
führt zu Verschiebungen des spez. Gewichtes. Schon beim Kristallisieren einer wäßrigen Lösung in einem Rgl. hat man einen lebhaften Eindruck von den vertikalen Verfrachtungen. Ähnlich wie bei diesem kleinen Modell ist dies bei der kristallisierenden Lithosphäre der Fall gewesen: Sonderung in untersinkende, schwere Kristalle, in das leichte
Restmagma (S. 104) und wasserhaltige Restlösungen, gewissermaßen
die Kristallisationsmutterlaugen, die schließlich unter Ausstoßung
überschüssigen Wassers selbst kristallisierten.

Die Elemente, welche in schwere, sich frühzeitig ausscheidende Kristalle
eintreten, sind in den tiefen Teilen der Lithosphäre anzutreffen, z. B. Pt-
Metalle, Cr, Ni, Co, Ti, V.

In umgekehrter Richtung sondernd wirkt der Eintritt schwerer Atome in die leichten Restmagmen unter der Bedingung, daß die Schwerkraft durch chemische Sonderumstände ausgeschaltet wird. Infolge
Gleichheit der Ionenradien bei gleicher chemischer Affinität lithophil,
können seltene Elemente neben den Ionen des häufigen Elementes in
sehr großer Verdünnung, wie sie dem Urbestand unseres Planeten entspricht, in die Kristalle «hineinschlüpfen» und so neben den häufigen
Elementen gewissermaßen verborgen vorhanden sein, z. B.: Gallium
bei Al-Mineralien, das erst vor wenigen Jahren entdeckte Hafnium bei
Zr-Mineralien, Selen und Tellur in Sulfidmineralien. Ein seltenes Element vertritt also die Stelle des häufigen bei gleicher Teilchengröße
und gleicher chemischer Valenz trotz verschiedenen Atomgewichts.

Ein Abfangen in Kristallen findet sogar statt bei verschiedener Valenz, aber gleicher Teilchengröße und gleicher Zuordnungszahl. Z. B.
$PO_4$-Ion neben $SiO_4$-Ion. Für die Biosphäre ist von grundlegender Bedeutung, daß in sehr vielen Silikaten neben dem IV-wertigen Silikat-
Ion auch das III-wertige Phosphat-Ion im Kristallgefüge enthalten und
durch Verwitterung greifbar ist, da der Phosphatgehalt der festen Ver-
witterungsprodukte und der Verwitterungslösungen den Minimalfak-
tor (S. 57) für die Entfaltung der Organismen darstellt.

Aus den geochemischen Kreisläufen mit ihren Stoffbilanzen, auf die
nicht eingegangen werden kann, — aus der Tatsache, daß biochemische
Massenelemente, deren Anteil an der Gesamtzusammensetzung der
Erde äußerst gering ist, für die Biosphäre reichlich zur Verfügung
stehen, während andere Stoffe, deren massenhaftes Vorkommen schäd-
lich wirken würde (Hochleistungselemente, Schwermetalle) im verwitterten Boden nur in geringem Betrage vorhanden sind, aus der Ver-
witterungslösung (Meer) sogar durch kolloidchemische Vorgänge ab-
gesondert sind, — aus alledem gewinnt man den Eindruck, daß die geochemische Entwicklung durch Aufbau, Zerstörung und Umbildung den

Schauplatz für das Leben geschaffen hat. Für die vom Kambrium bis zum Karbon in bezug auf Entwicklungshöhe und Massenhaftigkeit in immer mehr sich steigerndem Ausmaß auftretende Pflanzenwelt muß dies geradezu in einem Optimum geschehen sein. Der ursprüngliche Bestand wird durch die Organismen selbst wieder umgebildet, z. B. durch eine Art Sedimentation innerhalb der Biosphäre in den Steinkohlensümpfen. Durch weitere geochemische und biochemische Entwicklung wird die Verarmung an Rohstoffen bis zum Tertiär wieder ausgeglichen, wodurch eine neue üppige Entfaltung der gesamten Lebewesen auf der Erde ermöglicht wird, so daß der Mensch der Jetztzeit bei der Ausnutzung der Steinkohle, Braunkohle, Öl, Salz und Erz aus dem Vollen schöpfen kann.

So verschieden die Geochemie, die Biochemie und die vom Menschen gelenkte chemische Technik zu sein scheinen, so ist doch die Chemie keine zauberhafte Sonderkraft, sondern sie ist als ständige Reaktionsbereitschaft innerhalb bestimmter Temperaturen den Elementen selbst zugeordnet. Jedes Elementsymbol versinnbildlicht eine bestimmte Atomindividualität, die in der Wertigkeit, im Atomgewicht und in der Stellung im periodischen System zum Ausdruck kommt. Die verschiedenen Abwandlungen der chemischen Bindung lassen sich letzten Endes auf etwas allen Elementen Gemeinsames zurückführen, nämlich auf die Änderung des Elektronenbestandes in der Atomhülle in bezug auf Zahl oder Anordnung. In der besonderen Stellung der 6 Edelgase im periodischen System (S. 6) ist deren Reaktionsunfähigkeit ebenso prädestiniert.

Die Molekelbildung der Nichtmetalle untereinander und gegen Metallatome verhindert eine wirre Ungeordnetheit der stofflichen Änderungen. Die stofflichen Wirkkräfte der Atome sind in den Molekeln nur begrenzt verfügbar und müssen erst durch Energie-Einwirkung für ihre Wirkungsmöglichkeit freigelegt werden. Ohne Molekelbildung wäre nur ein Chaos der Atome denkbar. Auch ist die Erdoberfläche in einem Temperaturbereich (300° über dem absoluten Nullpunkt), der die Molekelbildung stabilisiert und exotherme Reaktionen begünstigt.

Im geochemischen Ablauf über riesige Zeiträume ausgedehnt, ist in der Biochemie der Stoffwechsel durch die Enzyme (III, 113) und Wirkstoffe auf kolloidchemischer Grundlage in kurze Zeitspannen zusammengedrängt. Sterben und Werden machen die Biosphäre schnellebig, während im Vergleich dazu die Atmosphäre und Lithosphäre nur unmerklich geringe Umbildungsgeschwindigkeiten aufweisen; I, 129.

Die chemische Technik hat die vorherbestimmte stoffliche Gebundenheit der chemischen Vorgänge für die menschlichen Absichten ausgenützt, nicht etwa dadurch, daß sie den Stoffen ihnen ungemäße Reaktionen aufzwingen könnte. Die Elemente reagieren immer so, wie es ihrer Atomindividualität zukommt. Aber wir können Bedingungen schaffen, daß die stofflichen Wirkkräfte unseren Absichten dienen; wir können Hindernisse für ein stoffliches Geschehen wegräumen; wir können die stofflichen Ablaufsmöglichkeiten unter besonderen Bedingungen durch Katalyse auslesend beschleunigen und durch plötzlichen Bedingungswechsel festlegen. Die Erkenntnis der chemischphysikalischen Zusammenhänge ist also die Vorbedingung dafür, daß wir die chemischen Vorgänge im derzeitigen Ausmaße nach unseren Absichten lenken können. Daraus hat die chemische Industrie die Folgerung gezogen, den Fabriken in steigendem Maße Forschungsstätten anzugliedern, um die stofflichen Wirkkräfte in weiterhin gesteigertem Maße dem Menschen dienstbar zu machen.

## Fehlerberichtigung

zu den Teilen I (3. Auflage/1949) und III (2. Auflage/1949). Die Benützer werden gebeten, die Berichtigungen zur Vermeidung von Mißverständnissen a. a. O. eintragen zu wollen. Neben der Seitenzahl bedeutet „u." = von unten, „o." = von oben. Es muß heißen im **Teil I,** S. 11, o., Z. 20: Anwendbarkeit; S. 17, o., Z. 16: in einen; S. 54, o., Z. 22: vollkommen; S. 67, u., Z. 21: durch; S. 70, o., Z. 18: des Kochsalzes; S. 86, o., Z. 18: 20 $KNO_3$ + ..; S. 131, Aufgabe 20: Wenn nicht, wie durch Weglassung des Rauminhalts vom Verfasser beabsichtigt, ein dem Leser bekannter Raum der Rechnung zugrunde gelegt wird, sind etwa 200 $m^3$ anzunehmen. **Teil III,** S. 7, u., Z. 7: quantitative; S. 13, Z. 24, o.: Im amerikanischen Sprachgebrauch bedeutet „billion" = $10^9$. Die genaue Umrechnung der amerikanischen Angabe (in cu.ft) ergibt: $40 \cdot 10^9$ $m^3$ oder 40 Bill. $dm^3$; S. 26, u., Z. 2: „Phytol" $C_{20}H_{39}OH$; S. 27, u., Z. 13: (bei $500^0$); S. 48, o., Z. 17: $C_2H_5ONa$; S. 49, u., Z. 10: $CnH_{2n}O$ (Aldehyde); S. 54, u., Z. 15: ... Tribromazetaldehyd...; Z. 14: ... $(CH_3)_2$) $\rightarrow$ $(CBr_3CH_2O)_3Al$ + ...; Z. 13: 6 $CBr_3CH_2OH$ + ...; S. 58, u., Z. 20: R = $C_{15}H_{31}/$ Palmitinsäure; S. 63, o., Z. 17: $p_H$ = 8,5; S. 88, u., Z. 1: Ammine; S. 90, u., Z. 7: $C_6H_5CN$; S. 98, u., Z. 18: d) Alkoholzusatz...; S. 103, o., Z. 3: $\rightarrow$ $C_4H_9O_4CH_2OCHO$ + ..., oder auch: $C_4H_9O_4\mathbf{CH(OH)}CHO$... u., Z. 14: Oxyaldehyde; S. 112, o., Z. 2: ... enthaltene Enzym...; o., Z. 21: Champagner ...; S. 122, o., Z. 25: ... Gallussäureestern...; S. 129, o., Z. 17: geschaffen: ...; S. 132, nach der Bauformel von $B_1$, Z. 2: ... zündung (Neuritis); S. 138, u., Z. 10: Buna „**S**". (Die daneben stehende Ziffer entfällt!); S. 148, Aufgabe 19: ... Rohformel $C_{57}H_{104}O_6$ o., Z. 3: ... sind **als** Bauformeln zu ...; S. 109, u., Z. 3: Kunststoffe; S. 28, u., Z. 22: Bildung **von** Zyklohexan! Teil I, S. 92 bei den Phosphatformeln: s. S. 50 und 85!

# Namen- und Sachverzeichnis
(Vgl. auch das Sachverzeichnis I, 132!)

KLEIBER - ALT

# Grundriss der Physik

für Ingenieur- und Technische Schulen sowie zum Selbstunterricht

Neubearbeitet von Dr. Heinrich Alt

*6. erweiterte und verbesserte Auflage, 290 Seiten mit 512 Abb.,
vielen Beispielen und Übungsaufgaben, 8°, 1947, brosch. DM 6.80*

„Dieses ursprünglich als gekürzte Ausgabe der „Physik für technische Lehranstalten"
von Kleiber-Karsten für die Studierenden von Bauschulen herausgegebene Lehrbuch
der Physik stellt sich mit seiner neuen Auflage in einer auf die Gegenwart zuge-
schnittenen, neu bebilderten Ausführung dar. Der klare Ausdruck, der überall das
Wesentliche hervorhebt und dabei auch die Geschichte der Physik berücksichtigt,
wird das Werk, das für technische Schulen wie für das Selbststudium gleich geeignet
ist, über den gesteckten Rahmen hinaus für jeden, der sich grundsätzlich über physikalische Elementarfragen unterrichten will, willkommen machen."          „Orion"

DR.-ING. E. SCHUMACHER
Oberbaurat beim Gaswerk München

# Die Gas - Energie

### Die Gasindustrie in leichtverständlicher Darstellung

*168 Seiten mit 95 Abbildungen und 2 Beilagen, 8°, 1948, geb. DM 12.—*

In erster Linie für den engeren Berufskreis der Gasfachleute gedacht, macht der
leichtverständliche Inhalt das Buch jedoch auch weiten Interessentenkreisen zugänglich. Ein gefälliges Fachbuch für Selbststudium und Schulen.

VERLAG VON R. OLDENBOURG, MÜNCHEN

Aus der Reihe „TECHNIKA", Bücher der Praxis,
sind erschienen:


Band I:

*DIPL.-ING. GERHARD HÄCKER*

## Backpulver

**Zusammensetzung, Herstellung, Untersuchung**

*73 Seiten mit 13 Abbildungen, Gr.-8⁰, 1950, kart. DM 3.80*

Eine zusammenfassende Schilderung nach dem neuesten Stand der Wissenschaft und
Erfahrung.


Band II:

*ING. JOSEPH JACOBS*

## Destillier - Rektifizier - Anlagen und ihre wärmetechnische Berechnung

*104 Seiten mit 47 Abbildungen, 50 Gleichgewichtskurven und 13 Tabellen,
Gr.-8⁰, 1950, kart. DM 8.50*

Aus dem Inhalt: Physikalische und chemische Grundlagen — Molares Gleichgewicht von Gemischen — Die Bauelemente und deren Berechnung — Aufbau und
Wirkungsweise verschiedener technischer Destillier-Rektifizier-Anlagen — Fünfzig
molare Gleichgewichtskurven von Zweistoffgemischen.


Band III:

*PROF. ALWIN SEIFERT*

## Der Kompost in der bäuerlichen Wirtschaft

*38 Seiten mit 14 Abbildungen, Gr.-8⁰, 1950, kart. DM 2.20*

Ein Helfer für bäuerliche Klein- und Großbetriebe.


Band IV:

*Dr. BEATRIX HOTTENROTH*

## Die Pektine und ihre Verwendung

*etwa 200 Seiten mit 35 Abbildungen, Gr.-8⁰, 1950, kart. etwa DM 9.60*

Aus dem Inhalt: Das Pektin als Naturstoff — Geschichtlicher Überblick —
Heutiger Stand der wissenschaftlichen Erkenntnisse — Gewinnung der hochveresterten
Pektine — Die niederveresterten Pektine, Pektinsäuren und Pektate — Nachweis
und Analyse des Pektins — Die Pektinenzyme — Die Verwendung der Pektine —
Gesetzliche Bestimmungen.


# VERLAG VON R. OLDENBOURG, MÜNCHEN